NUTRITIONAL ASSESSMENT

영양전문가 양성 및 활용하기 쉽도록 정리한

영양판정 및 실습

윤진아 · 신경옥 · 임재연 · 황효정 공저

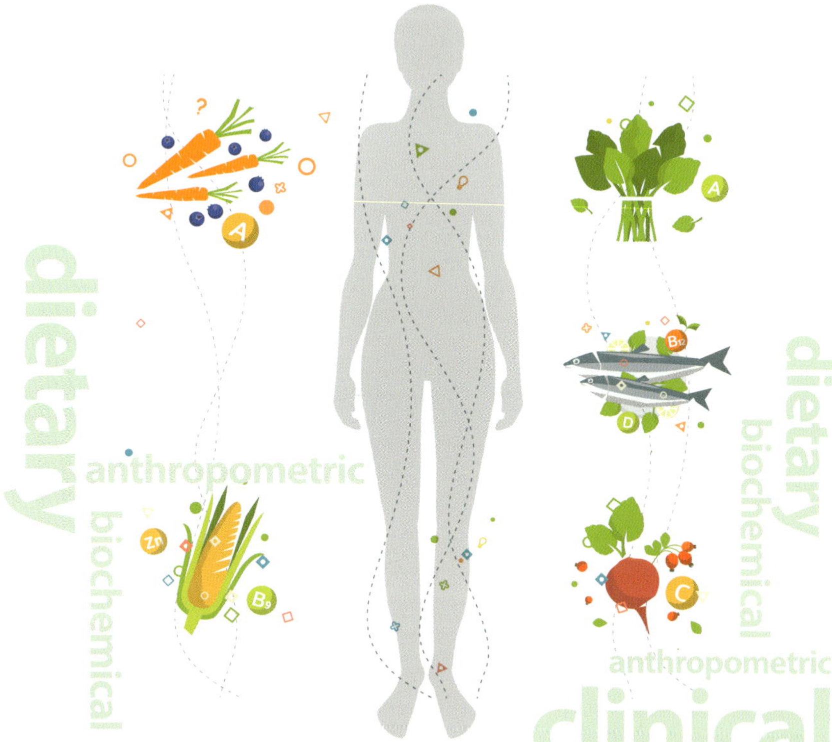

(주)백산출판사

머리말

최근 새로운 전염병의 창궐, 스마트 생활화 시대, 1인 가구의 확대 등의 사회적인 변화로 식생활과 생활습관도 많은 변화를 겪고 있다. 그것은 건강에 유익하기보다는 유해한 면이 확대되는 경향을 보인다. 집 안에 머무는 시간이 늘어나면서 운동 부족과 배달 음식이나 인스턴트 식품의 섭취 증가 등에 의해 개인의 건강은 위협을 받고 있다. 건강한 생활을 위해서는 영양판정으로 개인의 영양상태를 판정한 후 문제점을 개선하기 위한 영양교육과 상담 등 영양서비스 제공과 영양관리가 필요하다. 특히 환자를 치료하기 위해서는 영양상태가 중요하므로 질병의 치료와 예방을 위한 영양서비스 제공에서 영양판정은 중요하다.

영양판정은 신체계측, 식사섭취조사, 생화학적 조사, 임상증상조사 등을 통해 개인의 영양상태를 판정하는 교과목으로 영양서비스를 제공하기 위해서 반드시 필요한 내용이다. 본 교재는 1장 영양판정의 개요, 2장 신체계측, 3장 식사섭취조사, 4장 생화학적 조사, 5장 임상증상조사, 6장 영양판정의 활용으로 구성되어 있으며, 대학에서 영양전문가를 양성하는 데 활용하기 쉽도록 내용을 정리하였다.

이 책이 영양전문가 양성에 도움이 되길 바라며, 출판을 위해 애써주신 백산출판사 관계자 분들께 감사의 인사를 드린다.

차례

5장

임상증상조사

6장

영양판정의 활용

실습 및 부록

NUTRITIONAL ASSESSMENT

1장

영양판정의 개요

1. 영양판정의 의의
2. 영양판정의 체계
3. 영양판정의 방법
4. 영양판정의 평가
5. 영양판정의 분류

1장

영양판정의 개요

1 영양판정의 의의

1) 영양판정의 정의

영양판정(nutrition assessment)이란 개인 또는 집단의 식품 및 영양소 섭취 실태를 조사하고, 영양과 관련된 건강지표를 측정하여 영양상태를 평가하고 진단하는 과정으로, 이 과정을 통해서 영양상태뿐만 아니라 영양불량의 정도나 특징을 평가할 수 있다. 영양판정에 필요한 자료는 신체계측조사(anthropometric assessment), 식사섭취조사(dietary assessment), 생화학적 조사(biochemical assessment) 및 임상조사(clinical assessment)를 통해 수집한다.

2) 영양판정의 목적

현대 사회에서는 건강증진과 질병예방 및 치료 측면에서 영양의 역할이 강조되고 있으며, 이에 따라 영양판정의 필요성이 부각되고 있다. 영양판정의 목적은 질병을 예방하고 영양상태를 향상시켜서 건강증진을 도모하는 것이다. 이를 이루기 위한 구체적인 목표는 다음의 4가지를 들 수 있다.

- 첫째, 영양상태를 파악하여 영양문제를 찾아내고 영양위험에 처한 사람을 선별한다.
- 둘째, 영양문제를 해결하기 위한 영양중재 프로그램 계획에 필요한 정보를 얻는다.
- 셋째, 영양중재 프로그램 및 추후관리의 효과를 평가한다.
- 넷째, 영양서비스나 건강관리 체계의 효율성을 증대시켜서 비용을 절감한다.

3) 영양판정의 활용

영양판정 자료는 개인이나 집단의 영양서비스 측면에서 널리 적용되어 다음과 같은 분야에서 활용될 수 있다.

- 첫째, 국가에서 국민의 영양상태를 파악하고 국가 영양정책과 영양사업계획을 수립하는 데 중요한 근거자료가 된다.
- 둘째, 지역사회의 보건소, 학교, 산업체 등에서 각종 영양사업을 계획, 실행하고 그 사업의 효과를 평가하기 위해 이용된다.
- 셋째, 환자의 영양판정 자료를 통해 영양불량 여부와 그 정도를 파악할 수 있고, 그것을 근거로 하여 환자에게 적절한 영양처방 및 영양교육을 제공하고, 그 효과를 평가하여 질병의 회복기간을 단축시키고 비용을 절감하는 등의 혜택을 제공한다.
- 넷째, 식사와 질병과의 상관성을 분석하고 이를 통해 질병 위험률을 낮추기 위한 식사지침을 제안하는 등의 영양역학 연구를 하는 데 도구로 이용된다.

2 영양판정의 체계

1) 영양판정 체계의 종류

영양판정 체계(nutritional assessment system)에는 영양조사, 영양감시, 영양선별검사 등의 3가지 형태가 있다.

(1) 영양조사

영양조사(nutrition survey)는 인구집단의 식사섭취를 횡단적으로 조사(cross-sectional nutrition survey)하고 이를 근거로 영양상태를 판정하는 방법이다. 영양조사 결과를 토대로 하여 특정 지역의 기초적 · 전반적인 영양상태와 만성적 영양문제를 파악하여 영양적 취약집단을 선별한다. 횡단적 조사이므로 영양불량 원인을 파악하기 어렵지만 영양취약집단을 분류할 수 있으므로 영양조사를 통해 지역 전체를 위한 영양증진 정책을 수립할 수 있다.

(2) 영양감시

영양감시(nutrition surveillance)는 영양취약집단이 어떤 영양중재활동에 참여했을 때, 그들의 영양상태를 지속적으로 점검하여 관리, 감독하는 종단적 조사방법(longitudinal nutrition survey)이다. 영양감시 결과를 통해 영양불량의 원인규명이 가능하고 이를 영양개선을 위한 다양한 중재활동에 활용한다는 점에서 영양조사와 차이가 있다. 특히, 영양위험이 높은 개인을 대상으로 영양감시하는 경우에는 영양모니터링(nutrition monitoring)이라는 용어를 사용한다.

(3) 영양선별검사

영양선별검사(nutrition screening)는 대상자의 영양상태를 간단하게 평가하는 방법으로 영양중재 프로그램이 필요한 영양불량 대상자를 짧은 시간에 선별할 수 있다.

측정이 간단하고 적은 비용으로도 대규모 적용이 가능하여 병원이나 보건소 등 영양서비스 현장에서 영양 위험이 있는 개인을 선별하여 영양중재를 우선적으로 실시하는 데 사용된다. 영양선별검사는 영양관리가 필요한 대상을 선별하기 위해 일반적으로 영양서비스 초기에 실시한다.

대표적인 영양선별검사에는 노인 대상의 DETERMINE과 MNA(mini nutritional assessment), 입원환자 대상의 영양상태선별검사표와 MUST(malnutrition universal screening tool), 영유아를 위한 영양 스크리닝 조사표가 개발되어 있다. 또한 식생활 관련 건강 위험도를 평가하는 D-HRA(dietary-related health risk appraisal), 어린이 식행동을 평가하는 어린이 영양지수(nutritional quotient), 초등학생 에너지 과잉섭취 위험을 진단하는 식습관 평가표 등도 있다.

영양중재

영양중재(nutrition intervention)란 영양조사나 영양선별을 통해 위험상태가 확인된 영양불량 대상자에게 영양보충, 식사상담, 영양교육 등을 제공하여 영양상태가 향상되도록 하는 영양서비스이다. 대상자들의 영양판정을 통해 적절한 영양중재를 실시하고 이후 영양중재의 모니터링을 통해 효과 평가가 진행되어야 한다.

2) 영양판정 체계 수립 시 고려사항

정확한 영양판정을 실시하려면 직접방법이나 간접방법에 의한 판정결과들이 종합적으로 검토되어야 한다. 그러나 이 모든 영양판정 방법을 실시하는 것은 거의 불가능하다. 따라서 영양서비스의 목표와 상황을 고려하여 가장 적절하고 효율적인 영양판정방법, 측정항목 및 도구를 선택해야 한다.

(1) 영양조사 방법의 선택 시 고려사항

영양조사 도구를 선정할 때에는 무엇보다도 영양판정의 목적과 내용이 고려되어야 하며, 영양판정 방법, 도구 및 평가지표를 선정할 때에는 다음 사항을 고려해야 한다.

- 영양상태를 평가하는 이유
- 조사 대상이 개인인지 집단인지 여부
- 평가해야 할 내용의 종류와 양
- 질적 평가인지 양적 평가인지 여부
- 영양판정 도구의 타당성과 신뢰도
- 조사대상자에게 줄 수 있는 부담
- 조사대상자에게 요구되는 능력 또는 기술
- 조사자의 훈련 필요성
- 조사자료 분석의 용이성
- 비용, 인력, 시간

(2) 영양판정 도구의 타당도와 신뢰도

영양판정 도구나 지표를 선정할 때 반드시 고려해야 할 개념에는 타당도(validity), 신뢰도(reliability), 측정오차(errors), 정확도(accuracy) 등이 있다. 이 외에도 실제로 영양문제가 있는 대상을 영양문제가 있다고 가려낼 수 있는지를 나타내는 민감도(sensitivity)와 실제 영양문제가 없는 대상을 영양문제가 없다고 가려낼 수 있는지를 나타내는 특이도(specificity) 역시 중요하다.

① 타당도

타당도(validity)란 사용하는 판정 방법이나 지표가 측정하고자 하는 영양상태나 영양소를 얼마나 적절하게 평가하는지를 나타내는 것이다. 예를 들어 개인의 식이와 만성질환과의 관련성에 관한 정보가 필요하다면 현재의 식사섭취조사가 아니라 과거에 진행된 식이섭취 상황을 조사하여야 한다.

② 신뢰도

신뢰도(reliability)란 반복 측정하였을 때 얼마나 일관된 결과를 나타내는지의 정도를 나타내는 것이며 재현성(reproducibility) 또는 정밀도(precision)라고도 한다.

신뢰도는 흔히 변이계수(coefficient of variation; CV=[표준편차/평균]×100)로 나타낸다.

신뢰도는 무작위 측정오차가 클수록 감소된다. 예를 들면 어떤 사람이 매일 영양소 섭취량의 변이가 큰 경우 특정한 어느 하루의 섭취량을 조사한 것으로만 평소의 섭취량을 평가하기는 어렵다. 따라서 개인 내 변이는 개인 평소섭취량의 신뢰도 척도가 된다. 신뢰도를 높이기 위해서는 조사의 순서나 기술적 방법이 정립된 매뉴얼이 필요하며 조사자의 훈련과 도구의 적절한 선택, 설문지와 인터뷰 방법의 표준화가 중요하다.

신뢰도가 높은 것이 반드시 변수의 참값을 측정했다는 것을 의미하는 것은 아님을 기억해야 한다.

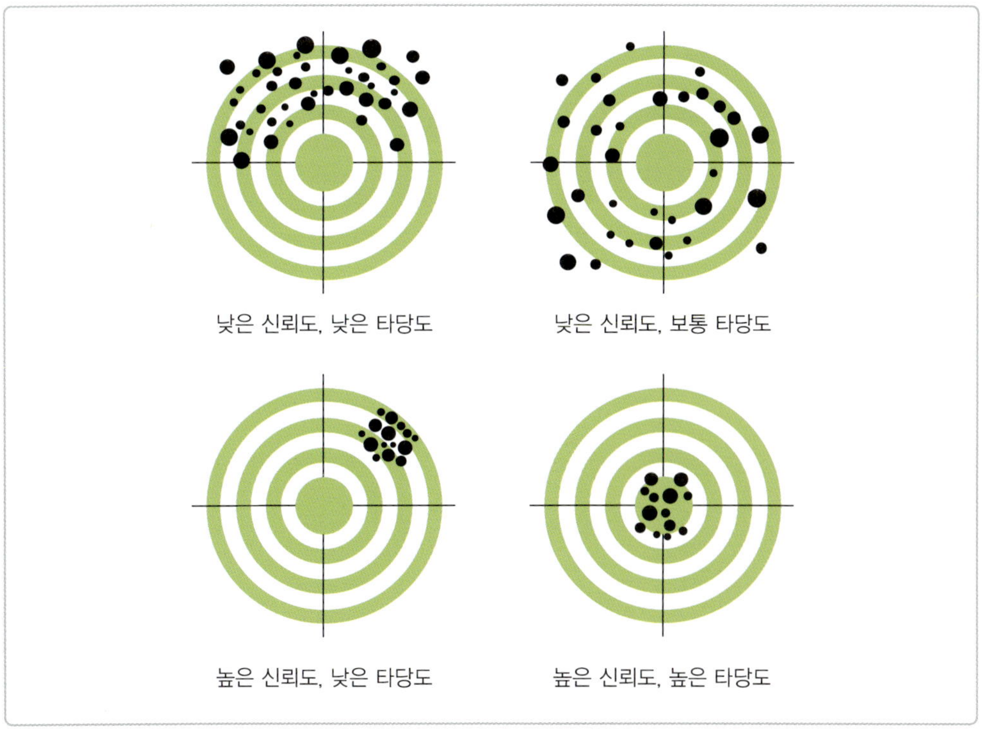

| 그림 1-1 | 신뢰도와 타당도의 개념

③ 민감도

민감도(sensitivity)는 영양상태의 변화를 얼마나 민감하게 반영하는가를 나타내는 지표이며, 민감도가 큰 지표인 경우에는 영양불량 초기단계의 영양문제를 발견할 확률이 높아진다. 영양판정 방법 중 생화학조사는 예민도가 높은 편이며 반면에 신체계측조사나 임상조사는 예민도가 낮은 편이다.

④ 특이도

특이도(specificity)는 영양상태의 문제가 어떤 영양소 때문인지를 알려주는 지표이다. 영양판정 방법 중 생화학적 조사는 특이도가 높은 반면, 임상적 조사나 신체계측조사는 여러 가지 요인들에 의해 영향을 받기 때문에 특이도가 낮은 편이다.

⑤ 측정오차

무작위측정오차(random measurement error)란 사용된 판정도구나 기기, 기구가 부정확한 경우 또는 사용하는 과정에서 우연히 발생하는 실수 등에 기인하는 오차를 말하며, 무작위측정오차로 반복된 측정값들 사이에 오차가 발생하게 된다. 이는 신뢰도와 관련이 있으며, 무작위측정오차를 줄이기 위해서 샘플수를 늘리는 것도 좋은 방법이다.

계통측정오차(systemic measurement error)란 사용된 도구가 부정확하여 측정값이 실제 값보다 반복적으로 높거나 낮게 측정되는 등의 오차를 말하는데, 이는 신뢰도에는 별 영향을 끼치지 않으나 타당도는 낮아지게 한다. 예를 들면 체중계가 부정확하여 모든 사람의 체중을 실제보다 높게 측정한 경우, 결과들은 신뢰성은 높을 수 있으나 참값에서는 멀어진다.

3 영양판정의 방법

영양판정 방법은 직접평가와 간접평가로 나눌 수 있다. 개인을 대상으로 하는 직접평가로는 신체계측, 생화학적 조사, 임상조사 및 식사섭취조사가 있으며 흔히 이들을 첫 글자를 따서 ABCD접근법이라고 부른다. 반면 간접평가는 주로 집단 전체를 대상으로 하며 보건통계분석, 식품공급상황 조사 및 식생태조사 등이 있다. 식생태조사는 영양과 관련된 환경인자를 평가하는 하므로 개인별 영양판정에 이용되기도 한다. 영양판정이 정확하려면 직접평가와 간접평가의 결과를 종합적으로 검토하는 것이 바람직하다.

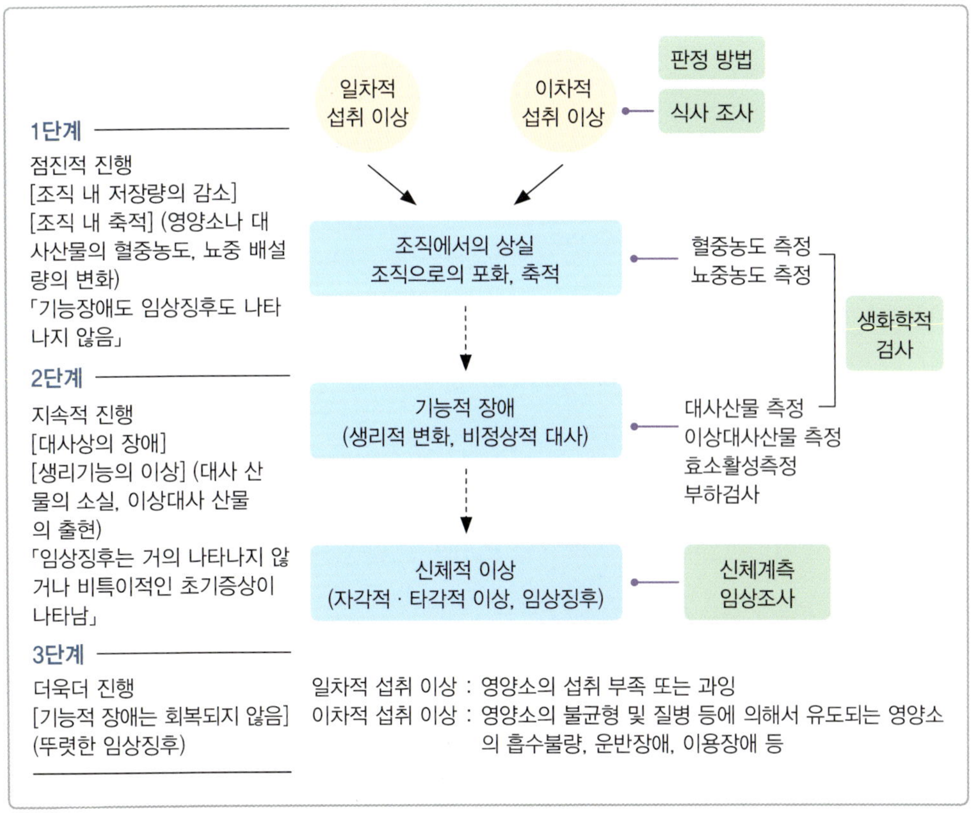

| 그림 1-2 | 영양불량 진행 정도에 따른 적절한 영양판정 방법

1) 직접평가

직접평가법에는 신체계측, 생화학적 검사, 임상조사 및 식사조사가 있으며, [그림 1–2]와 같이 영양불량 정도에 따라 사용하는 판정방법이 달라질 수 있으므로 두 가지 방법을 함께 사용하는 것이 판정결과의 정확성을 높여줄 수 있다.

(1) 신체계측조사

신체계측조사(anthropometric assessment)는 신체의 크기와 조성을 측정하여 이로부터 여러 신체지수를 산출한 후 기준치와 비교 · 평가하여 영양상태를 판정하는 방법이다. 영양은 신체조성에 영향을 끼치는 주요 요인이므로 신체계측조사는 전 생애주기별 영양상태 판정에 유용하며 특히, 성장기의 영양상태는 신체의 성장, 신체조성 등에 중요한 영향을 주므로 더욱 의미가 있다.

영양섭취가 신체에 영향을 미치기까지는 오랜 시간이 필요하므로 신체계측조사는 최근 영양상태보다는 과거 장기간에 걸친 영양상태를 나타낸다.

(2) 생화학적 조사

생화학적 조사(biochemical assessment)는 혈액, 소변, 조직 등에서 영양소 또는 대사산물을 측정하거나 효소활성도, 면역기능 등을 분석하여 이들과 영양상태의 관련성을 검사하는 방법이다. 생화학적 조사는 직접검사와 간접검사로 구분하는데, 직접검사은 혈액이나 조직에 있는 또는 소변으로 배설되는 영양소나 그 대사산물을 직접 측정하는 방법이며, 비교적 영양결핍 초기의 결핍정도를 파악할 수 있다. 간접검사는 기능검사인데 즉, 기능적인 생화학적 · 생리적 검사법으로 영양결핍의 마지막 단계를 판정하는 데 이용된다.

생화학적 조사는 임상에서 환자의 영양 치료 효과를 판정하거나 영양불량 정도를 알아내는 데 유용하다. 생화학조사는 가장 객관적이고 정량적인 방법이다.

(3) 임상조사

임상조사(clinical assessment)는 영양불량상태와 관련된 임상적 징후를 시각적으로 진단하는 것이다. 이러한 신체징후는 보통 비특이적이고, 영양결핍이 많이 진행된 심각한 단계에서만 판정이 가능하고 영양불량 초기 단계에서는 판정이 어려운 예민도가 낮은 방법이다. 따라서 영양결핍이 현저한 경우를 제외하고는 임상조사 단독만으로 영양상태를 판정하기는 어려우므로 다른 조사방법과 함께 실시해야 한다.

(4) 식사섭취조사

식사섭취조사(dietary assessment)는 대상자가 섭취한 식품의 종류와 양을 조사하고 이를 영양소 섭취량으로 환산하여 기준치와 비교함으로써 식품과 영양소 섭취상태를 평가하는 것이다. 영양불량의 초기단계를 판별할 수 있는 방법으로 영양판정법 중 가장 핵심적이다. 24시간 회상법(24hr-recall), 식사기록법(food record), 식품섭취빈도법(food frequency questionnaire), 식사력(diet history) 등이 있으며 사용목적에 맞는 적합한 방법의 선택이 필요하다.

2) 간접평가

지역주민과 같은 집단의 전반적인 영양상태는 환경과 밀접하다. 그러므로 지역사회의 경제, 교육 및 문화적 환경과 보건상태에 관한 모든 자료로부터 지역주민의 영양불량 여부와 내용을 간접적으로 평가하는 것을 간접평가라고 한다.

간접평가는 집단의 전반적인 영양상태를 평가하는 것 이외에도 집단 내 영양적 위험군을 선별해 내는 영양스크리닝의 도구로 이용되기도 한다. 간접평가 내용 중 특히 식생태조사는 개인의 영양판정 방법으로도 자주 사용된다. 간접평가를 위해 조사하는 자료는 [표 1-1]과 같다.

표 1-1 영양평가의 간접평가를 위한 조사자료

구분	조사자료
보건통계분석	• 인구 동태자료(연령 및 성별 구성, 인구 밀도, 출생률, 사망률 등) • 건강의학 통계(영유아 사망률 등) • 보건시설(병원, 보건소 등)
식품공급상황 조사	• 식품 수급 실태 • 식품 가격과 계절 변동 • 식품 구매 여건 • 식품 강화, 식품 구매 지원 및 급식 프로그램
식생태조사	• 사회경제적 자료(소득수준, 교육, 사회보장제도, 주거환경, 교통 등) • 사회 · 문화적 자료(생활양식, 종교, 전통적인 식습관, 식행동과 식품에 대한 신념 등) • 지리적 조건(식량 생산과 관련된 모든 자연환경 실태 등)

4 영양판정의 평가

영양조사의 결과는 여러 가지 기준으로 판정된다. 일반적으로 건강한 표준 사람들의 측정치인 참고치(reference value)를 참조하거나 체내 영양소 저장의 감소, 체내 기능 손상, 결핍증상 발생을 예측해 주는 수준을 근거로 한다.

기준치의 설정은 영양판정의 결정적인 역할을 하므로 매우 신중해야 한다. 기준치 설정이 잘못되면 영양상태가 양호한 사람이 불량한 것으로 판정되기도 하고 반대로 영양상태가 불량한 사람이 양호한 것으로 판정되는 오류가 발생될 수 있다.

표 1-2 영양상태의 가짜 불량과 가짜 양호

		영양상태	
		불량	양호
조사결과	불량	진짜 불량	가짜 불량
	양호	가짜 양호	진짜 양호

1) 참고치 분포

참고치 분포(reference distribution)는 참고치(reference value)의 분포도를 말하며 보통 백분위 값으로 나타낸다. 특정 개인의 측정치는 참고치 수준에서 제 몇 백분위 값(percentile)에 해당한다고 평가하며, 이때 연령, 성별, 인종, 임신 및 수유 등의 생리상태, 공복상태 여부, 시료 수집 절차 등의 조건이 참고 표본집단과 유사해야 신뢰할 수 있다.

신장, 체중 등 성장에 관한 측정치는 참고치 분포와 비교하여 평가하며, 그 예로는 우리나라 소아 · 청소년 표준 성장표가 있다(부록 6~9).

2) 참고치 경계

참고치 경계(reference limits)는 참고치 분포를 이용한다. 일반적으로 참고치 분포의 2곳을 참고치 경계로 정하여 사용하는데, 이때 3개의 참고치 간격(reference interval)이 만들어진다. 예를 들면 신장의 참고치 분포에서 5백분위값과 95백분위 값을 2곳 참고치 경계로 정하고 개인의 측정값이 5백분위 값보다 낮으면 '매우 낮음', 5백분위 값과 95백분위값 사이면 '보통', 95백분위 값보다 높으면 '매우 높음'으로 판정한다. 만약 판정이 '매우 낮음' 이나 '매우 높음'으로 나왔다고 해도 '비정상(abnormal)'이나 '병적 상태로'로 분류하지는 않는다. 왜냐하면 참고치는 단지 통계적으로 발생하는 것이기 때문이다.

3) 한계치

한계치(cutoff point)는 체내 영양소 저장량의 고갈, 체내 기능 손상과 결핍 증상의 발생을 예측해 주는 수준이며 주로 생화학적 조사 판정에 사용된다. 지금까지는 결핍 상태와 상관성이 높은 영양평가 지표가 부족하기 때문에 한계치는 참고치 경계만큼 널리 쓰이지는 못한다. 영양평가 지표에 한계치가 1개 설정되면 그 이상이면 '양호', 그 미만이면 '불량'으로 분류하고, 한계치가 2개 설정되면 그 때 생기는 3개의 간격을

'결핍(deficient)', '경계(marginal)', '충분(adequacy)'으로 분류하기도 한다.

4) 표준치

그 외에도 영양판정 평가에 표준치(standard)를 사용하기도 한다. 이는 신체계측에서 신장에 근거하여 개인의 연령, 성별에 따른 이상체중(ideal body weight)을 산정하여 현재 체중에 대한 판정을 할 때 주로 사용한다.

5 영양판정의 분류

영양판정의 목표 중 가장 우선시되어야 하는 것은 '영양상태를 파악하여 영양문제를 찾아내고 영양위험에 처한 사람을 선별'하는 것이다. 즉, 영양상태 불량 여부와 불량한 내용을 가려내는 것은 영양판정에서 매우 중요한 과정이다. 영양상태 분류를 중심으로 살펴보면서 더 자세히 알아보자.

1) Jelliffe의 분류

영양불량의 원인을 영양공급 정도와 기간에 따라 영양부족(undernutrition), 영양과잉(overnutrition), 결핍증(specific deficiency), 영양불균형(imbalance) 등 4가지로 분류하였으며(표 1-3) 일반적으로 많이 사용된다.

표 1-3 Jelliffe의 영양불량

구분	원인
영양부족	• 장기간에 걸쳐 여러 가지 영양소가 제대로 공급되지 않음 • 장기간에 걸쳐 여러 가지 영양소를 체내에서 이용하지 못함
영양과잉	• 장기간에 걸쳐 과잉의 영양소가 공급됨
결핍증	• 특정 영양소의 공급이 부족함 • 특정 영양소의 체내 이용률이 감소됨
영양불균형	• 두 가지 이상 영양소의 공급량이 체내 필요량과 균형을 이루지 못함 • 두 가지 이상의 영양소의 질적인 면에서 체내 필요량과 서로 균형을 이루지 못함

2) 일차적 또는 이차적 영양불량

영양불량의 원인을 영양소 공급과 생리적인 측면으로 구분하여 일차적 영양불량과 이차적 영양불량으로 분류한다.

(1) 일차적 영양불량

일차적 영양불량(primary malnutrition)은 직접적으로 식사를 통한 영양소 공급이 신체의 요구량에 비해 질적, 양적으로 부족하거나 과잉이어서 나타나는 영양불량 상태이다.

(2) 이차적 영양불량

이차적 영양불량(secondary malnutrition)은 질병, 임신, 수유, 흡연, 음주, 약물복용, 유전적 결함 등에 의해 식욕부진, 영양소 흡수 저하, 체내에서 영양소의 이용 장애 · 배설 증가 · 대사 항진, 특정 대사 장애, 장기손상, 약물과 영양소 상호작용 등이 나타나고 이로 인한 영양불량 상태이다.

이차적 영양불량은 직접적인 원인이 없어지거나 적절한 영양소의 보충이 있어야 치료될 수 있다. 따라서 영양소 공급 상태뿐 아니라 체내 생리상태, 질병 여부도 함께 조사되어야 정확한 영양판정 결과를 얻을 수 있다.

3) Shils의 분류

발생 원인별로 영양불량을 분류하였고 그 내용은 다음과 같다.

- 영양소 흡수 불량이 원인이 된 영양불량 상태
- 질병으로 인한 식욕부진이 원인이 된 영양불량 상태
- 대사항진이 원인이 된 영양불량 상태
- 특정 대사기능에 장애가 발생한 것이 원인이 된 영양불량 상태
- 장기가 손상되어 나타나는 영양불량 상태
- 질병 치료를 위해 약물이나 처치를 했을 때 발생하는 영양불량 상태

4) 영양상태 관련 요인

영양불량은 영양소의 공급 부족이나 과잉 또는 체내 효율성 등에 의해 결정된다. 영양불량의 원인을 이해하기 위해서 영양상태에 영향을 주는 신체적 요인과 사회적 요인을 이해하는 과정이 필요하다.

(1) 영양상태에 영향을 주는 신체적 요인

신체적 요인에 의해 체내 영양상태가 영향을 받는다. 영양불량을 일으키는 신체요인에는 영양소의 불충분한 섭취, 흡수장애, 체내 이용 장애, 배설의 증가, 체내 필요량 증가 등이 있다.

① 영양소의 불충분한 섭취

불충분한 섭취로 영양불량이 나타나는 예로는 열량과 단백질 섭취 부족, 식욕부진이나 위장 질환, 치아 손상과 같이 섭식 행동에 제한을 받는 경우, 식품에 대한 알레르기 반응이 있는 경우, 질병 치료를 위한 특수 약물을 복용하여 영양소 섭취의 장애를 일으키는 경우 등이 있다.

② 흡수장애

흡수장애로 영양불량이 나타나는 예로는 장내 국소 부위에 염증이 있을 때, 약물 치료로 인한 흡수장애 부작용이 발생할 때, 장내 기생충 감염이나 소아 지방변증이 있을 때, 수술로 인하여 장관의 일부가 절제되었을 때, 만성소화기계 장애가 있을 때 등이 있다.

③ 체내 이용 장애

체내 이용 장애로 영양불량이 나타나는 예로는 기관 기능저하 등의 대사 장애가 있을 때, 선천적인 대사 장애를 가지고 있을 때, 간 기능이 약화되었을 때, 신세뇨관의 기능 이상으로 산독증이 발생했을 때, 특정 약물에 의한 영양소의 이용이 저하될 때 등이 있다.

④ 배설의 증가

배설의 증가로 영양불량이 나타나는 예로는 심한 구토나 설사를 일으킬 때, 음식물의 장관 체류 시간이 감소될 때, 과민성 대장 증상이 발생했을 때, 수종이나 종양으로 인한 유출이 있을 때 등이 있다.

⑤ 체내 필요량 증가

체내 필요량 증가로 영양불량이 나타나는 예로는 발열이나 외상이 있을 때, 스트레스가 증가할 때, 패혈증이나 감염이 생겼을 때, 임신이나 성장기, 화상이나 수술을 했을 때, 갑상선 기능이 항진되었을 때 등이 있다.

(2) 영양상태에 영향을 주는 사회 및 가족 요인

사회 및 가족 요인에 기인하여 영양불량이 나타날 수 있으므로 이를 이해하는 과정이 필요하다.

① 사회 환경요인

영양불량의 원인이 될 수 있는 사회 환경요인으로는 가족 또는 개인의 경제 상태가 낮을 때, 지역사회의 의료환경이나 식품 유통환경이 미비할 때, 직업이나 교육수준이 낮을 때, 정부와 사회단체에서 제공하는 식품구매 지원 및 급식 프로그램이 부족할 때, 종교나 관습 등이 있다.

② 가족 환경요인

영양불량의 원인이 될 수 있는 가족 환경요인에는 가족 구성, 특정 질병에 대한 가족력, 가족과 개인의 식생활 지식과 태도가 낮을 때, 흡연이나 음주생활을 할 때, 운동이 부족할 때, 스트레스가 심할 때, 거주상태 혹은 주방상태가 열악할 때, 가족의 식생활이 바람직하지 못할 때 등이 있다.

2장

신체계측

2장
신체계측

1 신체계측의 개요

1) 신체계측의 의의

신체계측(anthropometric assessment)이란 신체 각 부분의 크기 또는 신체 구성성분을 측정하여 성장 · 발달 및 영양상태를 판정하는 것이다. 이 조사방법은 비교적 간단하고 정확하며 신뢰성이 높고, 성장 · 발달 및 장기간의 영양상태를 반영하여 영양불량의 위험이 높은 대상자를 찾아내는 데 유용하다. 표준화된 방법과 기술로 개인과 집단의 영양상태 판정에 널리 활용되고 때로는 영양상태 판정의 첫 단계에 주로 사용된다.

2) 신체계측의 종류

신체계측은 성장측정과 신체조성측정으로 분류할 수 있다(표 2-1). 주로 신장, 체중, 머리둘레 등을 이용하여 성장의 정도를 평가하며, 체지방과 제지방의 양 혹은 비율을 이용하여 신체조직의 조성을 평가한다.

표 2-1 신체계측의 종류

구분	원인
성장	• 신장, 체중, 가슴둘레, 머리둘레, 팔꿈치너비, 손목둘레 • 비만도, 체질량지수, 폰더럴지수, 뢰러지수, 카우프지수
신체조성	• 허리–엉덩이둘레, 피부두겹두께 • 상완 둘레, 상완근육둘레, 상완근육면적, 장딴지둘레, 허벅지둘레 • 수중체중측정법, 생체전기저항 측정법, 총체수분 측정법, 총칼륨양 측정법 • 컴퓨터단층촬영법, 자기공명영상법, 이중에너지 X–선 흡광법

생애주기에 따라 성장 발달 속도와 체조성의 구성에는 차이가 있으므로, 생애주기별 영양상태를 잘 반영하는 신체측정부위가 달라질 수 있다. 또한 신체계측치 또는 신체계측을 이용하여 산정된 지수를 기준치와 비교하여 영양판정이 이루어진다. 따라서 신체계측을 통해 영양판정을 할 때에는 영양판정 목적에 맞는 신체계측 부위 및 방법을 적절하게 선택하여야 할 것이다. 생애주기별 권장되는 신체계측 항목은 [표 2–2]와 같다.

표 2-2 WHO에서 권장하는 생애주기별 신체계측 부위

생애주기	항목
영아기, 유아기	• 체중, 신장(누운 키 포함)
유아기	• 체중, 신장, 이두근 피부두겹두께, 삼두근 피부두겹두께, 상완둘레
학동기, 청소년기	• 체중, 신장, 삼두근 피부두겹두께
성인기, 노인기	• 체중, 신장, 삼두근 피부두겹두께

3) 신체계측의 특성

(1) 신체계측의 장단점

성장기에 신체계측에서 얻은 지표들은 성장발달을 민감하게 반영하는 동시에 과

거 오랜 기간의 영양상태를 반영하기 때문에 영양불량의 위험을 분류할 수 있는 유용한 영양판정 도구이지만, 짧은 기간 동안의 영양상태 변화를 평가하기는 어렵다. [표 2-3]에 신체계측의 장 · 단점을 제시하였다.

표 2-3 신체계측의 장단점

구분	내용
장점	• 측정 방법이 간단하고 안전하여 조사대상자에게 적용하기 쉽고 부담이 적음. 따라서 많은 대상자의 영양판정에 유리함 • 측정 기기의 비용이 비교적 저렴하고 운반이 용이함 • 다른 영양판정법에 비해 측정방법을 쉽게 습득할 수 있음 • 표준화된 방법대로 사용하면 비교적 정확하고 재현성이 높음 • 과거 오랜 시간에 걸친 영양상태에 관한 정보를 얻을 수 있음 • 심한 영영불량을 판정하는 데 유용함 • 영양불량 위험도가 높은 대상자를 찾아내는 선별검사방법으로 사용할 수 있음
단점	• 단기간의 영양상태 변화를 평가하기 어려움 • 어떤 특정한 영양소 결핍에 의한 결과인지 구별하기 어려움 • 유전, 질병 등의 비영양적 요인에 의해 신체계측의 예민도나 정밀도가 변할 수 있음

(2) 신체계측의 오차

신체를 측정할 때, 신체의 구성성분 변화가 생길 때, 신체계측치로부터 체구성을 추정할 때 타당하지 못한 가설을 사용할 때 신체계측의 오차가 발생할 수 있는데, 이렇게 발생한 오차는 조사자료의 정밀도, 정확도, 타당성에 영향을 미친다.

① 측정오차

신체를 측정할 때 발생하는 측정오차는 측정하는 방법이 어렵거나, 측정기구가 부정확하거나 또는 조사원의 오차로 발생할 수 있다. 이런 측정오차는 조사원에게 표준화되고 타당도 높은 측정방법을 훈련시키고, 정확하고 정밀한 측정기구를 사용하여 최소화할 수 있다.

신체계측 시 동일한 조사원이라도 조사원 내 오차(intra-examiner error)나 조사원들 간의 오차(inter-examiner error)가 발생하는 경우가 종종 발생한다. 이런 오차를 줄이기 위해서는 같은 대상자에 대해 3번 반복 측정하여 평균치를 사용하거나, 숙련자의 계측치와 비교하면서 조사원을 훈련시키고 또는 한 조사원이 동일한 항목을 측정하는 것이 필요하다.

② 신체구성 성분 변화에 의한 오차

신체구성 성분이 변화되면 특정 신체계측치나 판정지수가 변하게 되어 정확도가 감소한다. 예를 들면 여성의 경우 생리주기에 따라 체수분 함량이 증가하여 체중이 변화되기도 하며, 대상자의 나이와 측정부위에 따라 피부두겹두께가 달라질 수 있다.

또한 건강한 사람 대상의 예측방정식을 환자에게 적용하면 오차가 발생되기도 한다. 예를 들면 체지방과 체단백질은 낮지만 체수분이 증가하여 체중의 변화가 생기지 않은 환자를 일반인과 동일한 기준으로 판단하면 오류가 발생된다. 그러나 현장에서는 신체계측에서 이러한 오류를 보정하지 못하는 경우가 자주 발생한다.

③ 타당하지 못한 가설에 의한 오차

신체계측치로부터 체구성성분을 추정할 때 타당하지 못한 가설을 적용할 경우 오차가 발생된다. 예를 들면, 피부두겹두께로 체지방을 추정할 때, '피하지방의 두께는 체지방량과 비례한다.'와 '모든 피하지방 두께는 일정하다'는 가정에 기초한다. 그러나 실제로 피하지방 두께는 내장지방과는 정비례하지 않으며, 체중이나 연령, 성별, 인종, 질병상태에 따라 피하지방과 내장지방의 관계가 일정하지도 않다. 또한 영양불량 환자의 경우 피하지방이 복부로 이동하는 현상이 나타나기도 한다.

표 2-4 신체계측 시 발생되는 오차와 그 원인

오차	원인
측정오차	• 측정방법의 어려움 • 측정기구의 부정확 • 조사원의 훈련부족
신체구성 성분 변화	• 생리주기에 따른 조직의 수분함량 변화 • 연령, 측정부위에 따른 피부두겹두께 두께의 변화 • 환자에게 정상인 예측방정식 적용하는 경우
타당하지 않은 가설	• 타당하지 않은 가설 적용

2 성장의 측정

성장정도를 측정하는 신체계측은 단시간에 간단하게 할 수 있기 때문에 영양판정에서 우선적으로 사용되는 방법이다. 특히 어린이의 경우 과거 또는 현재 영양상태 판정에 성장정도를 측정하는 것을 권장하고 있다.

성장정도를 측정하는 척도로 가장 많이 사용하는 것은 신장, 체중, 머리둘레, 가슴둘레 등이다. 성장 측정을 위한 신체계측 항목은 [표 2-5]와 같다

표 2-5 성장측정을 위한 신체계측 항목

신체계측 항목	반영 내용
신장, 체중	• 성장 정도
머리둘레	• 2세 이하 영유아의 뇌 성장발달
팔꿈치 너비, 손목둘레	• 신체 골격크기

1) 신장

신장은 골격의 발달을 반영하므로 연령별 신장을 측정하여 비교하는 것은 그 집단

내에서 개인의 영양상태를 나타내는 지표로 이용된다. 성장기 어린이의 경우, 신장이 작은 것은 일반적으로 영양불량과 관련이 있다. 그러나 유전적인 측면도 함께 고려되어야 한다. 성인의 경우, 신장은 과거의 성장기 영양상태를 반영하지만 현재의 영양상태와는 무관하다.

(1) 측정방법

① 영유아

만 2세 미만의 영유아, 혼자서 서 있기 어려운 만 2~3세 유아는 누운 상태에서 신장을 측정한다. 유아용 신장계에 아기를 눕혀, 머리판에 직각으로 머리가 닿게 하고 무릎을 편 상태에서 발꿈치를 발판이 밀착시켜 누운 키를 mm 단위로 측정한다(그림 2−1).

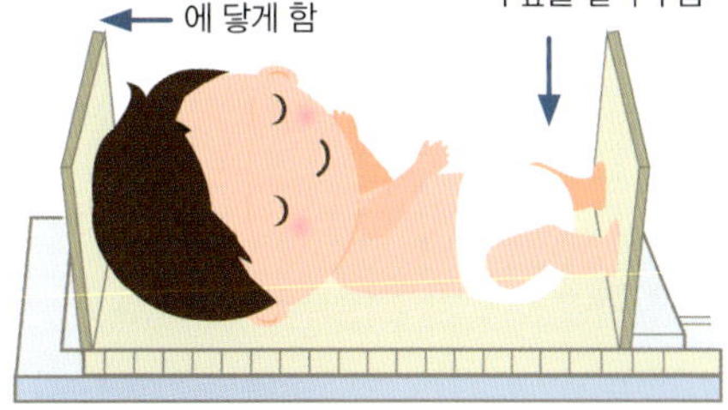

누운 키 측정에는 2명의 조사원이 필요하다. 한 사람은 영유아의 얼굴, 머리와 어깨 위치를 바르게 유지시키고 다른 한 사람은 무릎, 다리와 발끝의 자세가 바르게 유지되도록 한다.

| 그림 2-1 | 누운 키 신장계와 측정방법

② 어린이와 성인

혼자 서 있을 수 있는 2세 이상의 어린이와 성인은 선 자세로 신장을 측정한다(그림 2−2). 측성자의 시선은 계측치 눈금과 수평으로 맞추어 어린이는 0.1cm 단위로, 성인은 0.5cm 단위로 읽는다.

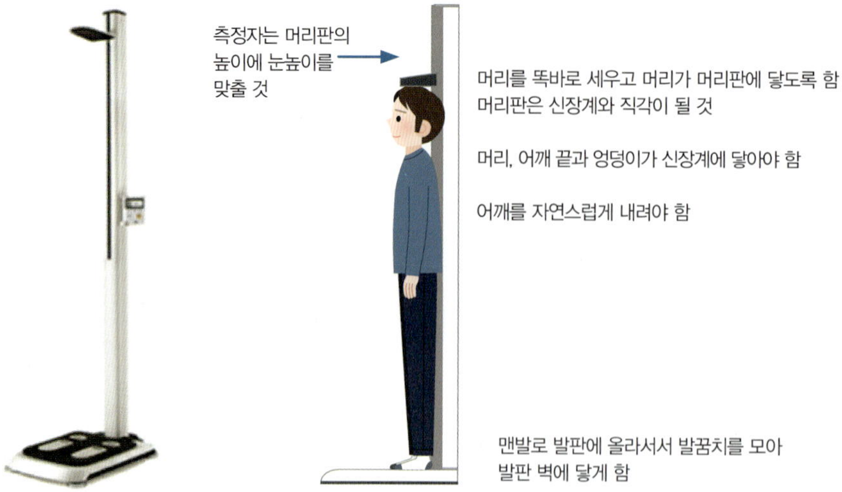

가벼운 옷차림 상태에서 신발을 벗은 다음 신장계 발판 벽에 양 발뒤꿈치를 모으고 팔은 양 옆으로 자연스럽게 내린 채로 다리를 쭉 펴고 머리는 똑바로 들어 눈이 정면을 향하게 선 다음 측정 직전에 숨을 깊게 들이쉬고 멈춘 상태에서 측정한다.

| 그림 2-2 | 신장계와 측정방법

③ 노인 및 거동이 불편한 사람

무릎 높이(knee height)는 신장과 밀접한 관계가 있다. 이 원리로 거동이 불편한 노인, 척추 측만증이나 질병으로 서서 신장을 측정하기 어려운 경우에는 무릎 높이를 측정하여 계산도표나 추정 계산식으로 신장을 구한다. 누운 상태에서 캘리퍼를 정강이뼈와 평행이 되도록 하여 무릎 높이를 5mm 단위까지 측정한다(그림 2-3).

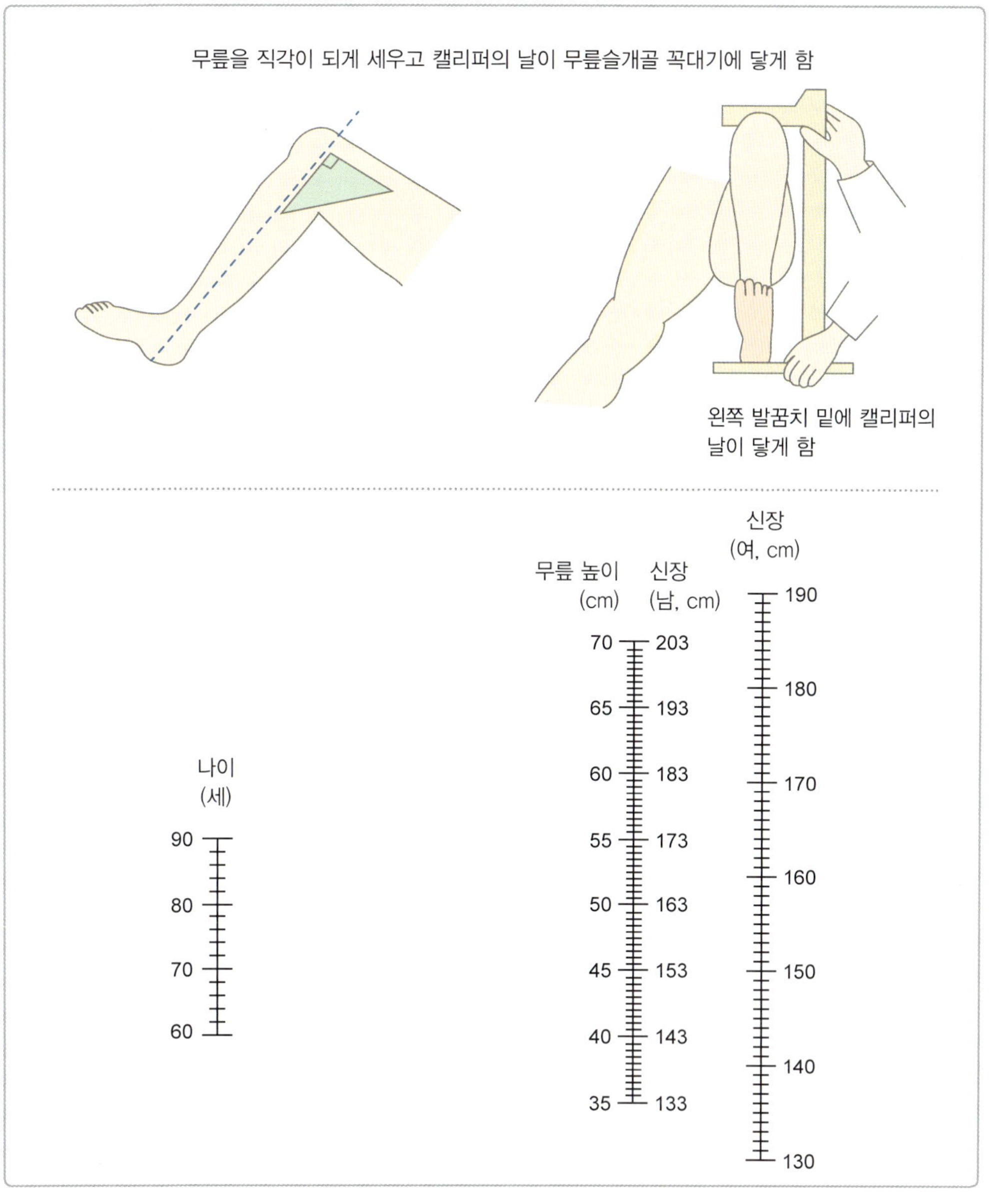

| 그림 2-3 | 무릎 높이 측정과 무릎 높이를 이용한 신장추정 계산도표

무릎 높이를 이용한 신장 추정 계산식

남자 신장(cm) ={2.02 × 무릎 높이(cm)} − {0.04 × 만 나이(세)} + 64.19

여자 신장(cm) ={1.83 × 무릎 높이(cm)} − {0.24 × 만 나이(세)} + 84.88

(2) 영양판정

측정치는 연령별 한국 소아 · 청소년 신체발육표준치나 한국인 체위기준치와 비교하는데(부록 6~9), 표준치에 대한 백분율을 구하거나 혹은 백분위수 범주를 구하여 평가한다. 성장기 연령별 신장(height for age)은 과거나 장기간의 영양상태를 추정하는 지표로 이용되고 이때 측정값이 5~95백분위수에 해당하면 정상범주로, 5백분위수 미만이면 영양불량으로 판정한다. 영양불량으로 판정되면 1년 정도의 간격을 두고 성장속도를 지켜보면서 영양상태를 판정하는 것이 필요하다.

2) 체중

체중은 골격, 근육, 피하지방의 양 등을 종합적으로 나타내므로 영양상태 평가에 있어 가장 중요한 지표 중의 하나이다. 그러나 체중만으로 영양상태를 판정하기보다는 연령과 신장을 함께 고려하는 것이 중요하다.

(1) 측정방법

① 영유아

만 2세 미만의 영유아나 혼자 설 수 없는 만 2세~만 3세 유아는 소아용 전자저울이나 추저울, 스프링 저울을 이용하여 체중을 측정한다. 전자저울을 적정하게 표준화되면 매우 정확하고 빠르게 체중을 측정할 수 있으므로 오래 누워있지 못하는 영아들의 체중을 재는 데 적합하다. 소아용 저울이 구비되어 있지 않거나 아기가 너무 움직이면, 아기를 안은 어른의 체중을 잰 후에 어른의 체중을 빼면 아기의 체중을 계산할 수 있다.

전자저울

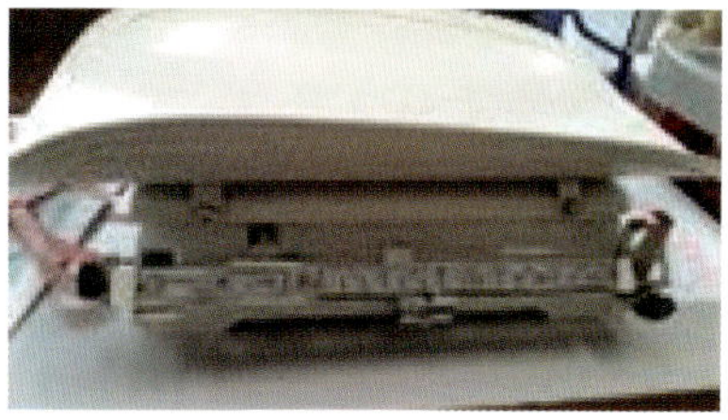

추저울

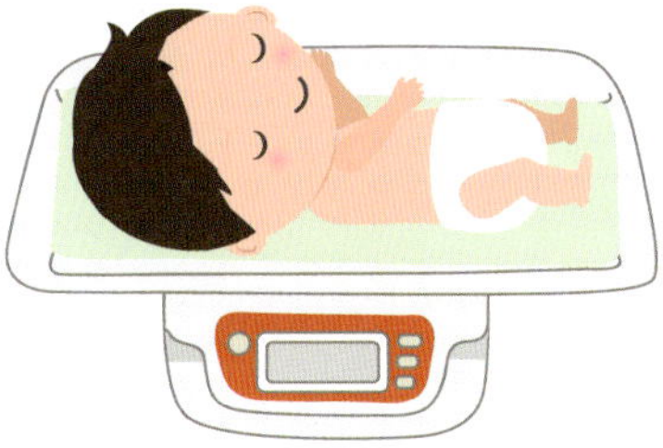

소아용 전자저울 팬에 타월을 깔고 보정하여 0점을 맞춘다. 가벼운 옷차림의 아기를 저울의 팬 중앙에 뉘여서 아기의 체중이 고루 분산되도록 한다. 아기가 조용히 누워있을 때 10g 단위까지 측정한다.

| 그림 2-4 | 소아용 체중계와 체중 측정

② 어린이와 성인

혼자 설 수 있는 어린이와 성인은 전자저울이나 눈금저울로 체중을 측정한다. 저울을 편평한 바닥에 놓아 흔들리거나 기울어지지 않게 한다. 최소한의 옷을 입은 상태에서 측정하거나 또는 옷을 입고 측정한 후 전체 무게에서 옷 무게를 빼면 체중을 계산할 수 있다. 체중은 식사 전 소변을 본 상태에서 측정하도록 한다.

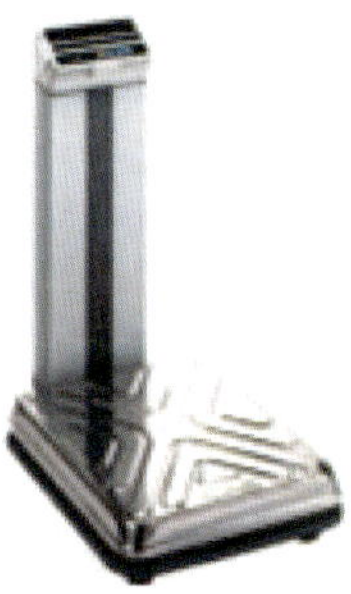

전자저울

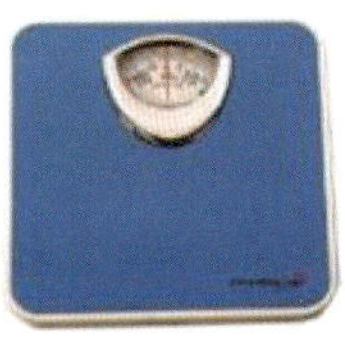

눈금저울

저울의 0점을 확인한 후, 발판 중앙에 서서 양발에 체중을 분산시킨 후 정면을 응시하면서 편안한 자세로 100g 단위까지 측정한다.

| 그림 2-5 | 성인용 체중계와 체중 측정

③ 노인 및 거동이 불편한 사람

노인이나 체중계에 혼자 올라설 수 없는 거동이 불편한 사람은 의자저울이나 침대저울로 체중을 측정하거나 계산식으로 체중을 추정할 수 있다.

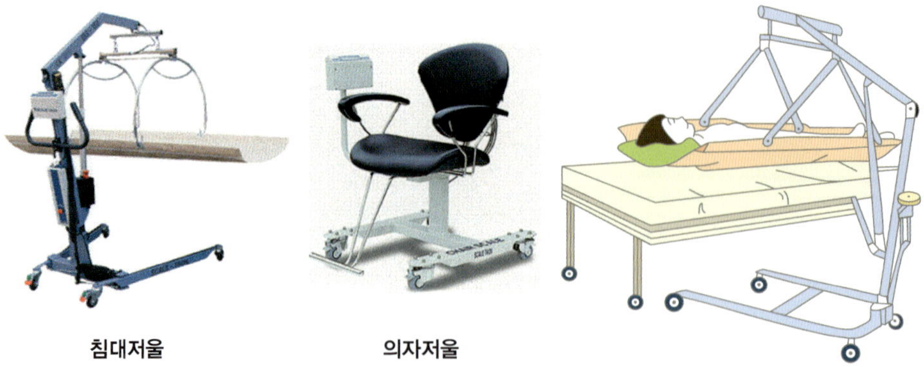

의자저울을 사용할 때는 등받이에 기대어 반드시 앉고 저울의 흔들림이 없는 상태에서 100g 단위까지 측정한다. 침대저울을 사용할 때는 편안하게 누운 상태로 천천히 들어 올려 흔들림이 없는 상태에서 100g 단위까지 측정한다.

| 그림 2-6 | 노인용 체중계와 체중 측정

침대저울이나 의자저울이 아닌 계산식으로도 체중을 추정할 수 있다. 이때 무릎 높이, 상완둘레, 장딴지둘레 및 견갑골 하부 피부두겹두께의 측정값을 이용한다. 체중 추정 계산식은 다음과 같다.

남자 체중(kg) = 0.98AC + 1.27CC + 0.4SSF + 0.87KN - 62.35
여자 체중(kg) = 1.73AC + 0.98CC + 0.37SSF + 0.87KN - 81.69
AC : 상완둘레(cm) CC : 장딴지둘레(cm) SSF : 견갑골 하부 피부두겹두께(cm) KN : 무릎 높이(cm)

(2) 영양판정

측정치는 연령별, 성별, 신장별로 한국인 소아발육표준치와 체위참고치 등과 비교하여 평가한다. 즉 표준치에 대한 백분율 또는 백분위수를 계산한다.

① 연령별 체중

연령별 체중(weight for age)은 성장기 어린이의 정상 여부를 판정할 수 있다. 연령별 체중이 5백분위수 미만으로 나타난 경우에는 저체중으로 해석한다. 이 경우의 어린이는 성장발육의 지연이나 질병에 걸린 상태로, 성인은 질병에 걸린 상태로 의심해 볼 여지가 있다. 비교적 어린이의 체중 변화 정도가 크므로 일정 기간을 두고 체중 증가속도를 평가하여 영양상태를 판정하는 것이 바람직하다. 특히 암 등의 만성질병에 걸린 경우에는 체중 감소가 쉽게 나타나므로 주의하여 해석하여야 한다. 또한 연령별 체중은 신장의 차이를 반영하지 못하기 때문에 신장이 작을수록 영양불량으로 평가될 우려가 있음을 염두에 두어야 한다.

② 신장별 체중

신장별 체중(weight for height)은 성장기 어린이의 현재 영양상태를 나타내주는 좋은 지표이다. 이 지표는 어린이에게서는 영양지표인 반면 성인에게서는 비만도를 나타내는 지표로 사용된다(부록 6).

연령별 체중 또는 신장별 체중을 이용할 때 나타날 수 있는 오류를 줄이기 위해서는 두 가지의 지표를 함께 사용하는 것이 바람직하다. 신장별 체중과 연령별 체중 두 지표를 사용하여 영양불량을 정상, 쇠약, 성장부진, 성장부진과 쇠약으로 분류할 수 있다(표 2-6).

표 2-6 워터로우(Waterlow)의 영양불량 판정

<table>
<tr><th colspan="2" rowspan="2">구분</th><th colspan="2">신장별 체중(weight for height)</th></tr>
<tr><th>정상
(Over -2SD WAZ)</th><th>쇠약
(Below -2SD WAZ)</th></tr>
<tr><td rowspan="2">연령별 신장
(height for age)</td><td>정상
(Over -2SD HAZ)</td><td>정상</td><td>성장부진과 쇠약</td></tr>
<tr><td>성장부진
(Below -2SD HAZ)</td><td>성장부진</td><td>성장부진과 쇠약</td></tr>
</table>

HAZ : Z-scores for height for age
WAZ : Z-scores for weight for age

③ 체중의 변화

체중의 변화는 단백질, 수분, 무기질, 체지방량 함량의 변화를 반영한다. 영양불량이 아닌 건강한 사람도 하루에 0.5kg 이하로 체중변화가 나타나기도 한다. 그러나 영양소의 부족이나 급 · 만성질환으로 체내 에너지나 단백질 소모가 많아지면 체중이 감소한다. 반면, 소비에너지가 섭취에너지보다 적을 경우 과잉의 에너지는 체지방으로 저장되어 체중이 증가한다.

체중변화율(%) = {(평소의 체중−현재의 체중)/평소의 체중} × 100

의도치 않은 체중변화율은 체중 측정치보다 최근 영양상태를 더 잘 반영한다. 이때 체중감소율이 클수록, 감소 기간이 짧을수록 영양결핍 정도가 심한 것으로 평가한다. 일반적으로 6개월 내에 10%를 초과한 체중 감소, 또는 1개월 내에 5%를 초과한 체중감소가 나타나면 체중 손실이 심한 것으로 판정한다(표 2-7). 이런 체중 변화의 기준치는 입원환자의 영양판정 시에 많이 사용한다.

표 2-7 블랙번(blackburn)의 체중 손실 비율에 의한 판정

기간	현저한 체중 감소	극심한 체중 감소
1주일	1~2%	2% 초과
1개월	5%	5% 초과
3개월	7.5%	7.5% 초과
6개월	10%	10% 초과

3) 머리둘레

머리둘레(head circumstance)는 생후 12개월까지는 매우 빠르게, 12~24개월까지는 비교적 완만하게 증가하므로, 머리둘레는 생후 1년 동안 두뇌의 정상적인 성장상태를 반영하는 지표로 사용된다.

(1) 측정방법

머리둘레는 0.6cm 폭의 부드럽지만 늘어나지 않는 줄자로 측정한다. 영아의 경우 보호자의 무릎이나 의자에 앉혀서 측정하며, 그 외의 경우에는 선 자세로 측정한다. 머리는 똑바로 하여 프랭크포르트 평면(frankfort horizontal plane)을 맞추고 시선은 정면을 향한다. 줄자를 눈썹 바로 위 전두부의 돌출부위에서 후두부 돌출부위를 둘러 머리둘레가 최대가 되는 지점을 mm 단위로 측정한다.

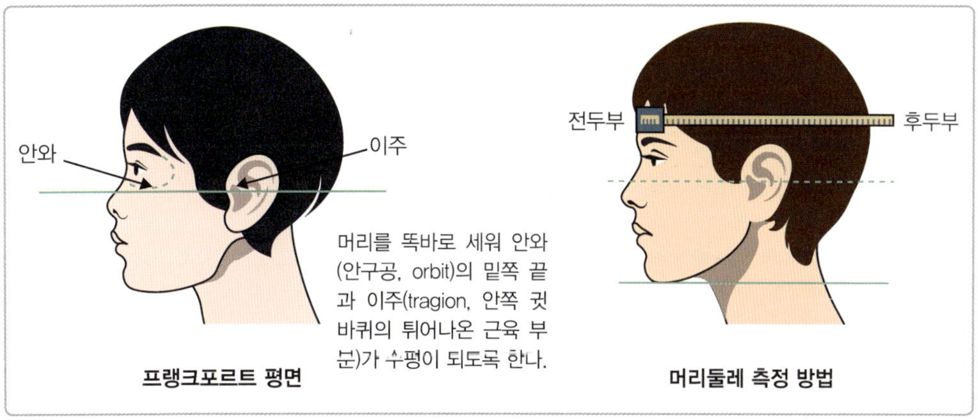

| 그림 2-7 | 프랭크포르트 평면과 머리둘레 측정 방법

(2) 영양판정

측정치는 연령별, 성별로 한국인 소아발육표준치와 체위참고치를 비교하여 평가한다(부록 6~9). 표준치에 대한 백분율 또는 백분위수를 계산하여 0~2세의 연령별 머리둘레가 3백분위수 미만이면 소두증으로 판정한다.

4) 신체골격 크기(체격 크기)

골격의 크기를 알면 골격을 제외한 조직량과 체지방량 등을 추정할 수 있다. 신체골격(frame size)의 크기를 추정하기 위한 방법에는 두 견봉 간 너비, 가슴 너비, 무릎 너비, 손목 너비, 팔꿈치 너비 등을 측정하는 것이 있다.

(1) 팔꿈치 너비

① 측정방법

신체골격의 크기를 추정하기 위해서 주로 팔꿈치 너비(elbow breadth)를 사용하고 있다. 똑바로 서서 오른팔을 바닥과 평행하게 들어 올린 상태에서 손가락이 위를 향하게 하여 팔꿈치를 90도 각도로 구부린다. 팔꿈치의 가장 넓은 뼈의 너비를 캘리퍼로 mm 단위로 측정한다.

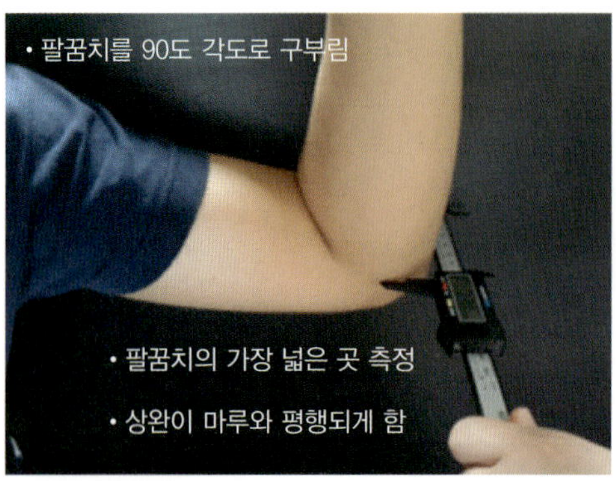

| 그림 2-8 | 팔꿈치 너비 측정

② 영양판정

측정치는 메트로폴리탄 생명보험회사에서 만든 '신장에 따른 분류표'를 참고하여 평가하며 팔꿈치 너비에 따라 작은 체격, 중간 체격, 큰 체격으로 분류한다(표 2-8).

표 2-8 팔꿈치 너비에 따른 골격크기의 분류

성별	신장(cm)	작은 체격(mm)	중간 체격(mm)	큰 체격(mm)
남자	155~158	<64	64~73	>73
	159~168	<67	67~73	>73
	169~178	<70	70~76	>76
	179~188	<70	70~79	>79
	≥189	<73	73~83	>83
여자	145~148	<57	57~64	>64
	149~158	<57	57~64	>64
	159~168	<60	60~67	>67
	169~178	<60	60~67	>67
	≥179	<64	64~70	>70

(2) 손목둘레

① 측정방법

신체 골격크기를 평가하기 위해서 신장과 손목둘레의 비를 기준치와 비교한다. 손목둘레를 측정하기 위해서 오른쪽 손바닥을 힘을 뺀 채로 위로 향하게 펼치고, 손목의 가장 가는 부위를 줄자로 mm 단위로 측정한다(그림 2-9).

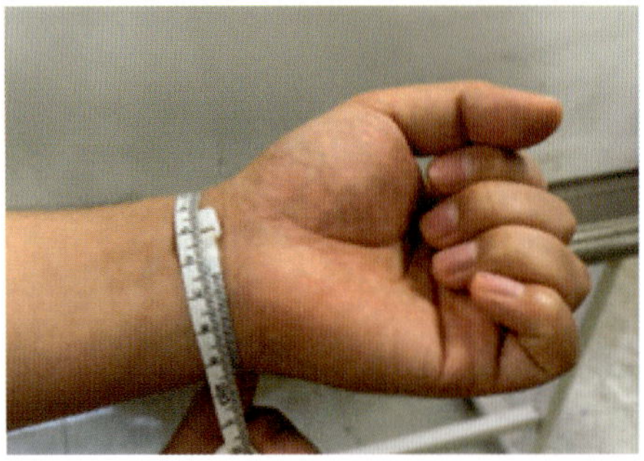

| 그림 2-9 | 손목둘레 측정

② 영양판정

신장을 손목둘레로 나누어 [표 2-9]의 기준치와 비교하여 신체골격 크기를 구분한다. 골격의 크기는 작은 체격, 중간 체격, 큰 체격으로 구분된다.

신장과 손목둘레의 비(r) = 신장(cm)/손목둘레(cm)

표 2-9 신장과 손목둘레비에 의한 골격크기의 분류

구분	작은 체격	중간 체격	큰 체격
남자	>10.4	10.4~9.6	<9.6
여자	>10.9	10.9~9.9	<9.9

5) 신장-체중 지수(Height-Weight indices)

영양판정에서 한 가지 신체계측치를 사용하는 것보다는 몇 가지 계측치를 복합적으로 사용하는 것이 유용하다. 주로 사용하는 지표는 신장과 체중을 이용한 지수이다. 신장-체중 지수는 측정하기 쉽고 부담이 없으며 정확하기 때문에 대규모 영양조사나 역학조사에서 간접 측정법으로 흔히 사용된다. 신장-체중 지수는 어린이에게는 영양상태를, 성인에게는 비만도를 나타내는 지표로도 주로 사용된다.

(1) 표준체중 이용법

자신의 현재체중을 표준체중과 비교하여 영양상태를 판정하는 방법이다. 일반적으로 성인의 표준체중을 계산하는 방법은 브로카변법이 많이 사용되고 있고, 이 외에도 대한당뇨병 협회에서 제시한 계산법이 있다(표 2-10). 반면 학동기 · 청소년기의 표준체중은 한국소아 발육 표준치의 체중 성장도표의 50 백분위수 값을 사용하고 있다(부록 8).

표 2-10 여러 가지 표준체중 계산법

지표	공식	
브로카 변법 1	표준체중(kg) = {신장(cm) − 100} × 0.9	
브로카 변법 2	신장이 160 이상	표준체중(kg) = {신장(cm) − 100} × 0.9
	신장이 150~160	표준체중(kg) = {신장(cm) − 150} × 0.5 + 50
	신장이 150 이하	표준체중(kg) = 신장(cm) − 100
대한당뇨병학회	남	표준체중(kg) = 신장$(m)^2$ × 22
	여	표준체중(kg) = 신장$(m)^2$ × 21

① 비만도

비만도(obesity rate)는 실제체중을 표준체중에 비교하여 영양상태를 판정하는 방법으로, 실제체중과 표준체중과의 차이를 표준체중으로 나누어 백분율로 나타낸다. 비만도가 ±10%의 범위 내에 있으면 정상체중, 10~20%는 과체중, 20% 이상이면 비만으로 판정한다(표 2-11).

비만도 = {(실제체중−표준체중)/표준체중} × 100

② 상대체중

상대체중(relative weight, percent of ideal body weight; PBIW)은 실제체중을 표준체중으로 나눈 후 백분율로 표현한 것이다. 상대체중이 90% 미만이면 저체중, 90~110%면 정상체중, 110~120%이면 과체중, 120% 이상이면 비만으로 판정한다(표 2-11).

$$상대체중(\%) = (실제체중/표준체중) \times 100$$

표 2-11 비만도 및 상대체중의 판정

구분	비만도(%)	상대체중(%)
저체중, 매우 마름	<-20	<80
저체중, 마름	-20~-10	80~90
정상체중	-10~10	90~110
과체중	10~20	110~120
비만	≥20	≥120

(2) 체질량지수

체질량지수(body mass index; BMI)는 가장 널리 사용되는 신장-체중 지수로서 퀘틀레지수(quetelet index)라고도 한다. 체질량지수는 계산이 쉽고 체지방량과 높은 상관관계를 나타내므로 성인의 비만을 판정하는 지표로 전 세계적으로 널리 활용되고 있다. 최근에는 아동의 체지방과도 상관성이 높다고 보고되어 아동의 비만판정에도 이용된다. 체질량지수를 구하는 계산은 다음과 같다.

$$체질량지수(BMI) = 체중(kg)/신장(m)^2$$

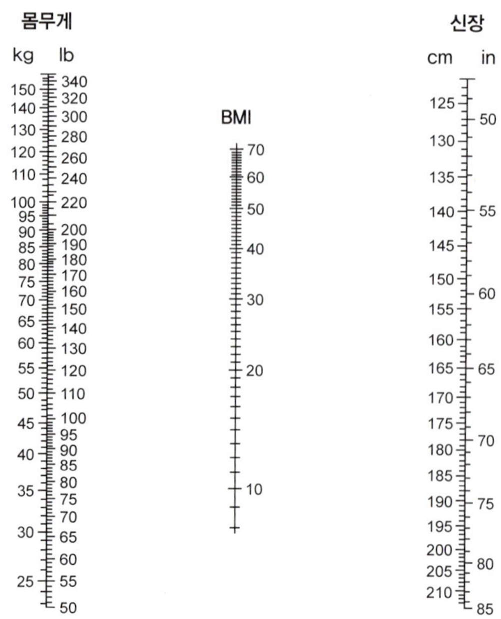

| 그림 2-10 | 체질량지수를 산정하는 계산도표

① 성인의 판정 기준

성인의 체질량지수에 의한 비만판정의 기준은 [표 2-12]와 같다. WHO 기준으로 25kg/m^2 미만인 경우는 정상이고, 30kg/m^2 이상인 경우에는 비만이다. 반면 아시아-태평양지역 기준으로는 23kg/m^2 미만인 경우는 정상이고, 25kg/m^2 이상인 경우에 비만으로 분류한다. 이는 우리나라를 포함한 아시아-태평양 사람들이 서구인에 비해 더 낮은 체질량지수에서도 비만으로 인한 질병의 위험도가 높은 것을 의미한다.

표 2-12 비만도 및 상대체중의 판정

분류	BMI		질병의 위험도
	WHO	대한비만학회	
저체중	<18.5	<18.5	증가
정상	18.5~24.9	18.5~22.9	보통
과체중	25.0~29.9	23.0~24.9	증가
경도비만	30.0~34.9	25.0~29.9	중등도
중등도비만	35.0~39.9	30.0~34.9	고도
고도비만	≥40.0	≥35	매우고도

② 어린이 및 청소년의 판정 기준

최근 들어 체질량지수와 어린이 · 청소년 비만과의 상관성이 밝혀지면서, 어린이와 청소년의 비만의 판정 기준으로 체질량지수의 사용이 권장되고 있다. 보통은 소아 · 청소년 연령별 체질량지수 기준을 판정기준으로 적용한다(부록 9). 2~18세에는 체질량지수가 25kg/m^2 이상이거나 연령별 체질량지수 95백분위수 이상인 경우를 비만으로 판정하며 85백분위수 이상이면서 95백분위수 미만이면 과체중으로 판정한다(표 2-13).

표 2-13 **어린이와 청소년의 비만 판정**

구분	BMI(kg/m²) 기준	
저체중	백분위	5 백분위수 미만
정상		5~85 백분위수
과체중		85~95 백분위수
비만		95 백분위수 이상
비만	지수	25kg/m² 이상

③ 질병과의 관계

체질량지수가 증가하면 비만과 관련된 만성질환의 발생위험이 높아지며, 암, 심장병, 당뇨병 등의 만성질병에 의한 사망률이 증가한다. 반면에 체질량지수가 정상보다 낮아질 경우에는 소화기계나 호흡기계 질환에 의한 사망률이 증가한다. 체질량지수와 각종 질병의 사망률과의 관계는 j형 커브를 나타낸다(그림 2-11).

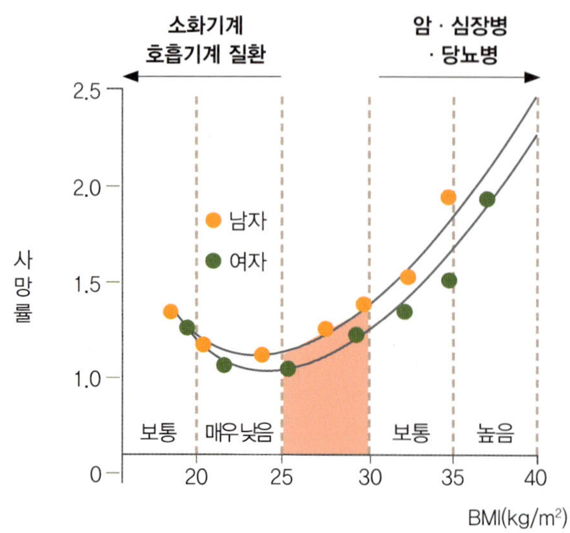

| 그림 2-11 | 체질량지수와 질병 사망률과의 관계

(3) 그 외 신장-체중 지수

① 폰더럴지수

폰더럴지수(ponderal index)는 신장을 체중으로 나눈 값이며, 수치가 높을수록 마른 것을 나타낸다. 지수가 13 이상이면 심혈관계 질환의 위험도가 낮고 12 이하이면 심혈관계 질환의 위험도가 높은 것으로 판정한다.

$$폰더럴지수 = 신장(inch)/체중(lb)^{1/3}$$

② 뢰러지수

뢰러지수(rohrer index)는 학령기 어린이의 영양상태를 나타내는 신체충실지수로서 92 미만일 때 '매우 마름', 92~109일 때 '마름', 110~140일 때 '정상', 141~156일 때 '비만', 156 이상일 때는 '고도비만'으로 판정한다. 그러나 신장이 작은 어린이는 비교적 쉽게 비만으로 판정되는 단점이 있기 때문에, 신장을 기준으로 하여 신장이 110~129cm에서 뢰러지수가 180 이상일 때, 130~149cm에서 170 이상일 때, 150cm 이상에서 160 이상일 때 비만으로 판정한다(표 2-14).

$$뢰러지수 = 체중(kg)/신장(cm)^3 \times 10^7$$

표 2-14 뢰러지수의 평가기준

구분	5~10세
매우 마름	<92
마름	92~109
정상	110~140
비만	141~156
고도비만	≥156

③ 카우프지수

카우프지수(kaup index)는 영유아, 특히 2세 미만 어린이의 비만판정에 많이 사용되는 지수로서 성인의 체질량지수와 같은 방법으로 계산한다. 평가기준은 [표 2-15]와 같다.

$$\text{카우프지수} = \text{체중(g)}/\text{신장(cm)}^2 \times 100$$

표 2-15 카우프지수 평가기준

구분	1세 미만	1~2세
영양불량	<15	<14
정상	15~18	14~17
비만 경향	18~20	17~18.5
비만	>20	>18.5

3 신체조성의 측정

신체조성을 판정하기 위한 신체계측은 인체가 지방조직(fat)과 제지방조직(lean body mass)으로 구성되어 있다는 전제에 기인한다. 제지방조직은 신체 내에서 지방을 뺀 나머지 조직으로 근육, 골격, 연조직 등으로 구성된다. 신체조성은 피부두겹두께, 상완둘레, 허리둘레, 체질량지수 등을 활용하여 측정하며, 최근 들어 전기저항측정법, 이중에너지방사선흡수계측법, 자기공명영상법, 컴퓨터단층촬영법 등 첨단기기를 활용하여 측정한다.

1) 체지방량 측정

체지방을 측정하는 방법에는 캘리퍼로 피부두겹두께를 측정하여 체지방량을 추정하는 방법, 허리둘레와 엉덩이 둘레를 측정하는 방법, 여러 가지 측정기기를 이용하는 방법 등이 있다. 일반적으로 정상 성인의 체지방률은 남자 11~14% 여자는

16~19%이다(표 2-16).

표 2-16 성인체지방률의 분류

분류	남자(%)	여자(%)
거의 없음	≤10	≤15
적정수준	11~14	16~19
허용수준	15~18	20~25
과체중	19~24	26~29
비만	≥25	≥30

성인의 체지방률을 이용하여 체지방량, 제지방량, 목표체중을 구할 수 있다.

- 체지방량 = 체중 × 체지방률
- 제지방량 = 체중 − 체지방량
- 목표체중 = 제지방량 ÷ (100 − 바람직한 체지방률)

(1) 피부두겹두께

피부두겹두께 측정으로 산출된 체지방량은 수중체중측정법(밀도법)에 의한 측정치와 높은 상관성이 있기 때문에, 피부두겹두께 측정은 간접적인 체지방률 측정법 중 가장 널리 사용된다. 체내 총지방량을 피부두겹두께 측정으로 추정할 때에는 여러 가지의 전제 가설이 있다(표 2-17). 피부두겹두께 측정의 장단점은 [표 2-18]과 같다.

표 2-17 **피부두겹두께 측정치로 체지방량 추정 시 전제 가설**

분류	특성
전제 가설	• 피부와 피하지방조직의 두께는 일정한 압축성을 가짐 • 피부의 두께는 무시할 만하거나 일정함 • 피부지방조직의 두께는 개인 또는 개인 간에 일정함 • 지방 조직의 지방함량은 일정함 • 피하지방과 신체 내부의 비는 일정함 • 체지방은 균일하게 분포됨 • 피하에는 체지방의 50%가 존재함

제시하는 전제가설과는 달리, 사람의 신체부위별 분포되어 있는 피하지방 두께는 일정하지 않기 때문에 보다 정확한 체지방량 추정을 위해서는 적어도 3부위 이상의 피부두겹두께를 측정하는 것이 바람직하다. 그러나 부득이 한 부위만 측정하는 경우에는 삼두근을 가장 많이 측정한다.

표 2-18 **피부두겹두께 측정의 장단점**

분류	특성
장점	• 측정방법이 간단하며 측정 속도가 빠름 • 경제적임 • 수중체중측정법과 상관성이 높음
단점	• 정밀도가 낮음 • 측정자에 따른 오차가 큼 • 재현성이 낮음

① 측정기기

캘리퍼는 5~50mm의 범위에서 0.1mm 단위까지 읽을 수 있는 것을 선택하고 주기적으로 보정해 주어야 한다. 캘리퍼를 사용할 때에는 측정되는 동안 끝부분의 압력이 $10g/mm^2$ 정도를 유지하도록 한다.

② 측정방법

피부두겹두께를 정확하게 측정하기 위한 구체적인 방법은 다음과 같다.

- 측정부위는 대상자의 오른쪽이나 왼쪽 어느 쪽을 선택해도 문제가 되지 않지만, 어느 한쪽을 정하여 일관되게 측정한다.
- 만약 대상자의 오른쪽 부위를 측정한다면, 왼손의 엄지와 검지손가락으로 표시된 부위의 1cm 위쪽의 피하지방을 단단하게 잡아당긴다. 측정할 때마다 엄지와 검지손가락의 힘을 일정하게 유지하며 잡힌 조직의 양이 일정하며 평행하게 잡는다.
- 오른손으로 캘리퍼의 숫자판이 위로 오게 잡고, 대상자의 잡힌 피부의 긴축과 수직이 되도록 캘리퍼로 집는다. 이때 캘리퍼로 측정점의 피부두겹을 너무 깊게 집거나 너무 표면 쪽을 집지 않도록 한다(그림 2-12).
- 캘리퍼의 끝을 측정점에 놓은 뒤 약 4초 후에 숫자판을 mm 단위로 읽는다. 15초 간격으로 동일한 측정점을 두 번 측정하여 평균값을 이용한다. 만약 두 번의 측정치가 1mm 이상의 차이가 있다면 한 번 더 측정하여 비슷한 두 측정치의 평균을 이용한다.
- 숙련도가 낮은 조사자는 동일한 측정점의 피부두께를 집는 연습을 꾸준히 하고, 반드시 측정점에 표시하고 측정한다.
- 대상자가 운동 직후 혹은 고열의 상황이라면 측정을 미루어야 한다. 왜냐하면 운동 직후나 열이 나는 경우에는 체액이 피부 쪽으로 이동하여 피부두겹두께가 더 두껍게 측정되는 경향이 있기 때문이다.

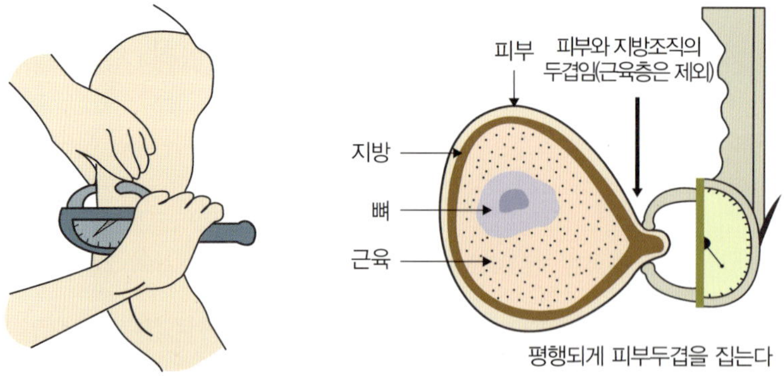

| 그림 2-12 | 피부두겹두께 측정법

③ 측정부위

정확하게 체조성을 측정하기 위해서는 여러 부위를 측정하는 것이 바람직하다. 일반적으로 많이 측정하는 부위는 가슴, 삼두근, 이두근, 견갑골 하부, 옆중심선, 장골 상부, 복부, 허벅지, 장딴지 등이다.

㉠ **가슴 피부두겹두께**(chest skinfold thickness)

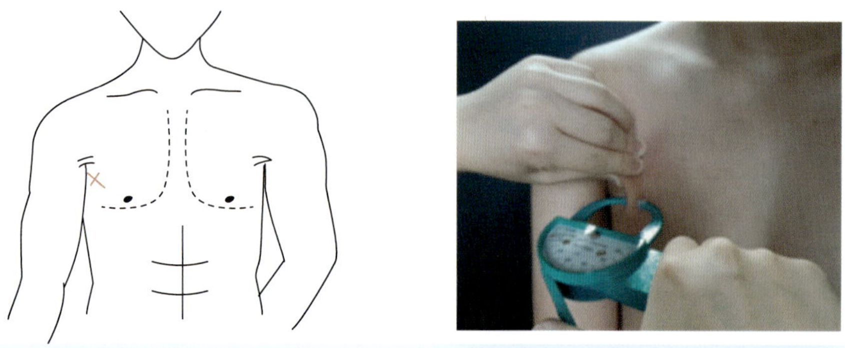

가슴 피부두겹두께는 앞쪽 겨드랑이 접히는 부위의 제일 위쪽에서 젖꼭지에 이르는 긴 축을 따라 측정한다. 가급적 겨드랑이의 제일 위쪽의 피부층을 잡고, 잡은 손끝에서 1cm 아래 부분을 측정한다.

| 그림 2-13 | 가슴 피부두겹두께 측정

ⓛ **삼두근 피부두겹두께**(triceps skinfold thickness)

삼두근 피부두겹두께는 측정하기 쉬우므로 피부두겹두께 측정에 가장 많이 이용된다.

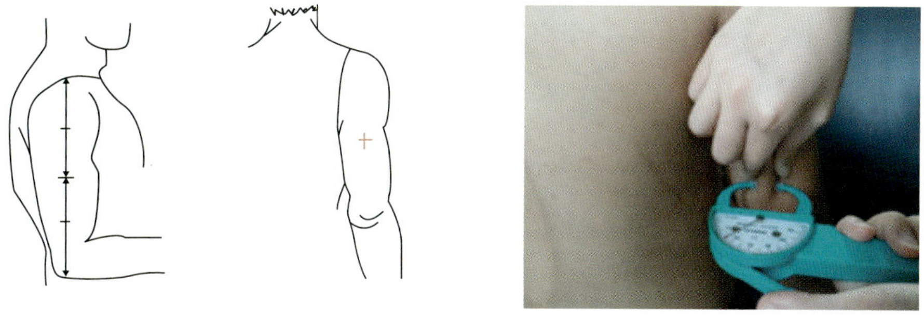

똑바로 서서 팔을 90도로 구부린 상태에서 어깨 꼭짓점과 팔꿈치의 중간 지점을 찾아 팔 뒤쪽에 표시하고, 팔을 자연스럽게 내려뜨린 상태에서 측정점 위쪽으로 1cm 떨어진 지점을 수직으로 잡고 측정한다.

| 그림 2-14 | 삼두근 피부두겹두께 측정

ⓒ **이두근 피부두겹두께**(biceps skinfold thickness)

대상자가 팔을 옆으로 자연스럽게 내려뜨리고 손바닥을 앞으로 향하게 한 후, 삼두근과 같은 선상에 있는 팔의 앞면을 측정한다.

ⓔ **견갑골 하부 피부두겹두께**(subscapular skinfold thickness)

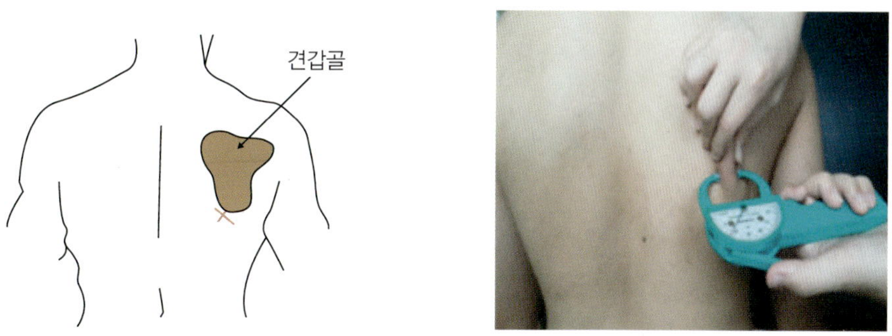

대상자의 등 쪽에서 측정한다. 오른쪽 팔을 등 뒤로 올려 정확한 견갑골의 위치를 확인한 다음, 어깨와 팔을 자연스럽게 내려뜨린다. 견갑골의 안쪽 각진 곳 가장 아래쪽에서 1cm 아래가 측정점이며, 측정점에서 비스듬히 위쪽으로 1cm 떨어진 곳을 잡고 측정한다.

| 그림 2-15 | 견갑골 하부 피부두겹두께 측정

㉤ 옆중심선 피부두겹두께(midaxillary skinfold thickness)

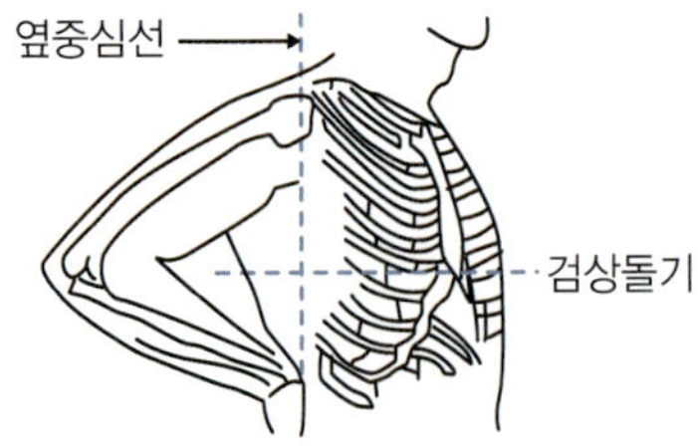

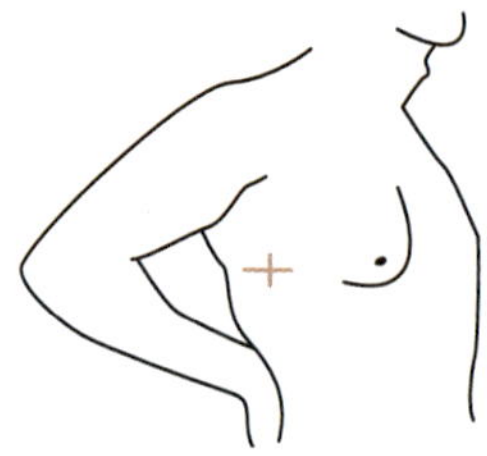

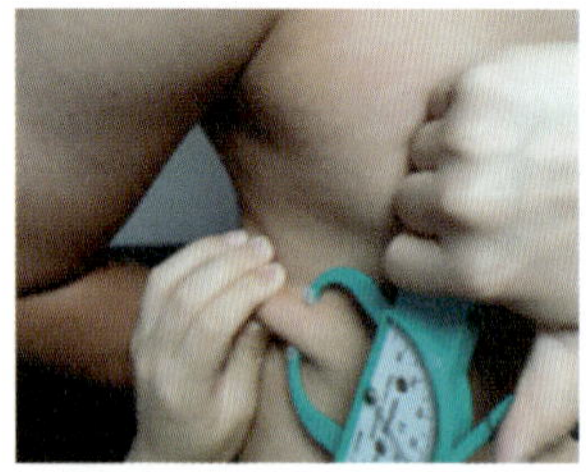

옆 중심선(겨드랑이의 중심 수직선)과 흉골 검상지점과 만나는 지점을 측정한다. 대상자를 똑바로 세우고 팔을 약간 뒤로 젖히게 한 후 측정하는데, 측정점에서 등 쪽으로 1cm 떨어진 부위를 수평으로 잡아 측정한다.

| 그림 2-16 | 옆중심선 피부두겹두께 측정

㉥ 장골상부 피부두겹두께(suprailiac skinfold thickness)

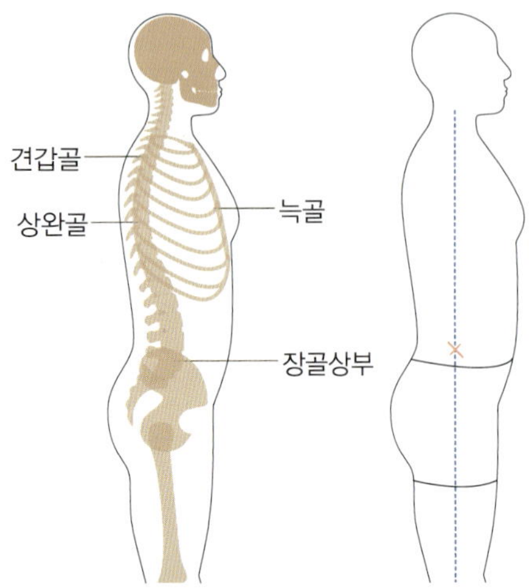

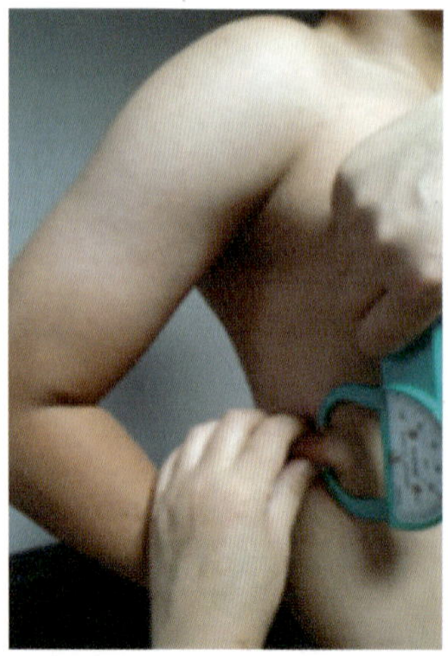

옆 중심선상에서 장골(엉덩뼈)능 바로 위쪽 부위를 측정한다. 대상자가 두 발을 모으고 선 자세에서 팔을 자연스럽게 옆으로 내려뜨리고, 측정하고자 하는 쪽의 팔을 약간 뒤로 돌리게 한 다음 측정점에서 뒤쪽으로 1cm 떨어진 부위를 잡고 측정한다.

| 그림 2-17 | 장골상부 피부두겹두께 측정

㉦ 복부 피부두겹두께(abdomen skinfold thickness)

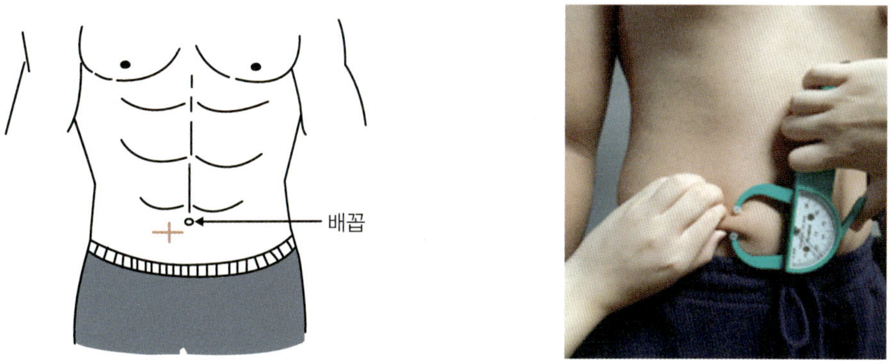

양발에 체중이 고루 분산되도록 똑바로 서서 복부를 이완시키고 편안하게 숨을 쉬게 한 후, 배꼽에서 오른쪽으로 3cm, 아래로 1cm 되는 지점이 측정점이다. 측정점에서 옆으로 1cm 떨어진 부위를 잡고 측정한다.

| 그림 2-18 | 복부 피부두겹두께 측정

㉧ 허벅지 피부두겹두께(thigh skinfold thickness)

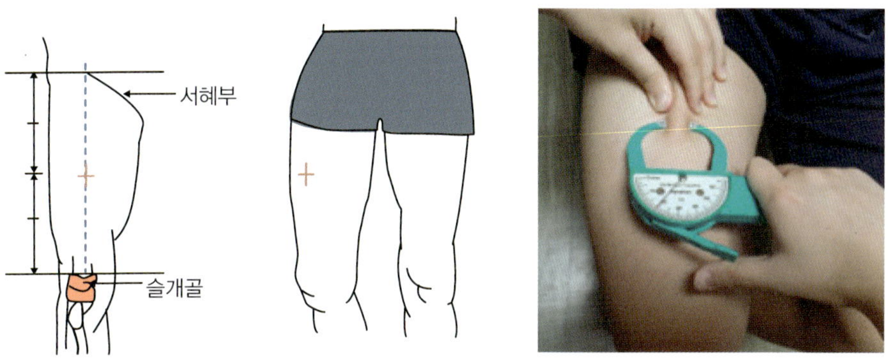

사타구니의 접히는 부위와 슬개골(무릎뼈) 사이의 앞쪽 중간지점을 측정한다. 오른쪽 허벅지를 측정할 때에는, 대상자의 체중을 왼쪽 발에 실리게 하고 오른쪽 발바닥은 바닥에 닿은 채로 오른쪽 무릎을 약간 구부려 다리를 이완시킨다. 측정점에서 위쪽으로 1cm 떨어진 부위를 잡고 측정한다.

| 그림 2-19 | 허벅지 피부두겹두께 측정

㉧ 장딴지 피부두겹두께(medial calf skinfold thickness)

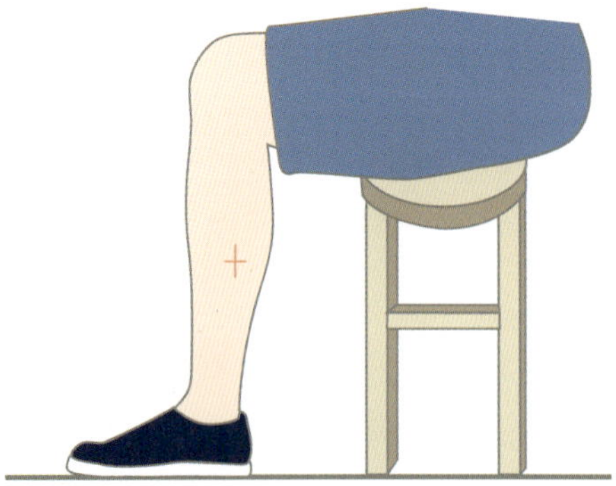

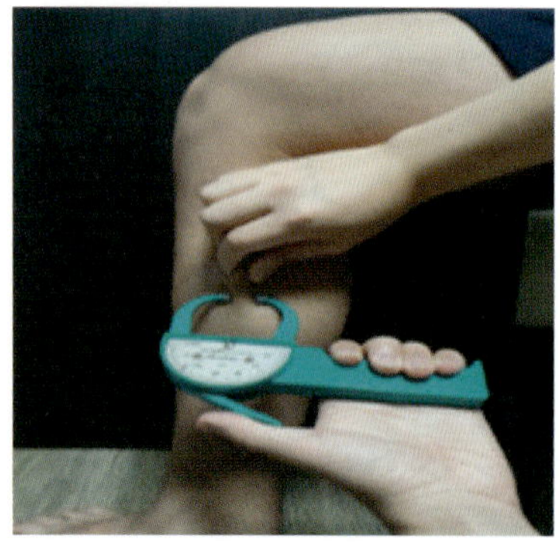

의자에 앉은 상태에서 발바닥은 바닥에 닿은 채 무릎이 직각이 되도록 다리를 구부린다. 장딴지의 안쪽 중심 부위에 표시하고 측정점에서 위쪽으로 1cm 떨어진 부위를 잡고 직각으로 측정한다.

| 그림 2-20 | 장딴지 피부두겹두께 측정

④ 체지방 산정 및 영양판정

피부두겹두께 측정치로부터 체지방량을 추정하고자 할 때에는 한 부위, 두 부위 또는 여러 부위의 피부두겹두께를 함께 이용하여 계산한다.

㉠ 한 부위의 피부두겹두께 측정을 통한 체지방률 추정

한 부위의 피부두겹두께를 이용하여 체지방률을 추정하기 위해서는 선택한 신체부위가 대표성을 가져야 한다. 그러나 신체부위에 피하지방은 일정하게 분포되어 있지 않으며, 성별이나 연령별로 체지방을 대표하는 피하지방 부위도 각각 다르기 때문에 한 부위의 피부두겹두께만으로 체지방량을 추정하기는 어렵다. 단지 기준치와 비교하여 상대적인 평가에 이용할 수 있다. 가장 일반적으로 사용되는 부위는 삼두근이다. 현재까지 발표된 한국 성인의 삼두근 피부두겹두께 참고치는 [표 2-19]와 같다.

표 2-19 한국 성인의 삼두근 피부두겹두께 참고치

나이(세)	남자 백분위수(mm)					여자 백분위수(mm)				
	5th	10th	50th	90th	95th	5th	10th	50th	90th	95th
~24	4.5	5.5	9.8	18.6	19.9	10.2	12.8	19.7	25.7	29.9
25~34	4.6	4.9	9.6	18.1	19.7	11.3	13.6	19.9	29.3	21.1
35~44	5.3	5.7	10.6	18.7	22.3	9.7	11.0	20.4	31.0	21.4
45~54	5.4	6.7	12.7	21.6	23.9	9.3	11.7	20.8	32.4	21.9
55~64	4.4	5.6	11.8	22.0	25.0	7.1	7.9	16.9	28.6	18.5
65~	4.8	5.4	9.8	17.6	20.9	5.2	6.7	15.2	24.7	16.1

㉡ 두 부위의 피부두겹두께 측정을 통한 체지방률 추정

두 부위의 피부두겹두께를 이용하여 체지방률을 산정하는 경우, 일반적으로 삼두근과 견갑골 하부의 측정치 합을 이용하여 산정하는데(그림 2-21), 이 두 부위의 측정값은 다른 부위의 체지방 측정치와 상관성이 높기 때문이다. 슬론-위어(Sloan-Weir) 계산식에서는 남자는 허벅지와 견갑골 하부, 여자는 삼두근과 장골 상부의 측정값을 이용하기도 한다(표 2-20, 그림 2-22).

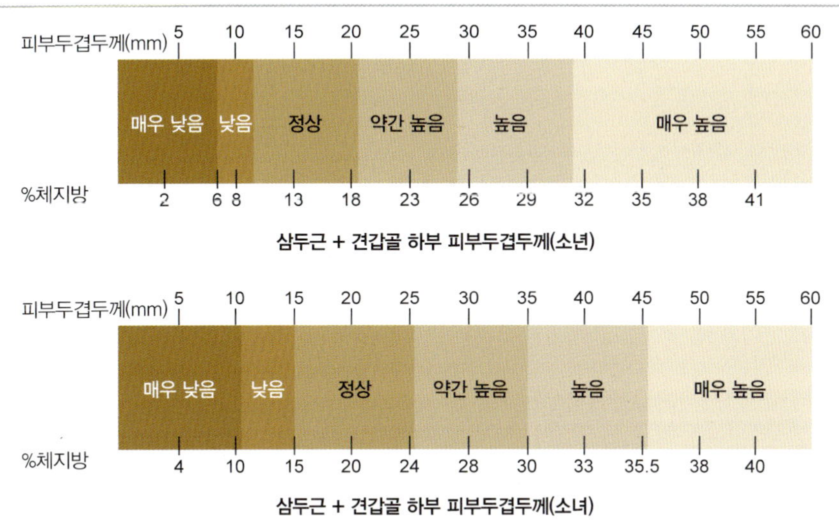

| 그림 2-21 | 삼두근과 견갑골 하부 피부두겹두께의 합을 이용한 체지방률 기준(6~17세)

표 2-20 두 부위의 피부두겹두께를 이용한 체지방률 추정 계산법

분류	계산방법
피부두겹두께 측정	남자 : X_1(허벅지, mm), X_2(견갑골 하부, mm) 여자 : X_3(장골 상부, mm), X_4(삼두근, mm)
체지방률(% 체지방)	남자 : $[\{4.57 \div (1.1043 - 0.00133 \times X_1 - 0.00133 \times X_2)\} - 4.142] \times 100$ 여자 : $[\{4.57 \div (1.0764 - 0.00081 \times X_3 - 0.00088 \times X_4)\} - 4.142] \times 100$

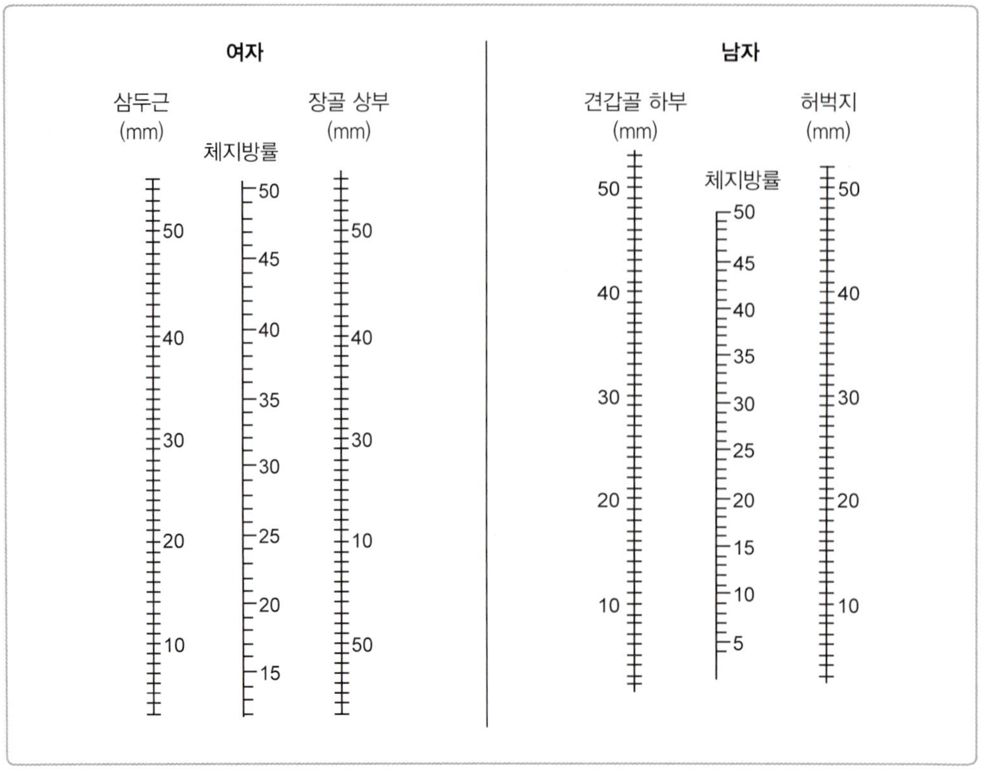

| 그림 2-22 | 두 부위의 피부두겹두께를 이용한 체지방률 계산도표

ⓒ 여러 부위의 피부두겹두께 측정을 통한 체지방률 추정

여러 부위의 피부두겹두께 측정치로부터 신체밀도나 체지방률, 체지방량 및 제지방량을 추정할 수 있으며, 그 과정은 다음과 같다.

– 첫 번째, 연령, 성별, 인구집단에 적합한 부위를 선정해서 피부두겹두께를 측정한다.

남자 : 가슴, 옆중심선, 삼두근, 허벅지, 견갑골, 장골 상부, 복부

여자 : 삼두근, 장골 상부, 허벅지

– 두 번째, 아래의 방정식을 이용하여 신체밀도를 계산한다.

남자 : $1.10938 - 0.0008267(X_1) + 0.000001616(X_1)^2 - 0.0002574(A)$

여자 : $1.0994921 - 0.000929(X_2) + 0.0000023(X_2)^2 - 0.0001392(A)$

> A : 연령
> X_1 : 가슴, 복부, 허벅지 피부두겹두께의 합
> X_2 : 삼두근, 허벅지, 장골 상부 피부두겹두께의 합

– 세 번째, 체지방률을 구한다.

☞ 계산식을 통해 신체밀도로부터 체지방률을 구한다.

브로젝(Brozek) 계산식에 의한 체지방률 = (457 ÷ 신체밀도) – 414

시리(Seri) 계산식에 의한 체지방률 = (495 ÷ 신체밀도) – 450

☞ 피부두겹두께 측정치로부터 체지방률을 계산한다.

남자 : $0.465 + 0.180(X_3) - 0.0002406(X_3)^2 - 0.06619(A)$

여자 : $-6.40665 + 0.41946(X_2) - 0.00126(X_2)^2 + 0.12515(W) + 006473(A)$

> A : 연령
> W : 허리둘레(cm)
> X_2 : 삼두근, 허벅지, 장골 상부 피부두겹두께의 합
> X_3 : 가슴, 옆중심선, 삼두근, 허벅지, 견갑골, 장골 상부, 복부 피부두겹두께의 합

– 네 번째, 체지방률을 기준치와 비교하여 판정한다(표 2–16).

– 다섯 번째, 체지방량과 제지방량을 구한다.

체지방량 = (체지방률 × 체중)/100

제지방량 = 체중 – 체지방량

(2) 허리둘레, 허리둘레-엉덩이둘레의 비

신체 내 지방이 분포되어 있는 부위는 건강을 설명하는 데 중요한 요소이다. 체지방량이 정상이어도 복부비만인 경우에는 비만과 관련된 질병의 발생 위험도가 증가한다. 따라서 체지방의 분포 양상은 체지방량보다 더 중요한 의미를 가진다고 볼 수 있다. 또한 같은 복부비만이라고 하더라도 내장지방형이 피하지방형보다 더 위험하다(그림 2–23).

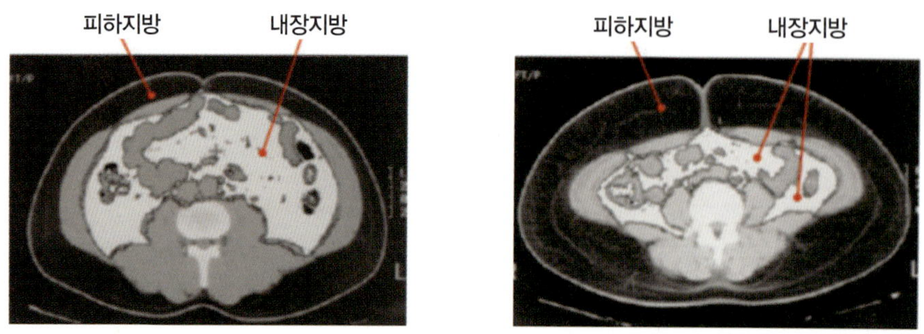

| 그림 2-23 | 내장지방형 복부비만(좌)과 피하지방형 복부비만(우)의 CT 사진

체지방의 분포양상을 나타내는 지표로는 허리둘레(waist circumference), 허리–엉덩이둘레비(waist–hip ratio circumference)를 들 수 있다.

허리둘레는 신장과 관계없이 복부비만의 정도를 잘 반영하므로 복부비만을 진단하는 데 좋은 지표로 이용된다. 그러나 허리둘레는 내장지방보다는 전체 지방의 양에 더 많은 영향을 받기 때문에 비만 정도가 심해지면 내장지방의 양을 잘 반영하지 못하는 단점이 있다.

허리–엉덩이둘레비는 복부지방의 분포를 잘 나타내는 지표이다. 그러나 엉덩이둘레가 작은 정상인은 엉덩이 둘레가 크고 비만인 사람과 그 값이 상대적으로 비슷하게 나타난다. 즉 허리둘레의 변화나 내장지방량의 변화를 적절히 반영하지 못하는 단점이 있다.

① 측정방법

㉠ 허리둘레와 엉덩이 둘레

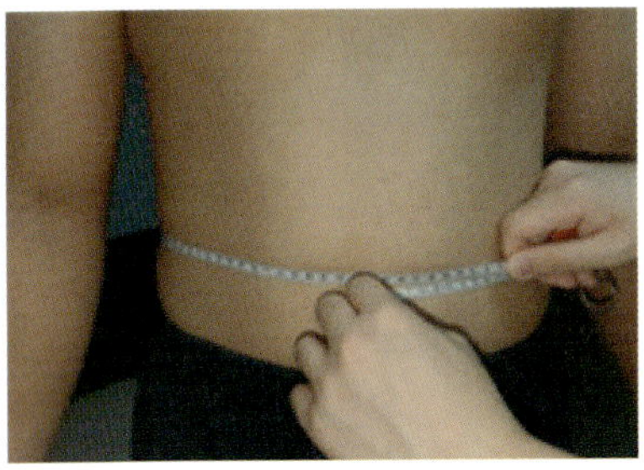

양발을 25~30cm 간격으로 벌린 채 인체측정학적 선 자세에서 두 손을 모아 가슴에 얹거나 자연스럽게 내린다. 조사자는 줄자를 사용하여 허리앞점, 양쪽 허리옆점, 허리뒷점을 지나는 둘레를 mm 단위로 측정한다.

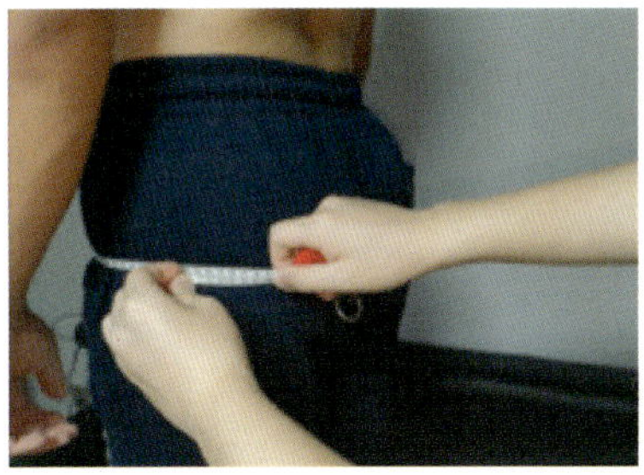

허리둘레 자세와 동일한 자세로 서있고, 조사자는 줄자를 사용하여 엉덩이 돌출점 수준에서 둘레를 mm 단위로 측정한다. 이때 줄자는 수평을 유지하여야 한다.

| 그림 2-24 | 허리둘레(좌)와 엉덩이둘레(우)의 측정방법

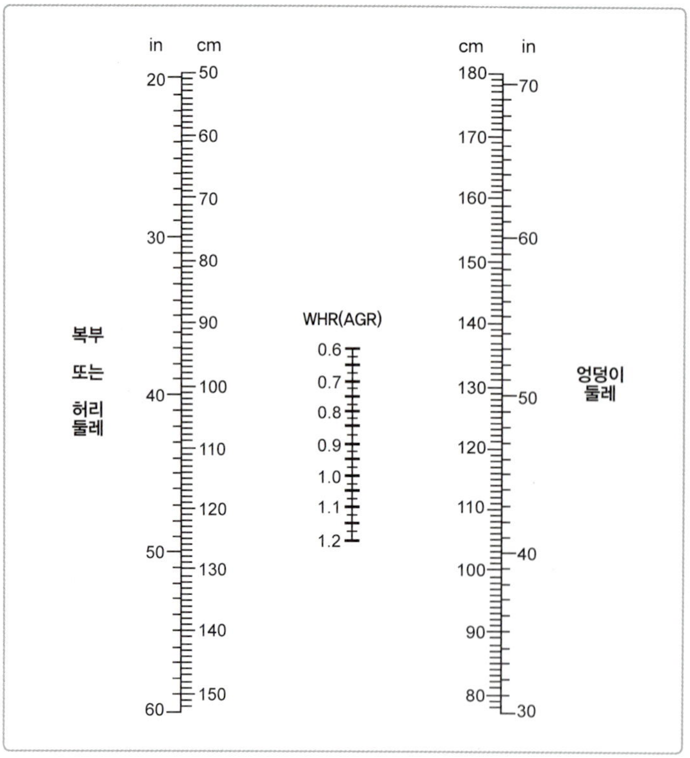

| 그림 2-25 | 허리-엉덩이둘레비를 산정하는 계산도표

② 영양판정

복부비만 판정에 허리둘레를 주로 사용한다. 세계보건기구에서는 허리둘레를 기준으로 하여 남자 90cm 이상, 여자 80cm 이상이면 복부비만으로 분류하며, 우리나라 대한비만학회에서는 남자 90m 이상, 여자 85cm 이상을 복부비만으로 분류한다. 또한 허리-엉덩이둘레비가 남자의 경우 0.95 이상, 여자의 경우 0.85 이상이면 복부비만으로 분류한다(표 2-21).

허리-엉덩이둘레비가 증가할수록 비만과 관련된 질병의 발생 위험도가 높아지므로(표 2-22), 허리-엉덩이둘레비는 질병이환률을 예측하는 지표로도 사용된다.

표 2-21 우리나라 복부비만 판정기준

구분	허리둘레(cm)	허리-엉덩이둘레비
남자	90 이상	0.95 이상
여자	85 이상	0.85 이상

표 2-22 허리-엉덩이둘레비의 질병발생 위험도 판정기준

구분	연령	질병발생 위험도			
		낮음	보통	높음	매우 높음
남자	20~29	< 0.83	0.83 ~ 0.88	0.89 ~ 0.94	> 0.94
	30~39	< 0.84	0.84 ~ 0.91	0.92 ~ 0.96	> 0.96
	40~49	< 0.88	0.88 ~ 0.95	0.96 ~ 1.00	> 1.00
	50~59	< 0.90	0.90 ~ 0.96	0.97 ~ 1.02	> 1.02
	60~69	< 0.91	0.91 ~ 0.98	0.99 ~ 1.03	> 1.03
여자	20~29	< 0.71	0.71 ~ 0.77	0.78 ~ 0.82	> 0.82
	30~39	< 0.72	0.72 ~ 0.78	0.79 ~ 0.84	> 0.84
	40~49	< 0.73	0.73 ~ 0.79	0.80 ~ 0.87	> 0.87
	50~59	< 0.74	0.74 ~ 0.81	0.82 ~ 0.88	> 0.88
	60~69	< 0.76	0.76 ~ 0.83	0.84 ~ 0.90	> 0.90

2) 제지방량 측정

제지방(fat free mass)은 우리 몸에서 체지방 부분을 제한 부분으로, 주로 단백질과 무기질로 되어 있다. 근육은 단백질로 구성되어 있으므로 근육의 양은 체단백질의 보유정도를 추정할 수 있는 좋은 지표이다. 또한 체내 근육량과 관련이 있는 상완둘레, 상완근육둘레, 상완근육면적의 계측치로부터 얻어진 값들도 단백질 영양상태를 판정할 수 있다.

(1) 상완둘레

팔은 근육, 피하지방, 골격 등으로 구성되는데 이 중 골격은 비교적 일정하게 유지되므로 상완둘레(mid-upper arm circumference)가 변하는 것은 결국 근육이나 피하지방의 변화에 의한다. 저개발국가의 어린이들은 피하지방의 양이 매우 적어 상완둘레와 근육량 사이에는 정의 관련성이 나타난다. 따라서 상완둘레는 단백질-에너지 영양불량, 영양실조 등을 진단하는 데 유용하게 쓰인다.

① 측정부위 및 방법

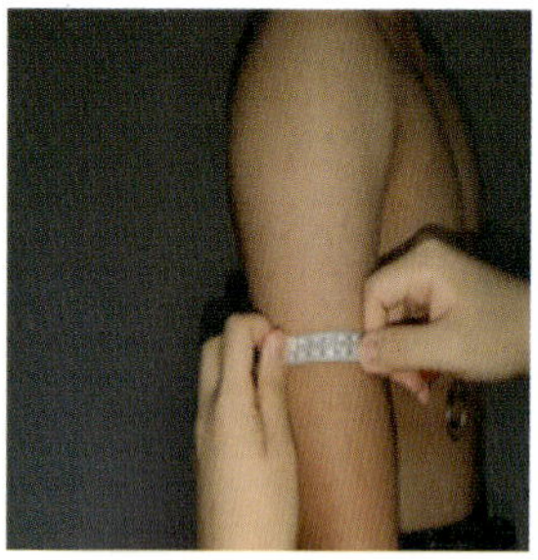

삼두근 피부두겹두께 측정과 동일하게 대상자는 똑바로 서서 팔을 어깨 높이로 올리고 팔꿈치를 90도로 구부리거나 자연스럽게 내린다. 대상자의 한쪽 방향에서 서서 줄자를 사용하여 어깨뼈와 팔꿈치의 중간지점의 둘레를 mm 단위로 측정한다. 이때 대상자는 주먹을 꽉 쥐어 근육이 생기도록 한다.

| 그림 2-26 | 상완 둘레 측정

② 영양판정

측정치는 연령별, 성별로 한국인 소아 · 청소년 상완위 백분위수 체위 참고치 등과 비교하여 판정한다. 1~5세 어린이에 대한 판정기준은 13.5cm 이상이면 정상, 12.5~13.5cm는 저영양상태, 12.5cm 이하이면 영양결핍으로 분류한다(표 2-23). 16세 이상 성인의 상완위 둘레는 한국인 인체치수조사의 연령별 참고치와 비교한다(표 2-24).

표 2-23 어린이(1~5세)의 상완둘레 판정치

영양판정	상완둘레(cm)
정상	≥13.5
약간 저영양상태	12.5~13.5
영양결핍	≤12.5

표 2-24 한국인의 상완둘레 참고치

나이(세)	남자 백분위수(mm)					여자 백분위수(mm)				
	5th	10th	50th	90th	95th	5th	10th	50th	90th	95th
16	238	245	275	325	335	214	220	246	281	294
17	234	245	283	329	342	215	223	246	280	291
18	237	245	279	334	349	216	223	254	294	312
19	248	260	292	333	351	222	225	255	292	300
20~24	261	270	305	349	363	215	220	249	282	300
25~29	270	281	314	354	369	217	221	253	289	312
30~34	273	283	320	356	370	226	231	260	295	312
35~39	275	285	320	355	368	230	236	268	306	325
40~49	272	282	316	355	369	235	242	273	308	325
50~59	271	280	305	350	360	247	253	280	316	324
60~69	257	268	304	339	349	249	258	281	314	327

(2) 장딴지둘레

① 측정부위 및 방법

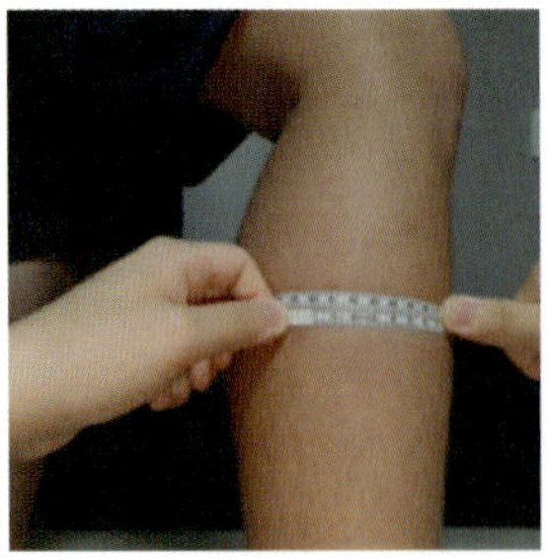

대상자는 의자에 앉거나 발을 10cm 정도 벌려 두 발에 몸무게를 분산시켜 측정대 위에 선다. 조사자는 대상자의 한쪽 옆에 서서 줄자로 장딴지 돌출점을 지나는 둘레를 mm 단위로 측정한다. 이때 줄자는 수평을 유지하여야 한다.

| 그림 2-27 | 장딴지둘레 측정

② 영양판정

장딴지둘레(calf circumference)는 한국인 인체치수조사의 연령별 참고치와 비교한다(표 2-25).

표 2-25 한국인의 장딴지둘레 참고치

나이(세)	남자 백분위수(mm)					여자 백분위수(mm)				
	5th	10th	50th	90th	95th	5th	10th	50th	90th	95th
16	323	332	363	403	416	309	318	347	378	391
17	321	333	367	408	424	310	318	345	378	401
18	327	342	367	410	430	311	318	352	394	413
19	330	337	372	410	423	311	319	350	386	398
20~24	332	344	378	415	430	308	316	345	376	391
25~29	335	348	384	425	437	307	315	342	381	399
30~34	347	357	386	425	437	304	313	343	376	396
35~39	333	345	382	421	429	315	321	347	384	396
40~49	335	343	381	416	428	310	318	350	385	398
50~59	328	335	367	401	411	307	315	343	375	383
60~69	310	323	360	399	408	307	315	340	374	394

(3) 허벅지둘레

① 측정부위 및 방법

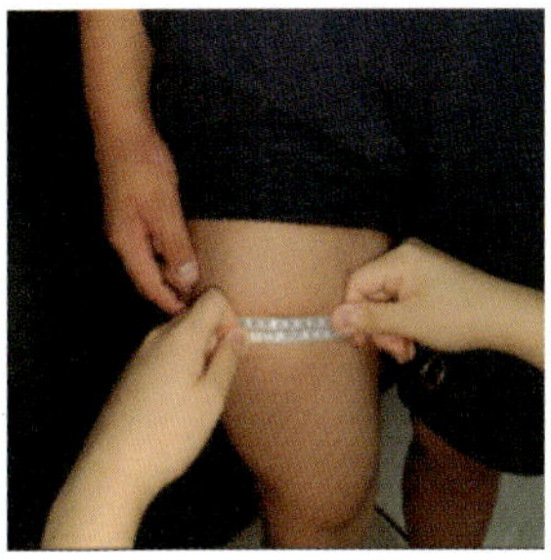

발을 10cm 정도 벌려 두 발에 몸무게를 분산시키고 두 손을 모아 모아 가슴에 얹거나 자연스럽게 내려 측정대 위에 선다. 조사자는 대상자의 앞에 서서 허벅지 피부두겹두께 측정방법을 이용하여 줄자로 허벅지둘레(calf circumference)를 mm 단위로 측정한다. 이때 줄자는 수평을 유지하여야 한다.

| 그림 2-28 | 허벅지둘레 측정

② 영양판정

허벅지둘레는 한국인 인체치수조사의 연령별 참고치와 비교한다(표 2-26).

표 2-26 한국인의 허벅지둘레 참고치

나이(세)	남자 백분위수(mm)					여자 백분위수(mm)				
	5th	10th	50th	90th	95th	5th	10th	50th	90th	95th
16	438	448	496	565	591	426	441	486	546	559
17	437	450	506	572	591	434	443	489	539	564
18	440	453	505	589	615	431	440	497	573	607
19	446	460	514	585	605	445	455	503	564	587
20~24	458	471	525	591	605	431	442	491	550	575
25~29	464	480	535	596	612	429	442	495	553	584
30~34	472	481	540	593	605	431	444	496	549	584
35~39	461	471	532	578	594	446	454	494	565	588
40~49	450	473	514	568	584	441	450	492	543	566
50~59	444	457	497	548	563	424	437	484	530	554
60~69	417	433	488	535	552	417	429	478	528	547

(4) 상완근육 둘레와 면적

① 측정 방법

상완근육둘레(mid-upper arm muscle circumference)와 상완근육면적(mid-upper arm muscle area)은 체내 단백질 저장 정도를 비교적 예민하게 분석할 수 있는 방법으로, 개인의 단백질 및 장기간에 걸친 영양상태 변화를 판정하기에 적당하다. 상완근육둘레와 상완근육면적은 체내 총근육량을 추정할 수 있는데, 상완근육면적이 근육량의 변화를 더 잘 반영한다.

상완근육둘레와 상완근육면적은 삼두근 피부두겹두께 및 상완둘레의 측정치로부터 계산한다(표 2-27, 그림 2-29).

표 2-27 두 부위의 피부두겹두께를 이용한 체지방률 추정 계산법

구분	계산
상완근육둘레	상완둘레 − π × 삼두근 피부두겹두께
상완근육면적	{상완둘레 − (π × 삼두근 피부두겹두께)}^{2} /4π 위 계산값이 실제보다 20~25% 정도 과다하게 산정되는 경향이 있어서 오차를 줄이기 위해 골격의 크기를 보정한 계산식은 다음과 같다. 남 : {상완둘레 − (π × 삼두근 피부두겹두께)}^{2} / 4π − 10 여 : {상완둘레 − (π × 삼두근 피부두겹두께)}^{2} / 4π − 6.5

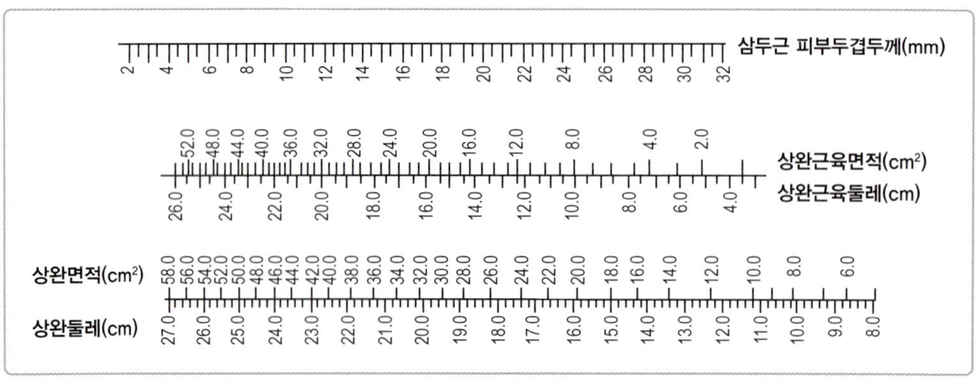

| 그림 2-29 | 상완둘레와 피부두겹두께 측정치를 이용한 상완근육둘레 및 상완근육면적 환산도표

② 영양판정

상완근육은 한국인 인체지수조사의 연령별 참고치와 비교한다(표 2-28). 상완근육면적의 백분위수에 따라 5백분위 이하는 쇠약, 5~15백분위는 평균 이하, 15~85백분위는 평균, 85~95백분위는 평균 이상, 95백분위 초과는 많음으로 분류한다(표 2-29).

표 2-28 한국인의 상완근육면적 참고치

나이(세)	남자 백분위수(cm^2)					여자 백분위수(cm^2)				
	5th	10th	50th	90th	95th	5th	10th	50th	90th	95th
~24	32.4	35.5	45.4	56.0	61.2	20.2	20.8	28.7	45.1	51.4
25~34	31.1	35.6	46.9	61.9	66.0	22.2	23.7	29.0	38.2	43.9
35~44	30.7	35.1	46.5	57.6	61.4	22.2	24.9	34.0	43.5	48.7
45~54	29.9	32.3	43.0	55.2	57.5	23.8	25.6	35.3	44.0	45.0
55~64	25.6	30.0	40.1	53.2	55.9	18.0	24.2	34.0	42.8	45.2
65~	28.9	30.1	36.8	49.2	52.6	19.2	22.6	30.0	38.5	42.4

표 2-29 상완근육면적의 백분위수에 따른 분류

근육분류	분류
쇠약	≤5백분위수
평균 이하	5~15
평균	15~85
평균 이상	85~95
많음	≥95

3) 신체조성의 정밀 측정 방법

여러 가지 특수 장치 및 정밀분석기기를 사용하여 신체조성을 보다 정밀하고 정확하게 분석할 수 있다. 이러한 정밀분석방법에는 밀도 측정법, 신체 총수분량 및 총칼

륨양 측정법, 생체전지저항측정법 등이 있으며 조사목적, 비용, 분석기술 등을 고려하여 적절한 분석방법을 선택하도록 한다.

(1) 수중체중측정법(밀도 측정법)

수중체중측정법(underweighing)은 밀도 측정법에서 가장 많이 이용되는 방법이다. 물속에서 체중을 측정한 후 신체의 밀도를 계산하여 체조성을 구하는 방법으로, 신체를 구성하고 있는 지방조직과 체지방조식의 밀도가 다르다는 가정하에 실시한다. 골격과 근육조직의 밀도(1.10g/cm^3)는 물의 밀도(1.00g/cm^3)보다 크고, 지방조직의 밀도(0.90g/m^3)는 물보다 더 작다. 따라서 체지방이 적고 근육이 많은 사람은 체지방이 많은 사람에 비해서 물속에서 체중이 더 나가게 된다.

이와 같은 수중체중측정법은 비교적 정확하여 체성분 분석에 널리 사용되어 왔다. 그러나 측정을 위해 숙련된 경험과 특수장비가 필요하고 비용도 많이 들며 동시에 여러 사람을 측정하기가 어려운 단점이 있다.

(2) 생체전기저항측정법

생체전기저항측정법(bioelectrical impedance analysis; BIA)은 체내에 전류가 흐르면 전도성 조직인 제지방 조직에서는 전류가 전달되지만, 지방 조직과 같은 비전도성 조직에서는 저항이 발생하는 원리를 이용한다(그림 2–30). 대상자의 손과 발의 전극을 통해 미세한 전류가 흐르게 한 다음 되돌아오는 저항을 측정하는 것이다. 측정된 저항값으로부터 신장, 체중, 성별에 따른 신체의 총수분량, 제지방량, 체지방량을 계산해 낸다.

생체전기저항측정법은 방법이 비교적 간단하여 대규모집단을 조사할 때 편리하게 사용할 수 있다. 조사대상자가 정상적인 수분을 가진 상태여야 정확한 측정이 가능하며, 탈수, 심한 발한, 과도한 운동, 카페인과 알코올의 섭취 등의 탈수 조건에서는 체지방량이 과대평가된다. 그러므로 검사 전에는 카페인과 알코올 섭취 및 심한 운동은 피하고 충분한 수분을 섭취하여야 한다.

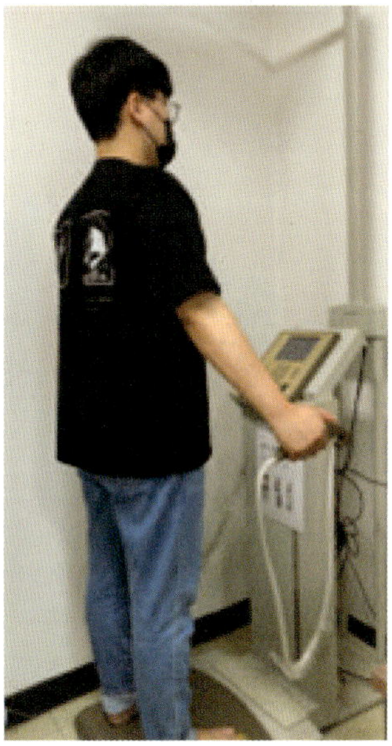

| 그림 2-30 | 생체전기저항측정법을 활용한 인바디 측정

(3) 컴퓨터단층촬영법

컴퓨터단층촬영법(computed tomography; CT)은 X-선이 밀도가 다른 체조직을 통과하면서 나타난 차이를 횡단영상으로 만들어 낸 영상기법이다. 병원에서는 컴퓨터단층촬영법이 주로 질병 진단의 목적으로 사용되지만, 신체조성과 영양상태의 판정에서도 유용하다. 특히 체지방 분포를 정확하게 측정한다. 그러나 장비가 고가이고 측정시간이 오래 걸리며, 방사선 노출의 위험이 있어서 임신부나 어린이에게는 사용할 수 없다.

(4) 자기공명영상법

자기공명영상법(magnetic resonance imaging; MRI)은 체내 수분을 구성하는 수소원자의 자기적 특성을 이용한 방법이다. 체내에 있는 수소원자는 강력한 자기장으로 체조직 조성에 따라 각기 다른 고주파 에너지를 함유하게 되는데, 이를 분석하여 영상으로 나타낸다(그림 2-31). 자기공명영상법은 방사선의 노출 없이 체지방의 분포나 양을 측정하는 데 효과적이고 안전한 방법이다. 그러나 비용적인 측면을 고려하면 아직은 실용화되기 어렵다.

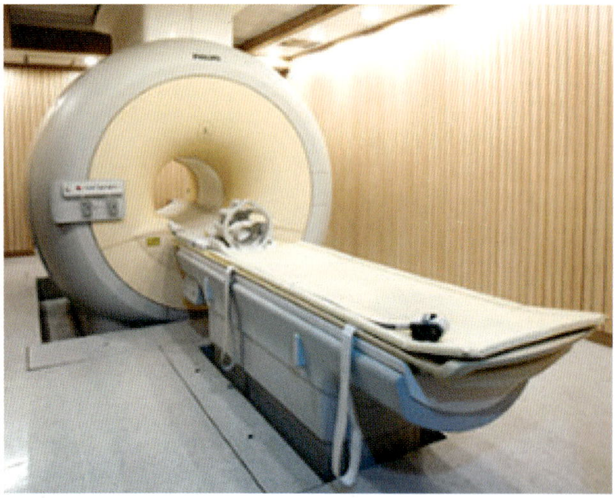

| 그림 2-31 | 자기공명영상 장치

(5) 이중에너지방사선흡수계측법

이중에너지방사선흡수계측법(dual energy X-ray absorptiometry; DEXA)은 에너지 수준이 다른 두개의 X-선을 인체에 쪼여 조직에서 두 X-선의 감쇠비율을 계산하여 골무기질량과 연조직량을 측정한다. DEXA는 주로 골밀도를 측정하는 데 사용되는데, 최근에는 제지방량과 체지방량의 측정에 이용되고 있다. 비교적 적은 양의 방사선을 사용하기에 안전하고 또 사용이 간편하며, 정확도와 정밀도가 높은 장점이 있지만 장비가 고가인 단점이 있다

(6) 초음파진단법

초음파진단법(ultrasound)은 초음파로 밀도가 다른 지방층과 근육층을 측정하는 방법이다. 비교적 안전하지만 비용이 많이 들고 측정기술과 해석에 숙련된 기술이 필요하다. 이 방법은 고도비만으로 피부두겹두께 추정이 어려운 경우에 활용한다.

4 신체계측 결과의 평가

영양판정을 위해서는 신체계측 결과를 목적에 맞는 적절한 기준치와 평가방법에 적용하는 것이 중요하다. 신체계측 결과를 건강한 집단의 기준치와 비교하면 대상 집단의 신체계측 분포를 파악할 수 있고, 영양불량에 처한 개인을 구분해 낼 수 있다.

1) 신체계측 기준치

신체계측치로 집단이나 개인의 영양상태를 정확하게 평가하기 위해서는 기준치가 적절해야 한다. 기준치란 통계적으로 대푯값이 될 만한 영양상태가 좋은, 최적의 건강한 집단의 수치를 의미한다.

신체계측의 기준치 선정에 있어 다음의 4가지를 고려해야 한다.

- 첫 번째, 신체계측의 기준치는 수학적 절대치가 아니라 절대치에 근접하는 비교 기준이라는 것이다.
- 두 번째, 사용되는 기준치는 최적의 건강상태와 관련이 있어서 임상적으로 영양불량이나 영양과잉 등의 문제를 예견할 수 있는 수치여야 한다는 것이다.
- 세 번째, 유전적으로 가장 적절한 기준치를 사용해야 한다는 것이다. 이에 근거하여 국제기준치를 사용할 것인지, 지역기준치를 사용할 것인지 결정하여야 한다.
- 네 번째, 통계에 근거하여 새롭게 만들어진 기준치를 사용할 때에는 기존에 사용하던 기준치의 결과와의 세심한 비교 과정이 필요하다.

표준치와 참조치

- 표준치(standard)는 건강한 사람들의 수치로서, 노력하고 추구해야 할 표준 모델 또는 목표가 된다. 예로 우리나라 소아 · 청소년 표준성장도표나 WHO 성장표준치를 들 수 있는데, 이 표준치들은 건강한 아이들에게 성장유형을 제시하여 올바른 성장에 관한 기준을 알려주고 있다.
- 참고치(reference)는 표본의 결과를 단순하게 기술한 것으로 건강에 대한 개념과 요구사항이 선혀 들어 있지 않다. 한 예로 소아의 상완둘레 백분위수 분포가 있는데, 이 지표는 단순히 소아의 현재 성장발육상태만을 알려주고 있다.

신체계측 기준치에는 국제기준치와 지역기준치가 있다. 국제기준치는 많은 표본을 통해 이루어진 통계적 수치이므로 널리 사용할 수 있어서 국제적인 비교가 가능하다. 그러나 지역사회의 유전적인 특성은 반영되지 못한다. 반면 지역기준치는 신체계측과 연관된 유전적인 특성이 잘 반영된다. 그러나 표본의 수가 한정되므로 통계적 타당성이 부족하고 국제적인 비교가 불가능하다.

(1) 국제기준치

국제기준치(international standards)는 국제적으로 공인된 기관에서 많은 인구집단을 대상으로 수집한 신체계측자료를 통계적으로 검토하여 제안한 기준치이다. 이러한 국제기준치를 적용하려면 반드시 지역기준치와의 차이가 있는지를 미리 검토한 후 사용해야 한다. 국제적 비교를 위해 흔히 쓰이는 기준치는 다음과 같다.

① 세계보건기구 성장표준치

세계보건기구(WHO)는 전 세계의 출생~5세 어린이의 성장 · 발육을 평가하고, 궁극적으로 생물학적 성장표준에 가장 가깝게 도달할 국제적 기준을 제공하기 위해 성장표준치(growth standard)를 개발 · 제시하였다. WHO 성장표준치에서는 체중, 신장, 신장별 체중, 체질량지수(body mass index), 머리둘레, 팔둘레, 견갑골 피부두겹두께, 삼두근 피부두겹두께 등의 백분위수와 표준편차점수를 제시한다.

또한 5~19세의 소아 · 청소년의 성장발육을 평가하기 위해 신장, 체중, 체질량지수에 대한 참고치(reference)를 백분위수와 표준편차점수로 제시한다.

② 미국 질병관리본부 성장도표

미국 질병관리본부는 소아 · 청소년의 나이 및 성별에 따른 성장도표(growth chart)를 제시하여 성장 발육 평가에 활용하고 있다. 출생~36개월은 체중, 신장, 신장별 체중, 머리둘레를, 2~20세는 체중, 신장, 체질량지수를 백분위수로 제시한다.

③ 미국 보건통계센터 성인 신체계측 참고치

미국의 보건통계센터(national center for health statistic)에서는 국민건강영양조사(national health and nutrition examination survey) 자료를 기초로 하여 20세 이상 성인 남녀에 대한 연령별 신체계측 참고치를 제시하였다. 여기에는 체중, 신장, 체질량지수, 상완둘레, 상완길이, 장딴지둘레, 허벅지둘레, 허리둘레, 견갑골 피부두겹두께, 삼두근 피부두겹두께 등의 신체계측 자료의 평균, 표준편차, 9개의 백분위수가 제시되어 있다.

(2) 지역기준치

성장의 양상은 유전적인 요인에 따라 다양하게 나타난다. 따라서 지역기준치(local standards)를 사용하면 그 지역에 거주하는 사람들의 유전적 특성을 잘 반영할 수 있다. 그러나 영양상태와 질병과 같은 환경적 요인도 성장에 크게 영향을 준다. 또한 어린이 성장의 민족적인 차이는 매우 적다고 알려져 있다. 게다가 신뢰성이 높은 지역기준치를 설정하려면 인력과 노력이 많이 요구되므로 개발도상국에서는 지역기준치를 별도로 설정하기는 매우 어렵다. 다음은 우리나라에서 사용되는 지역기준치이다.

① 소아 · 청소년 표준 성장도표

보건복지부와 대한소아과학회에서는 소아 · 청소년 표준 성장도표를 개발하여 제시하였다. 1965년 처음으로 개발된 이후 10년마다 개정되고 있다.

소아 · 청소년 표준 성장도표는 출생~18세의 남녀의 체중, 신장, 머리둘레, 신장별 체중, 체질량지수, 혈압 등 신체항목별로 백분위수를 제시하고 있고, 이는 성장발육이나 영양상태 평가에 널리 활용되고 있다.

② 한국인 인체치수조사

산업자원부 기술표준원은 1979년부터 6년마다 국민표준체위조사를 실시하여 산업계가 필요로 하는 인체치수정보를 지원하고 있다. 2004년에는 한국인 인체치수조사(Size Korea)라는 제목으로 0~90세의 전 연령층, 약 2만 명을 대상으로 하여 인체의 모든 둘레, 길이 등 119개 항목에 대한 인체치수조사를 실시하였다. 각 항목의 평균과 표준편차 그리고 9개의 백분위수를 제시하고 있으며, 신체계측과 관련하여 영양판정에 이용할 수 있는 지표로는 키, 몸무게, 가슴둘레, 허리둘레, 상완둘레, 장딴지둘레, 허벅지둘레 등이 있다.

2) 측정결과의 판정

신체계측치로 영양상태를 판정하는 방법으로는 백분위수와 표준편차점수가 있다. 경우에 따라서는 평균값(mean)이나 중앙값(median)의 백분율로 제시하기도 한다.

(1) 백분위수

백분위수(percentile)란 모든 대상자의 신체측정치를 크기 순서대로 나열하여 전체를 100으로 간주하여 해당되는 위치를 의미한다. 예를 들면, 10분위수는 전체 측정값 중 작은 쪽에서 10/100의 위치에 해당하는 것이다. 또한 50분위수는 낮은 쪽에서 50번째에 해당하는 사람의 수치 즉 중앙값이다(그림 2-32). 이는 평균값의 개념과는 상이하다. 실제로 백분위수를 사용하여 조사대상자의 측정치가 기준 집단의 백분위수 중 어디에 위치하는가를 비교하여 영양상태 판정에 이용한다.

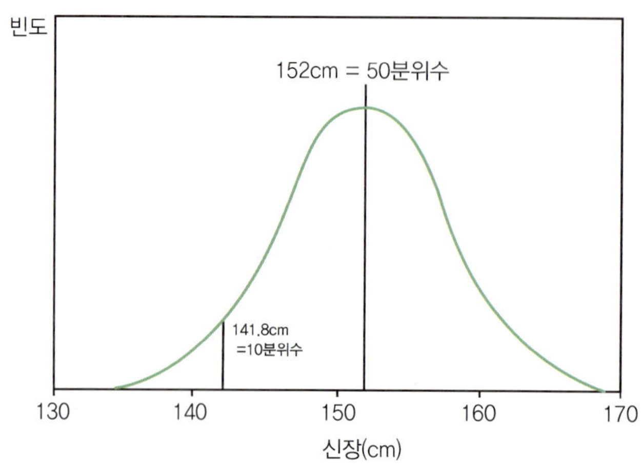

| 그림 2-32 | 신장의 빈도분포와 백분위수(13세 소년)

우리나라의 소아 · 청소년 표준성장도표에서는 5~95백분위수를 정상으로, 5백분위수 미만과 95백분위수 초과는 비정상으로 규정하고 있다. 그러나 이것은 선별하는 참고 기준일 뿐이지 임상적인 의미는 내포되어 있지 않다. 따라서 백분위수가 어린이의 건강상태를 평가하는 유용한 도구가 되기 위해서는 다른 임상정보와 함께 판정되어야 한다.

(2) 표준편차점수

저개발국의 신체계측 자료를 평가할 때, 표준편차점수(standard deviation score; SD)를 사용하는 것이 바람직하다. 표준편차점수란 기준집단의 중앙값으로부터 각 개인의 측정값이 얼마나 멀리 떨어져 있는지를 나타낸 값이다. 표준편차점수는 Z-점수(Z-score)라고도 하며 계산방식은 다음과 같다.

Z-score = (개인의 측정값 - 기준집단의 측정값) / (기준집단의 표준편차값)

일반적으로 측정치가 -2SD 이하의 범주에 속하느냐, 또는 +2SD 범주 밖에 속하느냐가 통계적인 의미를 갖는다. 그러나 영양상태 판정의 기준은 조사목적에 따라 달라질 수 있다.

WHO에서는 조사대상자와 같은 인종, 성, 연령의 인구집단에서 평균을 기준으로 하여 ±1SD, ±2SD를 판정 기준점으로 택할 것을 제안하였다. 따라서 +2SD 이상과 -2SD 이하에 해당되는 계측치는 영양상태가 매우 불량한 것으로 판정한다(그림 2-33).

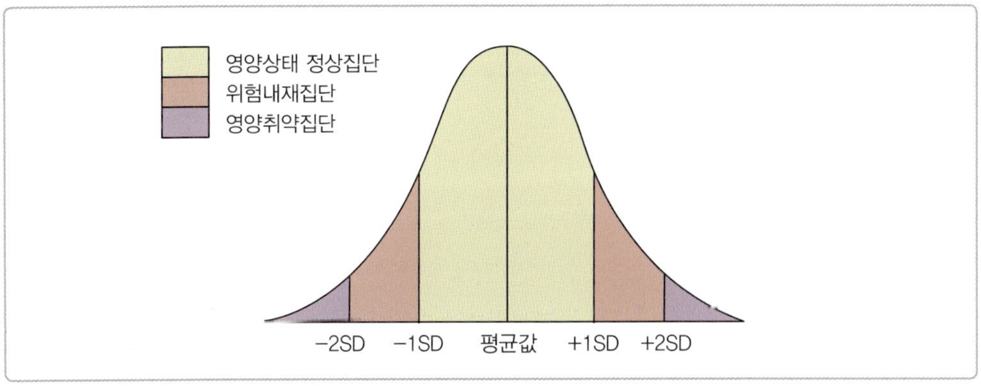

| 그림 2-33 | 표준편차점수에 의한 집단의 영양판정기준

또한 WHO에서는 어린이와 청소년에 대한 신체계측 기준치에 대해 항목별 표준편차점수를 ±1, 2, 3SD로 구분하여 제시하고 있다. 출생~5세 어린이와 5~19세 소아 · 청소년의 표준편차점수에 따른 영양판정 기준치는 [표 2-30]과 같다.

표 2-30 한국인의 상완근육면적 참고치

0~5세			5~19세		
지표	Z-score	판정	지표	Z-score	판정
체중	<-2	저체중	BMI	<-3	심한 마름
	<-3	심한 저체중		<-2	마름
신장	<-2	발육부진		>+1	과체중
	<-3	심한 발육부진		>+2	비만
신장별 체중	>+2	과체중			

Z-score와 정상범위

보통 많이 사용하는 ±2SD는 해당연령 인구집단의 95.4%를 정상으로 판정한다. 이는 백분위수로 2.3~97.9분위수 범위에 해당하며, 전통적으로는 3~97백분위수를 질병진단의 근거로서 활용한다. 한편, ±1SD는 해당연령 인구집단의 68.3%를, ±3SD는 해당연령 인구집단의 99.7%를 정상으로 판정한다.

3장

식사섭취조사

1. 식사섭취조사의 개요
2. 식사섭취조사의 체계
3. 식사섭취조사 시 고려사항
4. 식사섭취조사 평가

3장

식사섭취조사

1 식사섭취조사의 개요

1) 식사섭취조사의 정의

식사섭취조사(dietary assessment)란 개인이나 특정 집단의 식품 섭취를 조사하여 영양상태를 판단하고 각 대상에게 적절한 영양소를 제공하여 영양상태의 문제 해결 및 질병의 예방관리를 위한 가장 기초조사이다.

식사섭취조사를 바탕으로 한 개인이나 연령별, 지역별, 계층별 집단의 식사 섭취 상태를 정확히 파악하는 것을 목적으로 하며, 조사결과를 바탕으로 국가적으로는 식량 수급 정책과 보건 및 영양 정책을 위한 자료로 사용할 수 있다.

2) 식사섭취조사의 활용

식사섭취조사에서 얻을 수 있는 것은 섭취 영양소 및 식품 섭취 패턴 등으로, 식이로 인한 질병의 원인을 밝혀 관련된 질병을 예방하거나 관리하는 데 이용할 수 있다.

생활수준이 높아지고 수명이 연장되면서 개인 식사섭취조사를 통한 영양평가는 병원에서 중요한 업무가 되고 있으며, 영양치료나 영양상담은 대상자의 중요한 영양 문제점을 파악하여 건강과 연관된 문제점과 그 관련 요인 중 쉽게 해결할 수 있는 조사법을 제시할 수 있다.

집단의 특성에 맞춘 식사섭취조사는 질병(영양문제) 분포, 발생 상황 등을 관찰할 수 있다. 집단의 인적 특성(연령, 성별 등), 지역적 특성(도시, 농촌, 국내, 국외 등), 시간적 특성(질병의 발병 시간 변화 등) 등을 조사하며 해당 집단의 건강상 문제를 파악할 수 있고, 식사섭취로 인한 건강문제의 원인과 우선 순위를 측정할 수 있고, 어떤 집단이 건강상 취약계층인지 판단할 수 있다. 그리고 집단의 식사섭취조사 결과로 국민건강영양조사, 역학연구, 지역주민의 영양상태 파악 등을 통하여 지역사회 건강증진을 위한 지역 영양프로그램을 실시하여 대상자에게 적합한 영양프로그램을 제시할 수 있다. 이 프로그램의 효과를 평가하기 위해서는 프로그램 전, 후로 식사섭취조사가 실시되어야 하며 결과를 바탕으로 국가적 영양 정책의 수립, 개인 및 집단의 만성질환 관리, 식품 속의 오염물질, 첨가물에 대한 안전관리 대책 수립 등을 비롯한 여러 용도로 활용이 가능하다.

2 식사섭취조사의 체계

식사섭취조사는 사람들의 식사내용이 매일매일 다르며, 사람의 행동을 측정하는 것이기 때문에 측정할 수 있는 범위, 정확성 등의 오차가 발생할 가능성이 크다. 또한 식사섭취조사의 오차는 실제 섭취량과 조사 섭취량의 차이에서도 발생하여 조사의 신뢰도가 떨어지는 것도 한 요인이 된다. 따라서 식사섭취조사는 발생할 수 있는 오차를 인지하여 발생을 최소화하려면 조사법을 표준화하고 조사자의 사전 훈련이 중요하며, 조사지의 예비 검사나 예비 조사도 오차를 줄이는 데 도움을 줄 수 있다.

식사섭취조사 시 조사목적과 식사섭취조사법 간의 한계점과 용도를 우선 파악하여 조사목적에 부합하는 조사법, 조사내용(영양소, 식품 섭취량, 계절에 따른 식품 변화) 등을 선정하는 것이 중요하다. 그리고 대상자의 정확한 식사섭취조사 결과를 얻기 위해서는 대상자의 평소 섭취량에 가까운 결과를 얻을 수 있는 법을 선택해야 한다.

1) 개인의 식사섭취조사

개인을 대상으로 하는 식사섭취조사법은 평가하고자 하는 섭취 기간에 따라 두 가지로 나눌 수 있다. 첫 번째는 단기 섭취 상태를 파악하기 위하여 어떤 특정일 하루 동안의 식품섭취를 양적으로 조사하는 24시간 회상법(24–hour recall method), 기록법(diet record method), 실측법(weighing method) 등이 있다. 두 번째는 비교적 장기간 동안의 일상적인 식품섭취상태를 조사하는 것으로서 식품섭취빈도법(food frequency method), 식사력조사법(diet history method) 등이 있다.

(1) 24시간 회상법

24시간 회상법(24–hour recall)이란 대상자의 기억에 의존하여 조사 전날 하루 동안 섭취한 식품의 종류와 양을 기억해 내도록 하여 섭취량을 추정하는 조사법이다. 조사지 작성 내용은 음식을 섭취한 시간 및 음식, 식품의 종류, 양, 섭취 장소, 조리 방법을 작성하며 상표명, 영양 보충제의 복용까지도 포함하며 자세히 작성하도록 한다. 일반적으로 24시간 회상법으로 식사섭취조사를 할 때 소요되는 시간은 15~30분 정도이다.

24시간 회상법은 다른 식사섭취조사법에 비하여 대상자가 손쉽게 수행할 수 있으며 시간과 비용이 적게 들고, 대상자의 부담이 적어 가장 많이 활용되고 있다. 하지만 사람마다 식품섭취량의 편차가 크고, 대상자의 기억에 문제가 발생하며, 스스로 조리하지 않은 음식인 경우 식재료에 대하여 오차가 발생할 수 있다. 이것을 보완하기 위하여 훈련된 조사원이 대상자와 면담을 실시하여 수정하도록 한다. 회상 기간에 따라

24시간 회상법, 3일 회상법, 7일 회상법 등이 있으나 조사기간에 따라 대상자의 기억에 한계가 있어 정확도가 떨어지기 때문에 주로 24시간 회상법을 사용한다(실습 4).

표 3-1 24시간 회상법의 장·단점

장점	단점
• 시간, 경비 등의 노력이 다른 조사법에 비하여 적게 소요됨 • 조사장소가 중요하지 않음 • 응답률이 비교적 높고 대상자의 교육수준이 문제되지 않음 • 조사로 인한 식습관 변화가 적음	• 대상자의 기억력 차이에 의한 오차 발생. 어린이나 노인에게는 정확하지 않은 결과 발생 가능 • 하루치의 식사섭취량을 조사하므로 일상식을 대표하지 못함 • 대상자가 작성한 섭취량과 실제 섭취량이 차이 발생 • 고도의 훈련이 된 조사원이 필요함

표 3-2 24시간 회상법의 예

식사구분	시간/장소	음식	재료	상품명 / 상점명	눈대중량
아침식사	8:00/집	달걀프라이 멸치볶음 배추김치	달걀, 소금 잔멸치, 깨소금 간장, 물엿 배추김치		달걀 1/2개 약간 1/3접시 3조각
점심식사	12:00/자금성	짜장밥 깍두기	쌀밥 춘장, 감자, 당근, 돼지고기, 양파 무, 고춧가루	중화반점	2/3공기 감자 4개 (4cm×3cm) 당근 3개 돼지고기 3조각 4개
저녁식사	19:00/집	고등어구이 콩나물무침	고등어, 식용유, 콩나물, 마늘, 참기름, 통깨, 소금		1/2 토막 1/2 접시

(2) 식사기록법

식사기록법(food record)은 식사일기라고 칭하며 대상자가 조사기간 동안 식사를 할 때 섭취한 식품의 종류와 양을 스스로 기록하도록 하는 조사법이다. 조사내용은 24시간 회상법과 동일하게 사용 가능하며 조사기간은 1일, 3일, 7일로 할 수 있고 보통 3일 정도 가장 많이 조사한다. 섭취 시 식품의 종류와 분량을 가능한 한 정확하게 기록하는 조사법으로 실시 전 대상자에게 사전 훈련을 통하여 섭취한 분량을 통일된 조리기구나 식기, 계량컵, 계량스푼 등을 이용하여 작성하도록 한다. 조사지 확인 시 조사원은 대상자가 기록한 응답한 내용을 점검하고 부족한 점이 없는지 확인한다. 이 조사법은 대상자가 스스로 기록할 수 있어야 하며, 식품의 양을 정확하게 나타낼 수 있기 위해서는 수량에 대한 개념을 가지고 있어야 한다.

이 조사법은 대상자에게 식사섭취조사를 미리 알려주고 식사 섭취를 기록하도록 하기 때문에 의도적으로 평상시보다 양을 다르게 섭취할 수 있다. 특히 기록하는 기간이 짧을수록 의도적인 섭취가 될 가능성이 높으며, 반대로 조사기간을 길게 하면 대상자의 부담이 커져서 기록을 부정확하게 작성하기 쉽다. 적당한 조사기간은 연속 3~7일이며 무엇보다 정확한 조사가 이루어지게 하기 위하여 대상자의 협조가 가장 중요하다. 일반적으로 주말이나 공휴일의 식사와 평일의 식사가 많이 차이 나기 때문에 평일과 주말을 적당히 배분하여 조사하는 것이 바람직하다.

표 3-3 식사기록법의 장·단점

장점	단점
• 상세하고 정확한 음식명, 식사의 정보를 얻을 수 있음 • 시간, 경비 등의 노력이 다른 조사법에 비하여 적게 소모됨 • 많은 수의 조사원이 필요 없음	• 대상자의 협력이 중요함 • 대상자 스스로 기록하는 과정에서 식품섭취에 영향을 미칠 수 있음 • 대상자가 작성 시 시간이 많이 필요함 • 대상자에게 부담을 줄 수 있음

(3) 식품섭취빈도법

식품섭취빈도법(food frequency questionnaire)은 오랜 기간에 걸쳐 일상적으로 섭취하는 식품의 내용을 알아보기 위하여 사용하는 조사법으로 개인이 주요 상용 식품들을 얼마나 자주 섭취하고 있는가를 조사한다. 장기간의 식사섭취로 인한 노출에 의해 발병하는 만성질환과의 관련성 연구에서 많이 사용하며, 개인의 장기간에 걸친 식사섭취를 조사하는 가장 유용한 조사법이다. 식품섭취빈도법에서 가장 중요한 점은 대상자에게 적합한 섭취 식품목록을 목적에 맞게 작성하는 것이다. 식품목록을 만드는 방법은 24시간 회상법을 통하여 식사섭취를 조사한 후 대상 집단에서 사용빈도가 높았던 식품의 목록을 만들고, 섭취 빈도를 거의 안 먹음, 일 단위, 주 단위, 월 단위 등으로 구분하여 각 식품에 대한 섭취횟수로 나타내도록 한다.

이 조사법은 조사지에 따라 3가지로 구분할 수 있다. 첫 번째로 단순식품섭취빈도법은 목록에 제시한 식품에 대하여 섭취빈도만을 조사하는 방법이며, 두 번째로 반정량식품섭취빈도법은 각 식품목록의 1회 섭취 분량과 섭취빈도를 함께 조사하는 방법이다. 마지막으로 정량식품섭취빈도법은 식품목록의 섭취빈도와 각 식품의 1회섭취 분량을 제시하여 대상자의 실제 섭취량을 조사하는 방법이다.

식품섭취빈도법은 대상자가 응답한 식품목록이 명시되어 있기에 대상자가 비교적 간단히 조사할 수 있으나, 식품목록이 너무 길면 지루하여 대상자의 호응이 낮아지며 섭취량 추정치가 높아질 우려가 있으므로 식품목록은 대상자의 특성에 맞게 작성하는 것이 좋다. 표준화된 조사방법으로 조사원이 조사할 수 있으며, 조사시간은 대략 15~30분가량 소요된다. 최근에는 식품섭취빈도법을 24시간 회상법이나 식사기록법의 단점 중 하나인 조사를 실시한 날의 식이섭취가 대상자의 평소 식이섭취를 나타내는지를 보완하는 평가수단으로 사용하는 것 이외에 양적 조사의 수단으로 활용하기도 한다.

이 조사법의 가장 큰 단점으로는 식품목록의 정확한 양을 측정할 수 없으며, 장기간 진행되는 조사를 대상자의 기억력에 의존하므로 오차가 발생할 수 있다. 이 조사법을 이용할 때는 조사에 참여한 사람의 협조가 중요하며 응답자가 스스로 기록할 수 있는 능력, 양에 대한 지식이 있어야 한다. 또한 조사기간이 길면 기록자가 잊어버리거나 응답률이 떨어지기 때문에 주의하여야 한다(실습 5).

표 3-4 식품섭취빈도법의 장·단점

장점	단점
• 대상자 스스로 응답할 수 있음 • 시간과 비용이 적게 듦 • 비교적 짧은 시간 내에 전반적인 식품섭취형태를 파악할 수 있음 • 조사법에 따라 질적, 양적 조사가 모두 가능함 • 식사와 연관된 장기간 건강 관련 문제점 평가 가능	• 대상자에 특성에 맞는 조사지를 개발해야 함 • 대상자의 협력이 중요함(무응답 비율이 높음) • 누락된 식품목록이 발생할 수 있음 • 조사항목에 따라 응답률이 달라질 수 있음

표 3-5 단순식품섭취빈도조사법의 예

	지난 1년간 평균 섭취빈도								
	거의 안 먹음	한 달		일주일			하루		
		1회	2–3회	1–2회	3–4회	5–6회	1회	2회	3회
쌀밥 / 잡곡밥									
라면									
김밥									
떡국									
짜장면									
등심구이									

표 3-6 반정량식품섭취빈도조사법의 예

	지난 1년간 평균 섭취빈도									평균 1회 섭취분량				
	거의 안 먹음	한 달		일주일			하루							
		1회	2–3회	1–2회	3–4회	5–6회	1회	2회	3회	기준분량	0.5	1	1.5	2
쌀밥 / 잡곡밥										1공기				
라면										1개				
김밥										1줄				
떡국										1인분				

짜장면										1인분				
등심구이										1조각				

표 3-7 정량식품섭취빈도조사법의 예

	지난 1년간 평균 섭취빈도									평균 1회 섭취분량				
	거의 안먹음	한 달		일주일			하루							
		1회	2–3회	1–2회	3–4회	5–6회	1회	2회	3회 이상	기준분량	0.5	1	1.5	2
쌀밥 / 잡곡밥										1공기(210g, 300mL)				
라면										1개				
김밥										1줄(=삼각김밥 2개)				
떡국										1인분(1,000mL)				
짜장면										1인분(1,000mL)				
등심구이										1인분(3/4C, 150mL)				

(4) 식사력조사법

식사력조사법(diet history)은 1년 이상의 식사섭취형태를 조사하는 방법으로 비교적 장기간의 식사섭취를 알 수 있으며 면담조사를 통하여 이루어진다. 장기간의 식사섭취를 조사할 수 있는 장점이 있지만 대상자의 기억력에 의존해야 하여 조사결과의 정확성이 떨어진다. 훈련된 조사원이 필요하며 면담 조사의 특성에 따라 시간이 많이 필요하다는 단점이 있다. 조사내용은 일상적으로 섭취하는 음식, 섭취시간, 섭취량, 식품섭취빈도 등이며 장기간 섭취 결과로 만성질환의 식이 원인 연구로 많이 사용된다. 일반적으로 한 대상자에게 2회를 실시하며 첫 번째 조사와 두 번째 조사 사이의 기간은 8개월 정도의 시간 차이를 두어 장기간 일상적으로 섭취하는 식사를 조사한다.

표 3-8 식사력의 장·단점

장점	단점
• 장기간의 식사섭취 패턴의 파악 가능 • 훈련된 조사원을 통하여 자세한 자료 조사 가능 • 식품 섭취와 질병 요인과의 관계 분석 가능(만성질환의 역학 연구)	• 기억력에 의존, 정확도 감소 • 객관적 자료가 아님 • 조사 시간이 많이 걸림 • 조사원 훈련 필요

식사력 조사지의 예

1. 나는 평소 하루에 밥을 _____ 공기 먹는다.
2. 나는 평소 매일 생과일류를 _____ 개 먹는다.
3. 나는 평소 매일 생채소류를 _____ 접시 먹는다.
4. 나는 평소 매 식사마다 김치를 ____ 접시 먹는다.
5. 나는 평소 매일 유제품을 ____ 번 먹는다.
6. 나는 평소 일주일에 술을 ____잔(소주잔) 먹는다.
7. 나는 내 식사가 균형적이라고 생각한다.

(5) 실측법

실측법은 대상자나 보호자가 기록하며 조사기간 중 섭취하는 모든 식품과 음식을 저울로 측량하여 기록하는 방법이다. 제공되는 음식량을 일일이 저울로 측정하고, 먹고 남긴 양을 다시 측정하여 섭취 전과 후를 빼서 섭취한 양으로 계산한다.

이 조사법은 섭취량을 어느 정도까지는 정확하게 재는 것이 가능하다는 것이 장점이지만 실제로 우리나라의 경우 다양한 식재료를 혼합한 음식이 많아 음식에 들어간 각각의 식품량을 정확히 측정하는 것은 어렵다. 그리고 조리 전 무게와 조리 후의 무게를 측정하는 것 또한 어렵다. 대상자에게 부담이 많은 조사법으로 음식을 먹을 때마다 일일이 재어야 하므로 조사기간이 길어질 경우 조사의 정확도가 떨어질 수 있다. 그리고 조사기간에 섭취한 식품이 평상시에 섭취하는 음식이라고 판단하기 어렵다. 만약 조사기간 중 외식을 하는 경우에는 직접 저울을 가지고 다니면서 측정하는 것은 쉽게 이루어지지 않아 조사결과에 오차가 발생할 수 있다.

표 3-9 실측법의 장·단점

장점	단점
• 섭취량을 알아내기에 가장 정확한 조사법 • 영양소 섭취량을 정확히 추정할 수 있음	• 대상자의 협조 및 부담이 큼(노력 및 시간 많이 필요) • 조사 도구에 비용도 많이 듦 • 일상적 식사가 아닐 확률이 높음(정확도 감소) • 혼합음식 섭취 시 각 식재료의 섭취량 측정이 어려움 • 시간, 경비가 많이 요구됨

(6) 직접분석법

직접분석법(direct chemical analysis)은 동량수거분석법이라고도 하며, 대상자가 매끼 섭취하는 모든 음식과 음료수에 대해 섭취하는 분량과 동일한 양(duplicate portion)을 수거한 후 분석하는 것이다. 이보다 손 쉬운 방법은 대상자가 섭취했다고 하는 양과 동일한 분량을 분석하는 방법(aliquot sampling)이다. 이 조사법은 영양소 필요량에 관한 대사실험이나 식품성분표에는 없지만 연구 또는 질병과 관련 있는 특정 미량 영양소의 섭취량을 조사하고자 할 때 대상자가 섭취한 음식의 영양소 함량을 직접 분석하는 방법이다.

이 조사법은 영양소 함량을 가장 정확하게 파악할 수 있지만 대상자의 적극적 협조가 없으면 식사습관을 변화시킬 가능성이 있고 조사 도구와 분석 등 비용과 시간이 너무 많이 들어 쉽게 이용하기 어렵다.

(7) 식행동 및 식습관 조사법

식행동이나 식습관 조사는 식사기록법의 보조적 역할을 하는 조사법으로 매일 측정한 식습관이나 식행동, 식사와 관련된 특성 등을 조사하여 영양 개선 방안의 기본 자료로 이용할 수 있다. 24시간 회상법이나 식사기록법을 이용하여 식품 섭취량을 조사하면서 다음과 같은 식행동 및 식습관에 관한 질문을 유도할 수 있다.

문항의 예

- 식사형태 및 같이 식사하는 사람이 있는가?
- 식사 시간의 규칙성, 결식의 유무, 간식은 하루 몇 번 먹는가?
- 건강 식품, 비타민제, 다이어트 식품 등의 섭취 여부, 어떤 종류, 복용법은 어떻게 되는가?
- 다이어트 경험 유무, 식사량에 변화 시도 여부와 그 이유는 무엇인가?
- 일주일에 외식은 몇 번 하는가?
- 신선한 과일, 채소 섭취는 하루 몇 번 하는가?
- 일주일에 음주와 흡연은 얼마나 하는가?
- 자신의 건강에 좋지 않은 행동은 무엇이라고 생각하는가?

2) 집단의 식사섭취조사

지역별, 연령별, 성별 등 특정 집단을 대상으로 식품소비량을 조사하는 방법으로 집단의 영양문제와 특정 영양소의 취약 집단이 있는지 등을 조사하여 중요도에 따라 영양정책을 계획할 때 실시한다. 집단의 식사섭취조사를 위해서는 통계적 처리에 대한 지식이 필요하며, 조사목적에 따른 디자인, 조사 계획, 조사자의 훈련, 예산 등에 대한 조사자의 안목을 요구한다.

(1) 식품수급표

식품수급표는 국민 1인 1일당 식품 공급량, 영양소 공급량을 제시하며, 국가별 식품 소비실태를 비교할 때 가장 많이 사용된다. 전 세계 200여 국가에서 식량농업기구(FAO)가 제시하는 동일한 방식을 따라 매년 식품수급표를 작성하며, 연도별로 국가별 식품수급 현황을 손쉽게 비교할 수 있는 자료이다.

우리나라는 1962년부터 식품수급표를 조사, 작성했으며 현재는 한국농촌경제연구원에서 담당하고 있다. 조사기간은 매년 1월 1일부터 12월 31일까지이며, 양곡의 경우 미곡이 생산된 연도를 기준으로 하고 있다. 조사 항목은 국민이 식용으로 하는 모든 식품을 대상으로 하지만, 생산 및 공급량에 관한 자료가 불충분하거나 국민 영양섭취량과 관련성이 적은 일부 식품을 제외한다. 이 조사항목으로 국민 1인 1일당 식품공급량과 국민 1인 1일당 에너지, 단백질, 지방질, 무기질 및 비타민 등의 영양공급량을 산출한다.

식품수급표 작성 시 국가에서 소비하는 식품들을 품목별로 각 식품의 생산량, 이입량, 수입량, 수출량, 사료용, 종자용 및 가공용(식용, 비식용 구분)을 조사하고, 저장 중의 손실량을 조사하여 식용공급량을 산출한다. 각 식품별로 식용공급량을 조사연도의 연중인구로 나누면 1인 1년당 식품공급량이 산출되며, 1인 1일당 식품공급량은 1인 1년당 식품공급량을 365일 다시 나누어 산출하는데, 여기에 각 영양소의 성분비율을 곱하여 영양공급량을 구한다.

식품수급표의 1인 1일당 공급량은 실제로 국민 1인당 식품섭취량은 아니며, 대상자의 취사, 조리, 음식물 낭비 등의 과정에서 발생하는 감량을 포함하지 않는다. 식품공급량에 영양성분가를 적용하여 산출한 결과로 집단의 영양섭취량과는 다소 차이가 난다. 이 자료는 식량의 수급정책에 관한 기초자료로 이용하기에는 적합하지만 집단의 영양상태를 판단하기에는 바람직하지 않다. 단, 국민건강영양조사를 실시하지 못하는 나라에서는 질병 발생률, 사망률과 연관된 국민건강정책의 기초자료로 활용가능하다.

식품수급표의 식품공급량 산출과정

- 총공급량 = 생산량 + 이입량 + 수입량
- 식용공급량 = 총공급량 − (생산량 + 이입량 + 수입량 + 종자용 + 감모량 + 식용가공용 + 비식용가공용)
- 1인 1년당 식품공급량 = 식용공급량 / 조사연도의 연중인구
- 1인 1일당 식품공급량 = 1인 1년당 식품공급량 / 365일

식품수급표 관련용어

생산량 : 조사연도 1월 1일부터 12월 31일 사이의 국내 생산량. 단, 미곡과 고구마 등 추곡은 전년도 생산량을 적용

이입량 : 전년도 재고량으로서 조사연도로 이월되어 넘어온 양

수입량 : 당해연도에 외국에서 수입한 총량
단, 일반수입과 원조 형식의 수입은 포함하나 밀 수입분은 제외함

총공급량 : 생산량 + 수입량 + 이입량

이월량 : 조사연도 말 재고량. 즉, 조사연도에서 다음해로 이월된 양

수출량 : 당해연도 외국으로 수출된 양. 일반 유한수출과 무한수출을 포함함

사료용 : 당해연도 총공급량에서 사료용으로 공급된 양

종자용 : 당해연도 총공급량에서 종자용으로 공급된 양

감모량 : 총공급량에서 생산으로부터 조리과정에 이르기까지의 운반, 가공 및 유통과정에서 손실된 양, 감모량 산출에 사용한 품목별 감모량은 후기함

식용가공량 : 당해연도 총공급량에서 식용가공량으로 공급된 양. 단, 주조용, 착유용(두류, 종실류) 및 분유, 연유 조제용 등만을 계상하고, 기타의 식용가공량은 식용공급량에 포함시킴

비식용가공량 : 당해연도 총급량에서 비식용인 공업용 등으로 공급된 양

폐기율 : 식용공급량 중 통상 비가식부분으로 폐기되는 양의 비율

1인 1일당 영양공급량 : 1인 1일당 식품공급량에 식품별 영양성분가를 적용하여 산출한 양

표 3-10 식품수급표의 장·단점

장점	단점
• 국가 간 식품 소비실태 비교에 용이함 • 국가의 식품 소비량, 식습관 변화 파악이 쉬움 • 국가의 식품공급 현황을 한번에 확인가능함	• 실제 섭취량 데이터의 정확성이 떨어짐 • 실제로 소비된 양을 반영하지 않음 • 조리 시 발생하는 식품 폐기량을 고려하지 않음

(2) 가구 단위의 조사

가구 단위의 조사란 일정 기간 동안 한 가구를 구성하는 구성원 각자 섭취한 식품을 따로 조사하지 않고 가구 전체의 식품소비실태로 파악하는 방식의 조사를 의미한다. 조사방법으로는 일정 기간 가족 단위로 구매하는 식품의 종류와 양을 조사하는

식품계정조사와 일정 기간 동안 가구당 구입된 모든 식품의 양, 가격을 회상하여 조사하는 식품목록회상법과 일정 기간 동안 각 가구에서 소비된 식품의 양을 조사하는 식품소비조사(식품재고조사) 등이 있다. 조사방법에 따라 결과의 정확성과 시간, 비용 등 차이가 나며 장단점이 있다. 따라서 조사목적, 조사대상자의 특성, 인력 및 재정적 측면을 고려하여 조사자가 수행하고자 하는 조사에 적절한 방법을 찾아야 한다.

① 식품계정조사

식품계정조사(Food account method)는 일정 기간(보통 7일간) 동안 구매한 식품의 종류와 양을 가족 단위로 조사하고, 동일한 기간에 선물로 받은 음식, 자체 생산한 음식도 포함하여 조사하는 방법이다. 이 방법의 장점은 대상자가 어려워하지 않는 방법으로 조사기간 중 대상자의 평상시 식사를 유지하기 때문에 평상시 식사와 오차가 적고 따로 비용이 발생하지 않으며 대상자의 응답률이 높다. 하지만 단점으로는 버려지는 식품(식품이 상해서 버리는 경우, 동물에게 먹이는 경우, 식사에서 남긴 양 등)의 정확한 양을 측정하기 어려우며 가족 구성원의 각 개인이 실제로 섭취한 양에 대해서는 알기 어려워 개인 식품 섭취량은 추정할 수밖에 없다.

표 3-11 식품계정조사의 장·단점

장점	단점
• 대상자들의 부담이 가장 적은 방법임 • 시간과 비용이 상대적으로 적게 발생함 • 대상자의 응답률이 높음	• 조리 및 저장 시 폐기된 분량을 알 수 없음 • 가족 단위의 양만 알게 되어 가족 구성원의 개인 섭취량을 알기 어려움

② 식품목록회상법

식품목록회상법(Food list-recall method)은 각 가구에서 조리를 담당하는 사람을 대상으로 훈련된 조사자가 가구당 일정 기간 동안 구입하고 소비한 식품의 종류와 양을 면접을 통하여 조사하는 방법이다. 회상을 돕기 위해 일반적으로 조사 전 하루~일주일 동안 미리 그 가구에서 많이 쓰이고 있는 식품목록을 포함한 질문지를 만들어 조사한다. 식품의 양과 함께 식품의 상태(생식품, 가공식품, 냉동식품 등)를 자세히 적어두어 식품으로부터 영양소 섭취량을 계산할 때 활용한다. 조리를 담당하는 사람의 협조가 있다면 그 가구의 조사가 가능하기 때문에, 조사 비용이 적게 들지만, 식품계정조사와 같이 조리 중 식품이 폐기되는 양과 각 개인이 실제 섭취한 식품의 양을 정확히 알 수 없는 단점이 있다.

표 3-12 식품열거조사의 장·단점

장점	단점
• 조리 담당자의 협조만으로 조사 가능함 • 시간과 비용이 상대적으로 적게 발생함	• 조리 및 저장 시 폐기된 분량을 알 수 없음 • 가족 단위의 양만 알게 되어 가족 구성원의 개인 섭취량을 알기 어려움

③ 식품소비(재고)조사

식품소비(재고)조사(Food inventory method)는 일정 기간(보통 7일간) 동안 가구에서 소비된 식품의 양을 조사하는 방법으로 조사 시작 전과 후에 가구 안에 있는 모든 식품의 무게를 재고, 조사기간 동안 가구 안에 들어온 모든 식품을 측량하고 기록하는 방법이다. 각 가정의 조리종사자의 협조로 가구 단위 조사방법 중 가장 정확한 결과를 얻을 수 있다는 장점이 있으나, 조리종사자의 부담이 크고, 시간과 비용이 많이 소요되며, 오랜 기간 동안 조사할 수 없으므로 일상적인 식품 소비량을 조사하기는 어렵다. 또한 개개인이 실제로 섭취한 양에 관해서 알기 어렵다는 단점이 있다.

표 3-13 식품소비(재고)조사의 장·단점

장점	단점
• 가구 단위의 조사방법 중에서 가장 정확함	• 대상자에게 부담이 크므로 반응률이 낮음 • 시간과 비용이 많이 듦 • 개개인의 일상적인 섭취량에 대해 알기 어려움

(3) 국민건강영양조사

전국 규모의 조사로 우리나라 국민의 건강상태 및 식품과 영양섭취실태에 대해 조사하여 신뢰성이 있는 국가통계자료를 산출하고, 「국민건강증진법」 제16조에 근거하여 국민의 건강 및 영양상태를 파악하기 위해 실시하며 이 결과를 바탕으로 우리나라 국민의 질병 예방과 건강증진, 영양개선을 위한 국가 차원의 보건 및 영양 정책을 계획하고 실천, 평가하는 데 활용된다. 과거에 실시하였던 국민영양조사는 가구 단위 조사방법을 이용하였으나 응답률이 낮고 개개인이 실제로 섭취한 양에 관해서는 알 수 없어 현재는 개개인의 영양조사방법으로 대체하였다. 국민건강영양조사는 3년마다 조사되며, 국민 1인 1일당 영양소 섭취량을 제시한다.

① 개요 및 목적

우리나라 지역을 7대 특별, 광역시와 9개 도를 포함하여 16개 시도로 구분
→ 건강면접조사의 표본가구를 다단계 층화표본추출법에 의해 조사구 선정
→ 조사구별로 20개 표본가구를 영양조사 대상으로 선정
→ 개인별로 식생활습관, 1일 식품섭취량을 조사
→ 이것으로부터 1인당 1일 영양소 섭취량을 산출

첫째, 국민건강증진종합계획의 목표지표 설정 및 평가 근거자료 산출
둘째, 흡연, 음주, 영양소섭취, 신체활동 등 건강위험행태 모니터링
셋째, 주요 만성질환 유병률 및 관리현황(인지율, 치료율, 조절률 등) 모니터링
넷째, 질병 및 장애에 따른 삶의 질, 활동제한, 의료이용 현황 분석
다섯째, 국가 간 비교 가능한 건강지표 산출

② 조사규모 및 표본가구

우리나라의 16개 시 및 도를 대상으로 다단계층화표본추출법에 의해 조사구별로 20개 표본가구를 선정하여 건강면접조사의 대상으로 한다. 2010년부터 매년 192개 조사구 약 4,000가구를 대상으로 만 1세 이상 가구원 약 1만 명을 조사를

실시한다. 대상자의 생애주기별 특성에 따라 소아(1~11세), 청소년(12~18세), 성인(19세 이상)으로 나누어, 각기 특성에 맞는 조사항목을 적용한다.

③ 국민건강영양조사의 구성

국민건강영양조사는 제8기 1차연도(2019년) 조사기준에 따라 다음과 같이 3가지 조사로 구성되어 있다.

검진조사 : 비만, 고혈압, 당뇨병, 이상지질혈증, 간질환, 신장질환, 빈혈, 폐질환, 구강질환, 근력, 안질환, 이비인후질환

건강설문조사 : 가구조사, 흡연, 음주, 비만 및 체중조절, 신체활동, 이환, 의료이용, 예방접종 및 건강검진, 활동제한 및 삶의 질, 손상(사고 및 중독), 안전의식, 정신건강, 여성건강, 교육 및 경제활동, 구강건강

영양조사 : 식품 및 영양소 섭취현황, 식생활행태, 식이보충제, 영양지식, 식품안정성, 수유현황, 이유보충식

④ 영양조사

영양조사에서는 식품섭취량조사, 식품섭취빈도조사, 식생활조사가 이루어진다.

식품섭취량조사는 만 1세 이상 대상자에 대해 24시간 회상법을 이용하여 개인별 영양소 섭취량을 조사한다. 조사내용은 식사와 시간, 식사장소, 매식 및 구입여부, 음식명 및 음식섭취량, 음식별 식품재료명 및 식품섭취량 등이 있다.

식품섭취빈도조사는 만 12세 이상 대상자의 경우 실시 가능하며 1일간의 식품섭취량 조사로는 정확한 결과를 얻기 힘든 영양소의 주요 급원식품의 섭취 상태를 파악하고자 연령에 따른 대표식품목록을 선정하여 섭취빈도를 조사한다.

식생활조사는 만 1세 이상에 대해 일상적인 식습관을 파악하기 위한 조사이다. 조사내용은 식사횟수와 규칙성, 과식, 결식, 간식 및 외식섭취빈도, 식이보충제 섭취현황, 임신, 수유 여부 등을 조사하며 만 1세 이상 4세 미만에 대해서 출생 시 체중, 조산 여부, 총 모유수유 기간, 총 조제분유 수유 기간, 이유식 시작 시기 등을 조사한다.

3 식사섭취조사 시 고려사항

식사섭취조사의 가장 큰 문제점은 실제 섭취량과 조사 섭취량의 차이로 발생한 오차로 식사섭취조사의 신뢰도가 다른 조사보다 떨어진다는 점이다. 따라서 식사섭취조사의 오차 관리는 더욱 세밀하게 관리해야하고 오차가 발생 할 수 밖에 없는 가능성을 인지하여 식사섭취조사 계획부터 관리해야 한다. 일상식에 가까운 데이터를 얻기 위해서는 하루만 조사하는 경우 조사하는 전날이 토, 일요일이나, 공휴일, 생일 등 특정한 날이 되는 것은 피하는 것이 좋다.

오차는 조사대상, 사용된 조사방법, 측정하고자 하는 영양소의 종류에 따라 다르며 식사섭취조사에서 이러한 오차의 발생을 최소화하려면 조사 단계마다 조사방법을 표준화하고 조사자의 교육 및 사전 훈련이 철저히 이루어져야 한다.

오차는 무작위 오차와 체계적 오차로 나눌 수 있다.

- **무작위 오차** : 무작위 오차는 생물학적으로 또는 환경학적으로 어쩔 수 없이 발생하는 오차로 대상자의 수를 증가하거나 조사기간을 늘려 오차의 범위 줄일 수 있다. 매 끼니, 매일 식사 섭취 상황, 계절적 변동 등의 개인 간 차이, 개인 내 차이로 발생할 수 있다.
- **체계적 오차** : 조사방법 체계에서 발생하는 오차로 조사횟수 또는 조사기간을 늘려도 오차는 줄지 않은 오차를 의미한다. 체계적 오차는 조사지, 조사방법, 조사원의 훈련 등을 통하여 최대한 줄이는 것이 중요하다.

1) 조사원

조사원 1인이 조사할 수 있는 가구 수나 대상자의 수를 결정하고 자료 수집 기간에 따라 조사원의 수를 결정해야 한다. 예를 들어 조사원 1인이 5가구를 조사할 수 있고 표본 수가 1,000가구이며 자료수집 기간이 20일이라면 1,000 ÷ 5 ÷ 20 = 10명이 된다.

(1) 조사원의 사전훈련

① 조사원은 식품에 대한 지식이 어느 정도 있는 사람이 바람직하며, 정확한 조사자료를 얻기 위해서 대상자가 섭취한 식품을 잘 기억하도록 유도하여야 한다. 조리법, 목측량, 영양에 관한 지식이 있으면 더 쉽게 훈련할 수 있기 때문에 조사원으로 영양사가 바람직하다.

조사원은 조사지역의 식품, 대상자 집단의 특성 등을 미리 파악하고 질문요령을 숙지하여야 한다. 대상자가 섭취량을 목측량(밥 한 공기, 몇 숟가락 등)으로 작성한 경우, 면담 시 식품모형이나 사진, 그릇, 계량컵, 숟갈 등을 보조도구로 사용하여 정확히 환산할 수 있도록 조사원을 훈련해야 한다.

② 사전훈련 시 조사원이 여러 명일 때 조사원 간의 오차를 줄이기 위하여 동일한 도구와 계량법을 사용하여 훈련하는 것이 중요하다. 목측량을 과학적인 계량단위로 환산하는 과정에 오차 발생을 줄이기 위해 목측량을 중량으로 환산할 때 적용할 수 있는 표준화된 조사지침을 마련하는 것이 중요하다. 대상자가 식품섭취량을 표현하는 방식이 각각 다르고 같은 표현일지라도 그 실제 양은 개인에 따라 다를 수 있어서, 이것을 수치화하는 과정에서 조사원 사이에 오차가 발생하는 것을 최소화할 수 있도록 교육한다.

③ 대상자에게 비연속적으로 조사 날을 반복조사하면 일상식에 가까운 자료를 구할 수 있으며 결과의 타당성이 높아진다. 주말과 주중의 식사섭취는 차이가 있으므로 주말과 주중의 조사일수를 비례하여 조사기간에 포함시키며, 주중과 주말의 특성을 파악할 수 있도록 조사원을 훈련해야 한다.

④ 조사원은 면접이 끝난 후에는 면담내용을 재검토하도록 한 후, 누락되거나 양적 환산, 단위가 잘못 기재된 부분이 있는지 점검하는 것이 필요하다.

표 3-14 24시간 회상법 기록 시 유의사항

조사 대상 식품	• 24시간 회상법 기록 시 확인할 내용
밥	• 잡곡을 섞었는지, 섞었다면 어떤 잡곡을 얼마만큼 섞었는지 적음 (예. 쌀 1공기에 잡곡 1/4공기)
국이나 찌개	• 포함된 재료와 양을 구체적으로 적음 • 먹은 건더기와 국물의 양을 반드시 적음
빵, 과자, 우유, 시리얼, 음료수 등	• 제품명 기입, 빵에 바른 잼이나 버터 양 적음 • 식품에 다른 무엇을 첨가하였을 경우 꼭 적음
외식	• 식당 이름과 음식이름 기록하고 1인 분량에 포함되었던 부재료 적음
섭취량 및 크기에 대한 것	• 섭취한 양은 뒤에 첨가된 식품 용기(그릇 크기나 담긴 양, 무게나 부피, 비슷한 크기)에 비례하여 양을 기록 • 포장된 식품의 경우는 상표명을 표기하고 포장 분량의 얼마를 먹었는지 적음
육류, 생선	• 육류부위 및 기름기나 껍질 제거 여부 • 포장된 크기 내에 뼈 포함 여부, 조리방법 적음
기름	• 조리에 사용된 기름의 종류와 양을 꼭 적음
유제품	• 우유의 경우 저지방, 무지방 아니면 보통 우유인지를 구별하여 상표명과 함께 적음
과일과 주스	• 생과일, 과즙, 통조림, 가당 혹은 무가당
음료	• 종류와 양, 가당 혹은 무가당, 저칼로리 상품 여부, 알코올 함유량

2) 보조도구의 활용

(1) 섭취량 측정을 위한 방법

대상자가 작성한 음식명과 목측량으로부터 중량으로 환산할 때 대부분 오차가 발생한다. 따라서 섭취량을 측정하는 방법이 가장 중요하다. 우리나라 식사는 여러 식재료를 합친 경우가 많아서 한 식품의 원재료량을 측정하기 매우 어렵다. 또한 식품의 조리법에 따라 혼합 비율이 표준화되지 않아 식사의 원재료량과 영양가의 차이가 크다. 그래서 조사자의 훈련이 매우 중요하고, 환산하는 방법에 대하여 조사원이 잘 훈련되어야 한다. 조사원의 훈련 시 계량저울, 계량컵, 계량스푼에 대한 이해와 정확한 도구가 필요하다.

(2) 섭취량 추정 시 도움이 되는 도구

대상자로부터 식품섭취량을 정확하게 중량으로 파악하는 것이 식사섭취조사를 바탕으로 영양판정을 할 때 가장 중요한 부분이다. 대상자의 경우 양에 대한 개념이 부족한 편이어서 식사섭취조사 결과의 신뢰도가 크게 떨어지기 때문에 조사 시 대상자로부터 섭취량에 가까운 중량을 얻을 수 있는 방법을 제시해야 한다. 대상자가 조사지를 작성할 때 보고할 수 있도록 돕기 위한 여러 가지 보조도구들 중 대표적인 것으로 식품 1교환단위 및 식품별 1회 분량 모형이며, 국그릇, 밥그릇, 한 젓가락, 숟가락, 한 컵의 분량, 사진, 식품 및 음식의 눈대중량 책자 등이 있다.

밥그릇(210g)

국그릇(300g)

작은 국자(20mL)

큰 국자(50mL)

유리컵(265mL)

종이컵(185mL)

배추김치(40g)

시금치나물(70g)

고등어 조림(70g)

고기구이(60g)

두부 두 쪽(80g)

멸치볶음(15g)

눈금자

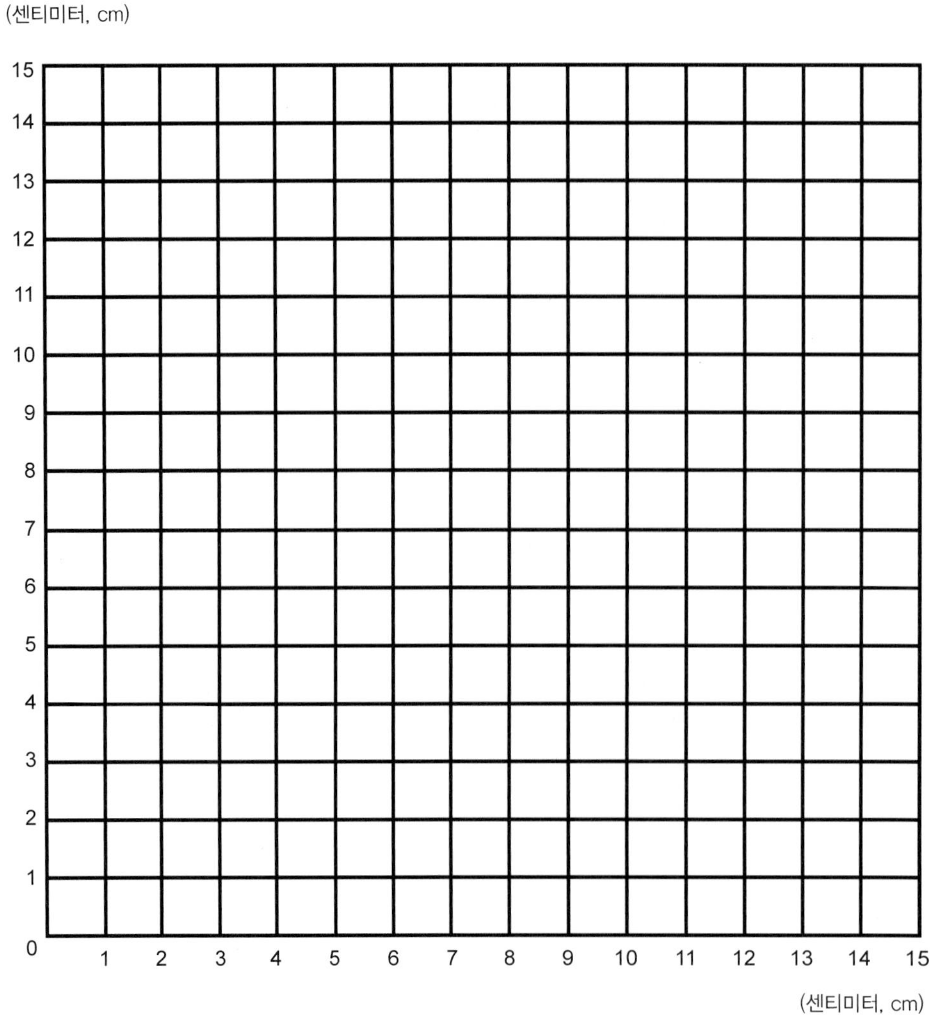

(3) 식품 1회 분량과 목측량

한국영양사협회에서 발간한 한국인 영양섭취기준에는 우리나라 국민들이 자주 섭취하는 다빈도 식품을 바탕으로 각 식품군의 대표식품을 선정하여 1인 1회 분량을 설정한 후, 에너지 함량을 고려하여 1인 1회 분량에 해당하는 횟수를 제시하였다. 이와 같은 자료를 제시함으로써 대상자가 식품의 양을 정확히 작성할 수 있다.

표 3-15 식품군별 대표 식품의 1인 1회 분량

식품군					
곡류 (300kcal)					
	쌀밥(210g)	보리밥(210g)	백미(90g)	현미(90g)	수수(90g)

	팥(90g)	가래떡(150g)	시루떡(150g)	국수 말린 것(90g)	라면사리(120g)

	팥빵, 잼빵(80g)	고구마(70g)*	감자(140g)*	옥수수(70g)*	밤(60g)*

	묵(200g)*	시리얼(30g)*	당면(30g)*	식빵(35g)*	과자(30g)*

	밀가루(30g)*				
고기 · 생선 달걀 · 콩류 (100kcal)					
	돼지고기(60g)	돼지고기삼겹살(60g)	쇠고기(60g)	닭고기(60g)	소시지(30g)

	햄(30g)	고등어(60g)	명태(60g)	참치통조림(60g)	오징어(80g)

	바지락(80g)	새우(80g)	어묵(30g)	멸치 말린 것(15g)	명태 말린 것(15g)

	오징어 말린 것(15g)	달걀(60g)	두부(80g)	대두(20g)	

	잣(10g)*	땅콩(10g)*			

식품군					
채소류 (15kcal)	당근(70g)	양배추(70g)	오이(70g)	무(70g)	애호박(70g)
	콩나물(70g)	부추(70g)	풋고추(70g)	상추(70g)	시금치(70g)
	토마토(70g)	양파(70g)	마늘(10g)	배추김치(40g)	총각김치(40g)
	열무김치(40g)	깍두기(40g)	표고버섯(30g)	느타리버섯(30g)	김(2g)
	미역(30g)				
과일류 (50kcal)	참외(150g)	사과(100g)	배(100g)	복숭아(100g)	귤(100g)
	오렌지(100g)	바나나(100g)	키위(100g)	감(100g)	포도(100g)
	건포도(15g)	대추 말린 것(15g)	과일주스(100mL)		
우유·유제품류 (125kcal)	우유(200mL)	호상요구르트(100g)	액상요구르트(150mL)	아이스크림(100g)	치즈(20g)*

유지 · 당류 (45kcal)	 깨(5g)	 콩기름(5g)	 마요네즈(5g)	 버터(5g)	 설탕(10g)
	 물엿(10g)	 꿀(10g)			

*표시는 0.3회

3) 식사섭취조사 방법의 신뢰도

식사섭취조사는 그 목적에 적합한 결과를 얻기 위하여 식사섭취조사 방법을 선택할 때 타당도(validity), 신뢰도(reliability)를 고려해야 한다. 타당도는 조사자가 측정하고자 하는 것을 실제로 측정하는 것을 의미하며 신뢰도는 반복 사용하였을 때, 비슷한 결과를 도출해내는가의 정도를 의미한다. 이는 재현성, 정밀도라고 하며 측정오차가 작을수록 상승한다. 이 신뢰도는 조사방법, 연구대상, 조사하고자 하는 영양소, 조사원 기술, 개인 간 변이와 개인 내 변이 정도에 따라 차이가 발생한다.

조사방법의 신뢰도를 파악하여 동일한 조사를 반복 실시할 때 주의할 점은 두 번째 조사결과가 첫 번째 조사결과의 영향을 받지 않아야 하고, 시간의 흐름에 따른 식품 선택의 변화, 계절의 영향이 적어야 한다. 두 번의 조사 결과값이 유사하다면 사용하고자 하는 조사방법은 신뢰도가 높은 방법이고 그렇지 않다면 그 방법이 신뢰도가 낮다고 하나 반드시 부정확하다고 단정할 수 없다. 왜냐하면 대상자에게 미치는 다양한 환경적 요인이 미친 영향을 배제할 수 없기 때문이다.

신뢰도에 영향을 미치는 요인

- 조사방법의 신뢰도는 나이, 성별에 영향을 받음
  총열량, 영양소 섭취량은 나이, 성별에 따라 다르며, 영양소 섭취량을 영양소 밀도로 환산 시 (예: g/1000kcal) 성별 차이가 없어지므로 개인 간 변이가 감소하나 개인 내 변이는 줄지 않음
- 신뢰도는 표본의 크기와 조사일수에 영향을 받음
  개인의 식사내용은 매일 다르기 때문에 하루 또는 이틀간의 조사가 개인의 일상 섭취량을 제대로 반영하지 못하므로 정확한 정보를 얻기 위해서는 조사일수를 늘리는 것이 중요함. 집단의 경우 표본의 수를 증가시킴으로써 신뢰도를 높일 수 있음
- 신뢰도는 조사 시기에 영향을 받음
  대상자의 특성에 따라 주중과 주말 간에 식사의 차이가 발생할 수 있으며, 계절, 사회경제적 수준에 따라 다르며 식품항목에 따른 영양소 섭취량의 차이가 큼. 주중 무작위로 선택한 날에 조사를 실시하고 조사 순서를 기록하는 것이 필요함

4) 식사섭취조사 방법의 타당도

타당도란 측정하고자 하는 것을 실제로 정확하게 측정하는 정도를 의미하는 것으로서 식사섭취조사 방법의 타당도는 측정한 결과가 대상자의 평소 섭취량을 제대로 파악할 수 있는지를 나타내는 척도이다. 타당도를 높이기 위해서는 조사목적에 맞는 조사 항목, 조사방법, 기준치를 잘 정해야 한다.

(1) 타당도 측정

식사섭취조사 방법의 타당도를 측정하기 위해서는 조사방법을 이용하여 측정한 결과와 평소 섭취량을 비교하여 검증할 수 있다. 그러나 개인의 실제 평소 섭취량을 측정하기는 매우 어렵기 때문에 식사섭취조사 방법의 타당도를 파악하고자 할 때 상대 타당도를 측정한다. 상대 타당도란 이미 어느 정도 타당성이 있다고 알려진 식사섭취조사방법으로 측정한 결과와 새롭게 시도하고자 하는 조사방법으로 측정한 결과를 비교하여 측정하는 것이다.

상대적 타당도를 측정하기 위해서는 자체적으로 선택한 식사섭취조사 방법이 정

확해야 하며, 각 조사 시일이 타당도를 측정하고자 하는 조사방법에 영향을 미쳐서는 안 된다. 또한, 두 방법이 서로 독립적이어야 하며 요일, 계절, 조사원의 훈련, 보충제 등을 배제하여야 한다.

식사력조사법의 타당도 검사는 7일 식사기록법을 사용하여 조사하며, 식사기록법에 대한 타당도 검사는 대상자가 섭취량에 대해 기록한 결과를 대상자 모르게 실측한 섭취량과 비교하여 측정한다. 섭취빈도법의 타당도는 식품에 대한 기호도를 조사하면서 측정할 수 있다.

(2) 생물학적 지표의 사용

생물학적 지표는 대상자가 얼마나 정확하고 진실하게 답할 수 있느냐와 무관하게 식사섭취조사 방법의 타당도를 점검할 수 있으며, 대상자의 혈액, 소변이나 대변 시료를 이용하여 측정하는 방법이다. 하지만 영양섭취가 충분한 사람들의 경우에는 식사섭취 이외의 다른 요인들이 체조직의 영양소 함량에 영향을 미칠 수 있기 때문에 완벽한 방법이라고 할 수는 없다.

대표적 생물학적 지표는 24시간 요의 질소 배설량, 나트륨 배설량 등으로, 24시간 요의 질소 배설량은 단백질 섭취량을 반영하는 지표이나, 질소 배설량의 대사량에 따라 변화가 크기 때문에 24시간 소변을 한 번 수집하여 질소 배설량을 측정했을 경우에는 오차가 발생할 수 있으므로 24시간 소변을 수집하여 측정하도록 한다. 그리고 대변으로 배설되는 나트륨의 양은 매우 적기 때문에 소변 중의 나트륨 배설량은 식사 중의 나트륨 섭취량을 추정하는 데 유용한 지표이다. 대상자의 육류 섭취량은 3-methylhistidine 배설량을 토대로 분석할 수 있으나, 이 아미노산은 근육의 분해산물로서 요로 배설되는데 육류 소비를 하지 않는 사람이라도 배설량에 있어서 개인간에 큰 차이가 있는 것이 제한점이다.

표 3-16 식사섭취량에 대한 생물학적 지표

항목	생물학적 지표
• 단백질 섭취량 • 육류 섭취량 • 나트륨 • 중금속 섭취량	• 24시간 요 질소함량 • 3-methylhistidine • 요 나트륨 배설량 • 머리카락, 손톱 등

5) 영양소 분석

(1) 식품성분분석표

식품성분분석표는 한국영양학회에서 발행한 한국인 영양섭취기준 식품영양가표, 농촌진흥청의 영양개선연수원에서 발행하는 식품성분표, 식품의약품안전본부에서 발행하는 한국식품성분표 등이 있다. 섭취한 식사의 식품의 중량을 환산하여 영양소 분석을 실시할 수 있다. 식품성분분석표의 수치는 생산기관의 원칙에 충실하게 데이터베이스화 하며, 식품의 고유한 물리학적 특성 및 상태를 반영하여 구축하였다. 그리고 조리된 음식과 구성 재료를 고려하였으며 가능한 한 쉽게 정보를 검색할 수 있고, 식품의 형태학적인 다양성을 식별할 수 있도록 데이터베이스화 한다.

그러나 이 식품성분분석표는 실제 대상자가 섭취한 식품의 영양가를 정확히 반영할 수 없다. 예를 들어 쌀밥을 1공기 먹었다고 하였을 때 식품성분표에서 품종별로 나와 있는 영양가를 보면 여러 종류가 있기 때문에 조사자의 의견에 의해 오차가 발생할 수 있다. 그래서 평균값과 같은 대표값을 선택하여 영양가를 계산해야 하는 조사의 한계점이 있다. 조사의 목적이 미량 영양소로 질병과의 관련성에서 정확한 양이 매우 중요하다면 회상법, 기록법을 이용하지 말고 자세한 식사섭취조사 결과를 파악할 수 있는 직접수거법, 동량수거분석법을 사용해야 한다.

표 3-17 분석 시 오차가 생기는 요인

항목	생물학적 지표
• 생산 시 비료 등 생산문제 • 계절 및 지역에 따른 함량 • 저장, 숙성, 취급, 가공 • 품종, 재배방법 • 생체이용률	• 성분표와 실제 섭취한 식품 • 분석 방법 및 부위, 범위 • 표본 시료의 수집체계

(2) 영양소 데이터베이스와 영양소 분석

한국영양학회에서 발행한 한국인 영양섭취기준 식품영양가표, 농촌진흥청의 영양개선연수원에서 발행하는 식품성분표, 식품의약품안전본부에서 발행하는 한국식품성분표 등에서는 음식의 영양가나 가공식품의 영양가도 모두 데이터베이스화 하였다. 이러한 자료들을 바탕으로 영양소 함량 자료가 구축되어 있는 소프트웨어들이 생산되었고 상품화된 프로그램을 이용하여 대상자가 섭취한 양을 정확하게 기입하면 영양소의 분석 결과와 섭취상태 평가 결과를 볼 수도 있다.

한국영양학회에서 개발한 CAN(computer aided nutritional analysis program, 이하 CAN PRO)은 개인이나 집단의 영양상태를 판정하고 그 결과들을 통계처리 하거나 다른 프로그램에서 이용하고자 할 때 손쉽게 활용할 수 있다. 이 프로그램에 사용되는 식품 영양가 데이터베이스는 한국인 영양섭취기준(2020)에 수록된 식품성분표 자료(총 2,518 식품 품목) 및 그 밖의 국내외 최근 자료들을 활용하여 구축되었다.

4 식사섭취조사 평가

1) 개인 영양요구량에 기준한 평가

개인의 식사섭취조사로 얻어진 영양소섭취량이 한 개인에게 적합한 양이었는지

평가하기 위하여 건강하고 일반적인 상황에서는 한국인 영양섭취기준치를 이용하여 평가한다. 그러나, 대상자의 건강상 특이사항(임신, 다이어트, 질병)이 있다면 개인의 영양요구량을 따로 계산하여 평가하여야 한다.

개인의 영양요구량에 영향을 미치는 요인을 살펴보면 연령, 성별, 신장, 체중, 활동도, 임신, 성장, 스트레스 받는 정도, 앓고 있는 질병의 종류와 중증도, 환자의 무식욕증, 만성알코올중독 등으로 수많은 요인이 관여하고 있으며, 건강기능식품, 약품, 비타민제 복용은 식품과 같이 섭취한 경우 상호작용을 일으켜 영향을 미칠 수 있다.

성인일 경우 성별, 연령별, 체중, 신장, 활동도만을 고려한 에너지필요량 산출은 다음과 같다.

성인 남자 = 662 − 9.53 × 연령(세) + 활동 정도{5.91 × 체중(kg) + 539.6 × 신장(m)}
성인 여자 = 354 − 6.91 × 연령(세) + 활동 정도{9.36 × 체중(kg) + 726 × 신장(m)}

표 3-18 성인 남자와 성인 여자의 활동 정도 값

활동도	성인 남자	성인 여자
비활동적	1.0	1.0
저활동적	1.11	1.12
활동적	1.25	1.27
매우 활동적	1.48	1.45

단백질과 지질은 총에너지양이 결정되면 한국인 영양섭취기준의 이상적인 배분비율에 따라 탄수화물 : 단백질 : 지질 = 55~65 : 7~20 : 15~30%로 계산하며 권장량과 비교하여 낮아지지 않도록 한다. 그 밖의 영양소는 한국인 영양섭취기준에서 제시한 권장량과 비교하여 필요량을 산출한다.

(1) 식품교환표 이용

개인의 영양요구량을 계산하여 섭취해야 할 식품 교환량으로 환산하고 섭취한 양

과 비교 분석하여 개인의 영양요구량을 평가할 수 있다. 이 방법은 다량영양소를 기준으로 평가하며 개인별로 식습관이나 질병 등에 맞추어 새롭게 식품교환량을 계산할 수 있기 때문에 환자의 영양상담 자료로 이용할 수도 있다.

		열량(kcal)	당질(g)	단백질(g)	지방(g)
곡류군		100	23	2	–
어육류군	저지방	50	–	8	2
	중지방	75	–	8	5
	고지방	100	–	8	8
채소군		20	3	2	–
지방군		45	–	–	5
우유군	일반우유	125	10	6	7
	저지방우유	80	10	6	2
과일군		50	12	–	–

(2) CAN PRO 이용

CAN PRO 4.0을 이용하여 식사섭취조사결과를 영양소섭취량으로 환산하고 영양평가까지 가능하다. CAN PRO는 한국영양학회에서 개발한 프로그램으로 전문가용과 일반용으로 제작되어 판매되고 있다. 현재 5.0 web ver.(2015)이 출시되었다. 개인의 영양소 평가 시 구체적인 영양소(99종 영양소(전문가용), 28종 영양소(일반용))를 파악할 수 있다. 단, 미량 영양소의 경우 음식의 조리 과정이나 식품의 생산지 등에 차이가 날 수 있기 때문에 변이가 발생하기 쉽고 섭취량에 대한 평가의 한계점이 발생한다.

| 그림 3-1 | CAN PRO 4.0을 이용한 여대생의 식품섭취 평가의 예

2) 영양지수에 의한 평가

(1) 영양질적지수

영양질적지수(index of nutritional quality; INQ)는 영양소의 질적상태를 평가하는 방법으로 1,000kcal 에너지 섭취량에 대한 특정 영양소의 섭취 비율을 권장량의 1,000kcal에 대한 비율로 나눈 값이다. 계산 후 섭취한 영양소의 INQ가 1이 넘고 열량이 충분한 경우 해당 영양소는 권장량 이상을 섭취한다고 평가할 수 있다. 섭취결과뿐만 아니라 식품의 질적인 수준도 INQ로 평가할 수 있다. 특정 식품에 함유된 비타민 E의 INQ가 1보다 클 경우 그 식품은 열량보다 비타민 E를 제공하는 식품이라고 할 수 있다.

$$\text{INQ} = \frac{\text{1,000kcal 섭취당 특정 영양소의 섭취량(\%)}}{\text{1,000kcal당 특정 영양소의 권장섭취량(\%)}}$$

(2) 영양소 밀도

영양소 밀도(nutrient density; ND)는 영양소의 질적 지수와 유사한 개념으로 섭취한 식품의 영양소 균형과 질적인 면을 알아낼 수 있다. 영양소 밀도가 1보다 큰 경우 열량에 비해 해당 영양소를 많이 섭취하고 있다고 할 수 있으며, 저열량식사(1,000~2,000kcal)를 계획하는 경우 영양소 밀도는 2 정도 되어야 한다.

$$\text{ND} = \frac{\text{1일 영양소 권장량에 대한 섭취량의 비}}{\text{에너지 권장량에 대한 에너지 섭취량의 비}}$$

(3) 평균 영양소 적정도

영양소 적정도(nutrient adequacy ratio; NAR)는 특정 영양소 권장량에 대한 섭취량의 비를 나타내는 것으로 권장량 이상을 섭취한 경우 1.0으로 해서 평균 영양소 적정도(mean adequacy ratio; MAR)를 구한다. 아래의 식을 바탕으로 영양소 적정도가 1 이상의 값을 갖는 영양소는 1로 하고 1 이하는 그대로 계산하여 모두 합산한 다음 영양소의 개수로 나누어 평균값을 구한다. 이 평가법은 전체 섭취한 영양소의 균형도를 알 수 있는 것으로 평균 영양소 적정도가 1.0이면 바람직하며 값이 낮아질수록 영양의 균형이 깨진 것으로 판단한다.

$$\text{영양소 적정도(NAR)} = \frac{\text{1일 평균 영양소 섭취량}}{\text{1일 영양소 권장섭취량}}$$

$$\text{평균 영양소 적정도(MAR)} = \frac{\text{각 영양소의 NAR의 합}}{\text{영양소의 개수}}$$

(4) 식사 다양성

식사 다양성(dietary variety score; DVS)은 대상자의 식사에서 식품의 종류가 다양한지 여부를 바탕으로 평가하는 방법이다. 식사에 다른 종류의 식품이 1개씩 첨가될 때마다 1점을 추가하는 방법이다. 동일한 식재료에 조리법이 달라진 것은 동일한 식품을 섭취하는 것으로 점수화하지 않는 방법이다.

(5) 식사 상이성

식사 상이성(dietary diversity score; DDS)은 2015년 한국인 영양섭취기준에 분류된 여섯 가지 식품군을 바탕으로 전체 식사의 질을 평가하는 방법이다. 여섯 가지 식품군이 대상자의 식사에 포함될 때마다 1점을 부여하고 최고점은 6점으로 하여 평가한다.

(6) 영양지수 조사지

개인 또는 집단의 영양상태와 식사의 질을 종합적으로 평가할 수 있는 한국영양학회 영양지수 연구팀에서 개발한 도구이다. 생애주기별로 미취학 어린이, 청소년, 성인, 노인의 특성에 맞게 개발된 도구로 식사의 질과 영양상태를 종합적으로 평가하여 점수화한 지표이다(부록 1~4).

미취학 어린이는 균형(채소반찬, 흰 우유, 콩 및 콩제품, 육류, 생선 섭취), 절제(가공육류, 패스트푸드, 과자 또는 달고 기름진 빵, 가공 음료 섭취), 환경(아침식사, 정해진 장소에서 식사, 바른 식생활, 손씻기, TV 시청)을 파악하고, 학령기 어린이, 청소년은 균형(과일, 우유 및 유제품, 생선, 콩 등의 섭취), 절제(라면, 과자, 달고 기름진 빵, 가당/카페인 음료 등의 섭취), 다양(다양한 채소류, 반찬 등 섭취), 실천(영양표시 확인, 운동, 손 씻기 등), 환경(아침식사, 정해진 장소에서 식사 집중)을 파악할 수 있다. 성인과 노인은 균형(과일, 우유 및 유제품, 물 등의 섭취), 다양(다양한 채소, 콩제품, 달걀, 생선, 조개류 등의 섭취 및 식사빈도, 혼자 식사 등), 절제(라면, 과자, 달고 기름진 빵, 가당 음료 등의 섭취), 식행동(건강한 식생활 노력, 치아 건강 유지, 손 씻기, 운동, 건강 관심 등)에 대하여 알 수 있다. 각 영역으로 구분하여 각 항목에 따라 점수화하여 판정기준 점수에 따라 양호, 모니터링 필요로 구분하여 대상자의 영양상태를 수정할 수 있도록 판단할 수 있는 지수이다.

표 3-19 판정기준

생애주기별	연령	문항수	평가영역	판정기준점수 (100점 만점)	판정등급
미취학어린이	만 3~5세	14	균형, 절제, 환경	65	• 기준점수 이상 → 양호 • 기준점수 미만 → 모니터링 필요
학령기어린이	만 6~11세	20	균형, 다양, 절제, 환경, 실천	73	
청소년	만 12~18세	19		63	
성인	만 19~64세	21	균형, 다양, 절제, 식행동	58	
노인	만 65세 이상	19		62	

NUTRITIONAL ASSESSMENT

4장

생화학적 조사

4장

생화학적 조사

1 생화학적 조사의 개요

생화학적 조사는 신체계측, 식사섭취조사, 임상증상조사와 같은 다른 영양판정 방법과 비교해 상대적으로 객관성이 높은 방법이다. 생화학적 조사는 신체계측에 의한 변화, 임상적인 징후나 증상보다 빠르게 영양 부족이나 과잉을 평가할 수 있는 방법으로 생화학적 조사 중 일부 검사들은 식사섭취조사와 함께 사용할 경우 최근 식이섭취에 대한 유용한 자료로 이용할 수 있다.

생화학적 검사는 성분검사와 기능검사 두 가지로 나눌 수 있는데, 성분검사는 혈액, 소변, 조직의 영양소 또는 영양소의 대사물 등을 측정하여 영양 과잉이나 부족 등의 개인의 전반적인 영양상태를 판정할 수 있다. 기능검사는 영양소가 관여하는 생리적인 기능에 대한 검사로, 기능 저하 등을 통해 영양소 부족의 영양상태를 판정할 수 있다.

생화학적 검사는 다른 영양판정 방법들보다 민감도가 높으며, 식사섭취조사 등의 타당도를 검증하는 데 활용할 수 있고, 영양상태 측정과 관리에 중요한 역할을 한다.

그러나 함께 발생할 수 있는 문제점이 있는 것이 한계이다. 특히, 측정치에 영향을 미칠 수 있는 비영양학적 요소들이 많으며, 일부 검사 방법은 특정 영양소 결핍을 알 수 있는 특이성이 부족하여 식사섭취조사, 신체계측, 임상조사와 함께 조사하여 정확도를 높여야 한다. 또한, 다른 조사방법에 비해 다양한 측정 도구와 기술을 필요로 하며 비용과 시간이 많이 소요되는 단점이 있다.

2 검사시료와 검사유형

1) 검사시료

영양상태 판정을 위해 가장 많이 사용하는 생화학적 검사 시료는 혈액과 소변이며 그 밖에도 대변, 머리카락, 체모, 손톱, 골수, 조직 등이 사용된다.

(1) 혈액

혈액은 생화학적 검사를 위해 사용되는 시료 중 가장 많이 사용된다. 혈액은 심장에서 동맥, 모세혈관, 정맥을 순환하며 비중이 1.048~1.066 정도 되는 액체로 성인 체중의 약 1/13(6~8%)을 차지한다. 혈액은 혈구(corpuscle)와 혈장(plasma)으로 구성된다. 혈구는 적혈구, 중성구, 호산구, 호염기구, 림프구, 단핵구, 혈소판으로 이루어졌고 혈장에는 단백질과 효소, 포도당, 지질, 비타민, 무기질, 이온 등이 포함된다. 혈구는 전체 혈액의 45%를 구성하며, 액체로 이루어진 혈장은 55%를 차지한다. 혈액은 목적에 따라 전혈(whole blood), 혈청(serum), 혈장, 백혈구, 적혈구 등을 사용할 수 있다.

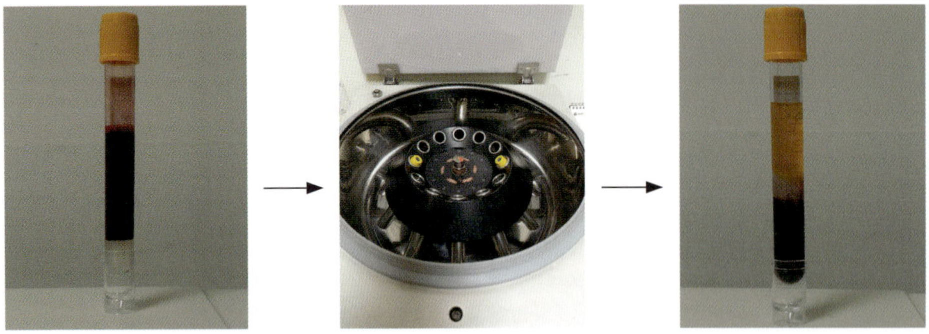

전혈　　원심분리　　혈구와 혈장

| 그림 4-1 | 전혈과 혈구, 혈장

EDTA, 헤파린, 시트르산 등과 같은 항응고제(anticoagulant)를 첨가한 전혈(whole blood)을 원심분리하면 [그림 4-2]와 같이 비중의 차이에 의해 고체인 세포성분과 액체성분으로 분리된다. 위층은 담황색 액체인 혈장(plasma)이고, 아래층은 비중이 가장 큰 적혈구이며, 중간의 크림색 층에는 혈소판과 백혈구가 모여 있다. 채혈한 혈액에 항응고제를 첨가하지 않고 시험관에 넣고 방치하면 혈액은 응고되면서 유동성이 없어지고 시간이 지나면서 섬유소망과 혈구들이 엉켜 응고된 부분과 담황색의 액체로 분리된다. 여기서 응고된 덩어리를 혈병(blood clot)이라 하고 액체를 혈청(serum)이라고 한다. 혈액의 응고는 혈장성분 중 섬유소원(fibrinogen)이 겔(gel)로 변하여 불용성의 섬유소(fibrin)로 전환된 상태이며 혈청은 혈장에서 섬유소원이 제거된 것이다.

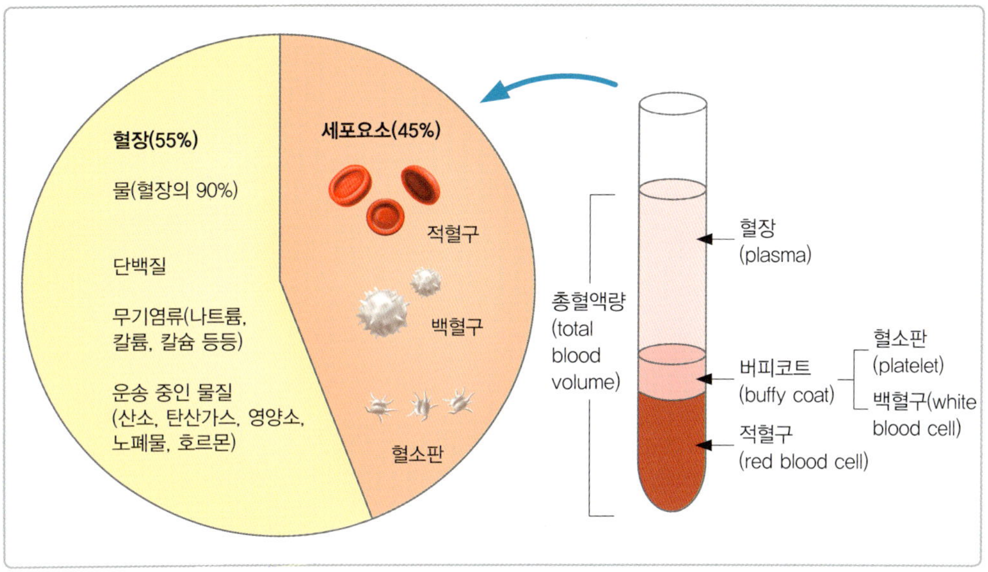

| 그림 4-2 | 혈액조성

① 혈구

㉠ 혈구의 종류

혈구의 종류는 적혈구(red blood cell, erythrocyte), 백혈구(white blood cell, leukocyte), 혈소판(platelet, thrombocyte)으로 분류할 수 있으며, 백혈구는 과립백혈구(granulocyte)와 무과립백혈구(agranulocyte)로, 과립백혈구는 중성구(neutrophil), 호산구(eosinophil), 호염기구(basophil)로 나뉘고, 무과립백혈구는 림프구(lymphocyte)와 단핵구(monocyte)로 나누는데, 림프구는 성숙 장소와 기능에 따라 T-림프구와 B-림프구로 분류한다. 혈액에는 이 세포들이 출생 직후 가장 많은 수를 나타냈다가 연령과 성별, 병적(diseases)인 상태에 따라 분포와 수가 변한다.

㉡ 혈구의 기본구조

혈구의 기본구조는 일반적인 세포와 마찬가지로 핵과 세포질, 세포막으로 되어 있는데, 적혈구와 혈소판은 핵이 없다.

- **형질막**(plasma membrane) : 인지질, 당지질 및 중성지질 등의 지질과 단백질의 복합체로 되어 있고, 주위 환경과 세포 내외를 분리하고 구분 짓는 막

- **세포질**(cytoplasm) : 핵과 형질막 사이에 있는 반유동체물질로 세포질 소기관들(organelles)이 있고 화학반응이 일어나는 장소
- **리보솜**(ribosome) : 1~10개 정도의 소립자가 모인 구상과립으로 단백질의 합성 장소
- **골지기관**(golgi apparatus) : 리보솜에서 합성된 단백질을 저장, 구분, 농축하는 세포기관
- **중심체**(centrosome) : 유사분열 시 4개로 분열하고 양극으로 분리되어 염색체 이동의 중심을 이룸
- **사립체**(mitochondria) : 내부에 주름이 잡힌 모양이며 ATP를 합성함
- **거친세포질그물**(rough endoplasmic reticulum) : 표면에 리보솜이 부착되어 있는 것으로 리보솜에서 합성한 단백질을 운반하는 통로 역할
- **활면세포질그물**(smooth endoplasmic reticulum) : 표면에 리보솜이 부착되어 있지 않은 것으로 지질의 합성이나 이온의 능동수송에 관여함
- **리소좀**(lysosome) : 골지기관의 한 부분이 떨어져 나오면서 형성된 것으로 가수분해효소를 함유하고 있어 세포 내 소화기관의 역할을 함
- **핵**(nucleus) : 혈구 중에 핵을 갖고 있는 세포는 백혈구뿐으로 DNA로 구성된 염색질(chromatin)을 가지고 있어 단백질을 합성하도록 함

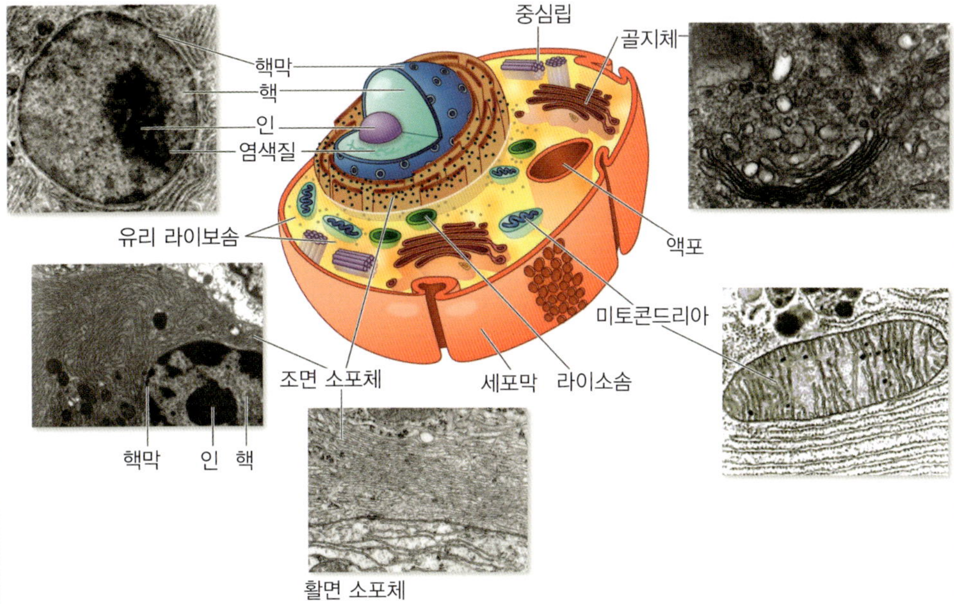

| 그림 4-3 | 혈구의 기본 구조

② 혈장

혈장(plasma)은 92% 정도의 수분, 약 8% 정도의 단백질로 구성되며 그 외 탄수화물, 지질, 비타민류(비타민 B_{12}와 엽산), 전해질(Na^+, K^+, Ca^{2+} 등)과 미량의 무기질(Mg, Cu, Fe, P)로 구성되어 있다. 혈장이 담황색으로 보이는 이유는 적혈구의 파괴로 생긴 빌리루빈(bilirubin) 때문이다. 혈장단백질은 알부민(60%), 글로불린(α_1, α_2, β, γ)과 섬유소원(4%)으로 나누어진다. γ-글로불린에는 항체활성을 갖는 IgG, IgA, IgM, IgD, IgE를 포함하는 5종의 면역글로불린(immunoglobulin) 외에 미량의 효소, 호르몬, 특수 단백질로 철과 결합하는 트랜스페린(transferrin), 혈색소와 결합하는 합토글로빈(haptoglobin), 적혈구의 분화 성숙을 촉진하는 호르몬인 적혈구형성인자(erythropoietin) 등이 있다.

- **합토글로빈(haptoglobin)** : 헤모글로빈과 결합하는 당단백질. 염증 질환 시 증가하고 용혈 시 감소함

③ 혈액기능

혈액을 구성하는 성분들은 생명을 유지하기 위한 고유의 기능(blood function)들을 수행하고 있으며, 정상 성인의 전체 혈액량은 4.5~5L이다.

㉠ 물질이동

- **가스운반** : 적혈구 내 헤모글로빈은 내호흡기능을 한다. 호흡을 통해 흡입된 산소는 폐포(alveolus)에 도달하고 폐포 내 모세혈관 속의 적혈구 내로 확산되어 운반된다. 폐모세혈관과 폐포사이의 산소는 모세혈관 안으로 확산되고 이산화탄소는 분압 차이에 의해 교환이 이루어진다. 호흡을 통해 1분당 약 250mL의 산소가 흡입되고, 200mL 정도의 이산화탄소가 배출된다.

폐에서	pO_2 → 100mmHg	pCO_2 → 40mmHg
조직에서	pO_2 → 40mmHg	pCO_2 → 46mmHg

- **영양물질 운반** : 소장점막에서 흡수된 탄수화물, 지방, 비타민, 무기질 등의 영양물질들은 문맥정맥을 거쳐 간으로 운반된 후 간에 저장되거나 혈액을 통해 조직이나 장기로 운반된다.
- **호르몬 운반** : 내분비기관에서 생성되어 분비된 호르몬은 혈액을 통해 전신으로 운반되어 호르몬 특유의 생리적인 기능을 조절한다.
- **노폐물 운반** : 각 조직에서 생성된 요소, 요산, 암모니아 등의 대사산물은 간에서 배설되기 쉬운 형태로 분해된 후 신장이나 담도, 피부를 통해 체외로 배설된다.

㉡ 생체방어

- **이물질 제거** : 주로 백혈구에 의한 기능으로 체내로 침입한 병원체가 체내로 들어왔을 때 생체이물질로 인식하여 포식 후 분해해 제거한다.
- **지혈**(hemostasis) : 혈관이 손상되면 혈소판은 손상된 혈관벽에 달라붙고 혈액응고인자들이 연쇄적으로 활성화되어 혈액이 응고되어 지혈된다.

㉢ 내부환경의 유지

- **삼투압 유지** : 혈장단백질인 알부민과 염분이 혈장삼투압(290mOsm/L)을 일정하게 유지한다.
- **pH 유지** : 혈액의 pH는 7.4(±0.05)로 약알칼리성이며 단백질 및 전해질 등의 완충작용에 의하여 일정하게 유지된다.
- **체온 조절** : 혈액 내 수분은 열을 전도하여 신체부위에 따라 온도차이가 생기면 혈액을 통해 열을 이동시켜 체온을 일정(약 36.5℃)하게 유지한다.

㉣ 혈액생성과 파괴(production and destruction of blood)

- **혈구 생성** : 혈구의 생성은 줄기세포(stem cell)와 조혈자극인자(hematopoietic stimulating factor)에 의해서 ① 분화(differentiation), ② 분열(mitosis), 증식(proliferation), ③ 성숙(maturation) 과정을 거쳐 생성된다.
- **혈구 파괴** : 수명이 다한 노화된 혈구는 주로 지라나 간 등에서 파괴된다.

(2) 소변

소변은 주로 최근에 섭취한 식사에 적용할 수 있으며, 수용성 비타민과 무기질의 영양상태 및 신장의 기능 등을 판정하기 위해 사용된다. 영양상태 판정을 위해서는 주로 24시간 소변을 분석하는 것이 가장 적합하다. 현실적으로 24시간 소변을 수집하기 어렵기 때문에 6시간 소변이나 수시로 채취한 소변을 시료로 사용하기도 한다.

소변에서는 크레아티닌을 측정하는데, 소변으로 배설되는 1일 크레아티닌의 양은 근육량에 비례하여 일정하다.

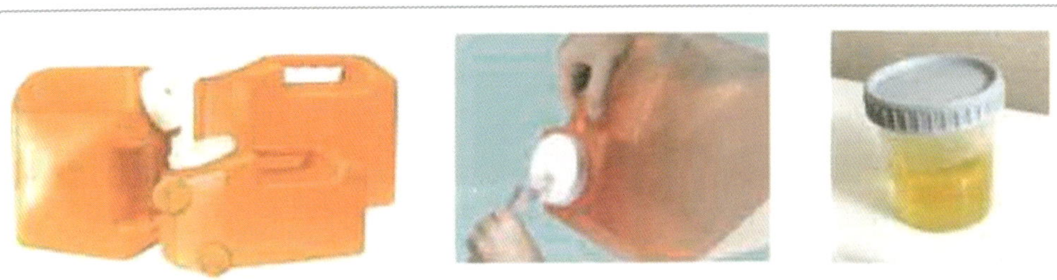

| 그림 4-4 | 소변의 수거

(3) 대변

대변은 단백질 영양상태, 무기질 및 섬유소의 영양상태를 분석할 때 사용한다. 단백질 영양상태 판정을 위해서는 질소 배설량을 측정한다.

(4) 기타

혈액, 소변, 대변 외에 머리카락, 타액, 정액 등은 주로 특정 무기질의 영양상태를 조사하기 위하여 사용하며, 손톱, 조직 등도 사용된다.

2) 생화학적 검사 유형

생화학적 검사는 크게 성분검사(static test)와 기능검사(functional test)로 나눌 수 있다. 성분검사는 조사하고자 하는 영양소나 그 대사물을 측정하는 것으로 직접검사법이라고도 한다. 기능검사는 영양소의 기능을 측정하는 방법이다.

생화학적 검사 결과에 영향을 미치는 영양 외적 요인

- 신체적 요인
  - 성별, 연령, 인종
  - 운동
  - 주야의 변화
  - 약물 복용
  - 질병 및 감염
  - 스트레스
  - 용혈
  - 체중감소
  - 호르몬 상태
- 방법적 요인
  - 시료 수집방법
  - 분석방법의 타당성
  - 측정의 정확도

(1) 직접검사법

혈액이나 조직에서 단백질, 혈장 알부민, 지질, 칼슘, 비타민 A, 비타민 E 등의 농도를 측정하거나 소변에서 비타민 B군과 그 대사물, 비타민 C, 질소 배설을 측정하는 것 등이 직접검사에 해당한다. 이 방법은 간단히 측정할 수 있는 장점이 있다.

(2) 기능검사법

기능검사법은 영양소가 결핍되면 생리기능에 이상이 생기는 것에 착안한 방법으로 비타민 A의 영양상태 판정에 암적응 시험법을 사용하거나 비타민 B_6 영양상태 판정에 트립토판 투여 후 소변 중에 그 대사물인 크산튜레닌산(xanthurenic acid)을 조사하든지, 단백질–에너지 결핍(protein–energy malnutrition; PEM)에 대해 면역능을 조사하는 것 등이다. 그 밖에 영양소와 관련된 효소활성을 측정하는 것도 기능검사법이다. 그러나 한계점으로 조사하는 기능에 여러 영양소가 관련되었을 경우, 어떤 영양소에 의한 것인지 판정하기가 어렵고 영양소의 결핍에 의한 것이 아니라 질병에 의해 기능 이상이 생길 수도 있다. 따라서 이러한 한계점을 보완하기 위해 체내 영양소 함량을 측정하는 직접검사법과 병행하는 것이 좋다.

표 4-1 기능검사 유형

검사 유형	예시
혈액이나 소변의 비정상적 대사산물 측정	• 비타민 B_6 결핍 – 소변의 크산튜레닌산의 배설 증가
효소의 활성도 측정 및 혈액 구성성분	• 티아민 – 적혈구 트랜스키톨라제 활성도 • 리보플라빈 – 적혈구 글루타치온 환원 효소 활성도 • 철 – 헤모글로빈 측정
생체 내 기능에 대한 생체외 검사	• 열량 단백질 결핍 – 면역기능 검사 • 비타민 E 결핍 – 적혈구 용혈 검사 • 엽산 및 비타민 B_{12} 결핍 – 디옥시–유리딘 억제 시험
부하검사 및 반응유도 검사	• 비타민 B_6 – 트립토판 부하검사 • 엽산 – 히스티딘 부하검사 • 아연 결핍, 열량 단백질 부족 – 피부과민반응 능력 검사
자발적 인체의 반응검사	• 비타민 A 결핍 – 암적응검사 • 아연 결핍 – 맛에 대한 미뢰의 감각기능 조사
성장 및 발달 정도	• 아연 영양상태 – 성적 성숙도 측정 • 어린이 열량, 단백질 영양 – 성장속도 측정

3 영양소별 생화학적 조사방법

1) 단백질

단백질 부족은 많은 개발도상국가에서 빈번히 발생하는 영양문제이다. 단백질과 함께 에너지 부족이 병행하는 경우를 PEM이라 한다. PEM은 높은 영아 사망률, 아동의 성장 부진과 관련되며 선진국에서도 입원환자의 절반 정도가 PEM을 나타낸다. 환자의 경우 외상, 감염, 화상, 수술 등에 의해 대사가 항진되고 상처의 회복을 위해 열량이나 단백질의 요구량이 증가하는데 섭취가 이를 따르지 못하면 PEM이 발생하게 된다. 그 밖에도 PEM은 골절, 류머티즘, 암, 후천성 면역결핍증(AIDS) 환자에게서도 나타난다. 단백질의 영양상태 판정은 PEM의 예방과 치료에 중요하다.

(1) 혈청 단백질

혈청 단백질은 단백질 영양상태를 판정하는 가장 일반적인 방법으로 측정 방법이 간단하고 정확도가 높다. 단백질 영양상태 판정에 많이 사용되는 혈청 단백질의 종류와 특성은 [표 4-2]와 같다.

혈청 단백질 중 반감기가 짧으면 최근의 섭취상태 판정에 사용하며 반감기가 긴 것은 장기간의 단백질 섭취상태를 판정한다. 반감기가 짧은 프리알부민과 레티놀 결합단백질이 감소하면 최근에 단백질 섭취 부족을 의미하고 반감기가 긴 알부민이 감소하면 장기간 단백질 섭취 부족을 의미한다. 성인의 단백질 영양상태 판정을 위한 기준치는 [표 4-3]과 같다.

표 4-2 단백질 영양판정에 사용되는혈청 단백질의 종류와 특성

혈청 단백질	반감기	기능
알부민	18~20일	혈장 삼투압 유지 및 운반체
트랜스페린	8~9일	철 이동

프리알부민	2~3일	티록신 결합
레티놀 결합단백질	12시간	비타민 A 운반
유사인슐린성장인자	2~6시간	지방과 근육, 연골에서 물질 합성에 필요
피브로넥틴	4~24시간	주로 조직에서 작용, 백혈구 활동 증가와 상처회복

표 4-3 단백질 영양상태 판정을 위한 기준치(성인)

평가지표	단백질 영양상태		
	정상	경계	결핍
총단백질(g/dl)	>6.5	5.5~5.9	<5.5
알부민(g/dl)	4.5(3.5~5.0)	2.8~3.4	<2.8
트랜스페린(mg/dl)	230(260~430)	100~200	<100
레티놀 결합단백질(mg/dl)	3.7(2.6~7.6)	–	–
티록신 결합 프리 알부민(mg/dl)	30(20~40)	5~15	<5

① 총단백질

혈청 총단백질(total serum protein)은 측정이 간편하며 정확도가 높고 장기간 단백질 섭취 부족 시에 그 수준이 감소하므로 민감도가 낮다.

② 알부민

알부민(albumin)은 혈청 단백질의 50% 이상을 차지하며 측정이 쉬워 단백질 영양판정에 가장 많이 활용된다. 또한, 단백질 영양상태가 좋아지는지 추적하는 데 사용되는 방법이다. 알부민은 반감기가 길고 체내 보유량이 많아 PEM으로 혈청 알부민 농도가 감소하면 혈액 외에 존재하던 알부민이 혈액으로 이동하여 혈청 농도를 유지하기 때문에 초기 단백질 섭취 불량에서는 판정이 어려운 것이 한계이다.

혈청 알부민 농도는 단백질 섭취 부족 외에도 여러 가지 원인에 의하여 영향을 받는다.

혈청 알부민 농도에 영향을 미치는 요인

- 단백질 섭취 부족
- 아연 결핍
- 외상, 패혈증, 수술, 화상 등에 의한 대사변화
- 신장질환에 의한 단백질 손실
- 간질환, 갑상선 기능저하에 의한 단백질 합성감소
- 임신, 약물복용, 격심한 운동 등

③ 트랜스페린

혈청 트랜스페린은 철을 운반하는 베타-글로불린(β-globulin)으로 반감기가 8~9일로 짧고 체내 저장량이 적어 민감한 지표이다. 콰시오커(kwashiorkor), 마라스무스(marasmus) 아동의 영양상태 판정에 정확하다. 혈청 트랜스페린은 만성 감염, 외상, 신장염, 수술 등에 의하여 감소되고, 임신, 에스트로겐 투여, 급성 간염 등으로 증가된다.

④ 프리알부민

프리알부민은 레티놀 결합 단백질(retinol-binding protein; RBP)을 운반하며 갑상선호르몬 결합 단백질, transthyretin으로도 알려져 있다. 간질환, 상처, 염증, 갑상선 기능 항진, 수술 등 대사율이 높아지면 감소하고, 신장투석 환자에서는 증가하는 경향이 있다.

⑤ 레티놀 결합 단백질

레티놀 결합 단백질은 프리알부민과 함께 레티놀의 운반체이다. RBP는 프리알부민과 유사한 특성을 가지고 있는데, PEM일 때 즉시 감소하지만 단백질이 부족해도 열량만 충족되면 곧 회복될 수 있다. 신장에서 대사가 되어 신장질환 시 혈청에서 RBP가 증가되며, 비타민 A 결핍이나 갑상선 기능 항진증 등에서 감소한다.

⑥ 유사인슐린 성장인자-1

유사인슐린 성장인자-1(insulin-like growth factor; IGF-1)은 PEM 환자에게 단백질을 보충할 때 알부민, 트랜스페린, 프리알부민, 레티놀 결합 단백질보다 더 민감하게 변화한다.

⑦ 피브로넥틴

혈청 피브로넥틴은 다른 혈청 단백질과 다르게 여러 조직에서 유래하므로 체조직의 단백질 영양상태를 전반적으로 잘 반영한다.

(2) 요 크레아티닌

체내의 크레아티닌은 대부분 근육에 존재하면서 근육세포 에너지 대사에 관여하며 소변으로 배설된다. 소변으로 배설되는 과정은 아래와 같다.

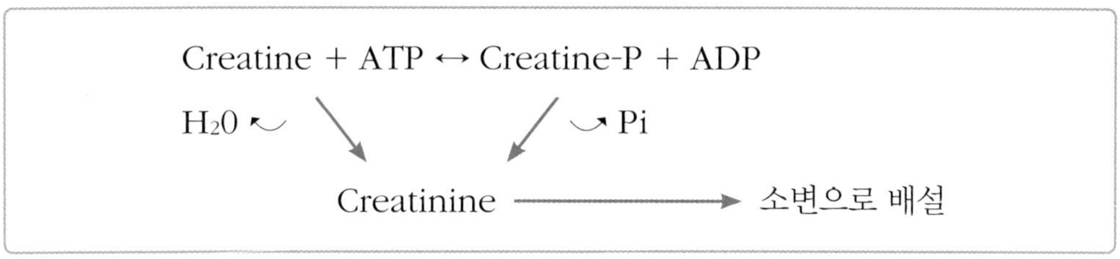

크레아티닌의 생성량과 배설량은 근육량에 비례하며, 근육의 주성분인 근육단백질은 체단백질의 약 1/4 정도를 차지한다. 따라서 요로 배설되는 크레아티닌의 양을 측정하여 단백질 영양상태를 평가할 수 있다. 그러나 크레아티닌 배설량에 영향을 미치는 요인이 있는데 이는 [표 4-4]와 같다.

표 4-4 크레아티닌 배설량에 영향을 미치는 요인

증가시키는 요인	감소시키는 요인
• 격심한 운동 • 육식 및 단백질 섭취증가 • 감염, 발열, 외상	• 월경 중과 월경 직전 • 나이 증가 • 만성 신부전증

성인의 신장에 따른 24시간 요의 크레아티닌 배설기준치가 표준체중에 따라 설정되어 있어 단백질 영양상태 판정에 이용할 수 있다(표 4-5). 일반적으로 성인의 체중당 크레아티닌의 배설량은 남자는 약 23mg/kg, 여자는 약 18mg/kg이다. 그러나 크레아티닌 배설량보다 크레아티닌-신장 지수(creatinine-height index; CHI)를 더 많이 사용한다. 크레아티닌-신장 지수의 산출방법과 이에 따른 단백질 영양상태 판정기준은 아래와 같다.

$$\text{CHI}(\%) = \frac{\text{자신의 24시간 요 크레아티닌 배설량}}{\text{자신의 신장에 해당하는 크레아티닌 배설 기준치}} \times 100$$

60~80% 단백질 영양상태 : 약간 부족
40~60% 중간 정도 부족
40% 미만 결핍

표 4-5 표준체중인 성인 남녀의 신장에 따른 24시간 요의 크레아티닌 배설기준치

남자		여자	
신장(cm)	Creatinine(mg)	신장(cm)	Creatinine(mg)
157.5	1,288	147.3	830
160.0	1,325	149.9	851
162.6	1,359	152.4	875
165.1	1,386	154.9	900
167.6	1,426	157.5	925

170.2	1,467	160.0	949
172.7	1,513	162.6	977
175.3	1,555	165.1	1,006
177.8	1,596	167.6	1,044
180.3	1,642	170.2	1,076
182.9	1,691	172.7	1,109
185.4	1,739	175.3	1,141
188.0	1,785	177.8	1,174
190.5	1,831	180.3	1,206
193.0	1,891	182.9	1,240

(3) 질소 균형

건강한 성인은 섭취한 질소와 배설한 질소가 균형을 이룬다. 이것을 질소 균형 또는 질소 평형이라고 한다. 성장기 아동, 외상, 수술이나 질병으로부터 회복될 때 보통 양(+)의 질소 평형이 되며, 반대로 단백질 섭취 부족이나 감염, 외상, 수술, 암 등 건강에 문제가 있을 때 음(−)의 질소 평형이 된다.

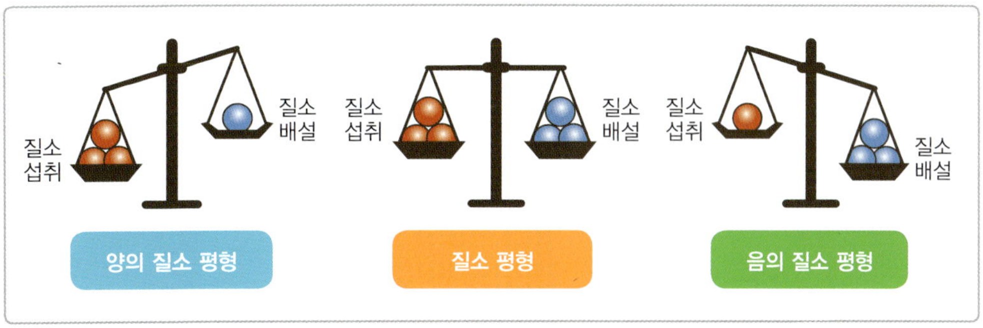

질소 평형은 24시간 동안 단백질 섭취량과 질소 배설량을 측정하여 구한다. 총질소 배설량의 85~90%가 소변의 요소 질소량(UUN: urinary urea nitrogen)이므로 여기에 포함되지 않은 10~15% 배설량인 피부, 대변, 땀 등으로 배설되는 질소의 총량을 평균적으로 4g으로 간주하여 계산한다. 질소 평형 계산식은 아래와 같다.

$$질소\ 평형(g) = \frac{단백질\ 섭취량(g)}{6.25} - 소변\ 요소\ 질소량(g) - 4g$$

이 방법은 다음의 사항을 확인하여야 한다.

- 단백질 섭취가 정확히 측정되었는지
- 화상, 설사, 구토 등으로 소변 외 질소 배설이 급격히 증가되었는지

(4) 면역능

영양결핍은 면역능을 감소시키고, 이는 감염, 염증 등을 발생시키며 이 증상은 다시 영양상태를 악화시킨다. 면역반응의 변화는 영양결핍 초기에도 나타나므로 영양상태 판정에 유용한 기능지표이다.

① 총림프구 수

총림프구 수(total lymphocyte count; TLC)는 혈액에서 백혈구(white blood cell; WBC)의 총수와 림프구의 백분율을 이용하여 아래 식과 같이 구한다.

$$TLC = \frac{lymphocyte의\ 백분율(\%) \times WBC수(cells/mm^3)}{100}$$

1,200~1,800 단백질 영양상태 :	약간 부족
800~1,199	중간 정도 부족
800 미만	결핍

TLC가 감소하는 원인은 다음과 같다.

- 영양부족
- 암, 염증, 감염, 스트레스
- 스테로이드, 항암제, 면역억제제 복용

② 지연형 피부과민반응

지연형 피부과민반응 시험법(delayed cutaneous hypersensitivity)은 적은 양의 항원을 피부에 주사한 후 나타나는 반응을 관찰하는 방법으로 세포면역성 과민반응이라고도 한다. PEM, 비타민 B_6, 비타민 A, 아연, 철 등이 부족하면 지연형 피부과민반응 정도가 감소하며, 항원의 종류, 투여방법, 나이, 생리적 상태, 항원의 노출 여부, 약물 복용, 질병상태 등에 의하여 지연형 피부과민반응 정도가 달라진다.

2) 지질

지질은 탄소(C), 산소(O), 수소(H)로 구성되며, 탄수화물, 단백질(4kcal/g)보다 많은 열량(9kcal/g)을 내는 에너지 공급원으로 생리 기능을 조절하고, 신체 구성에 필수적인 영양소이다. 이 밖에도 지질의 인체 내에서의 기능은 다음과 같다.

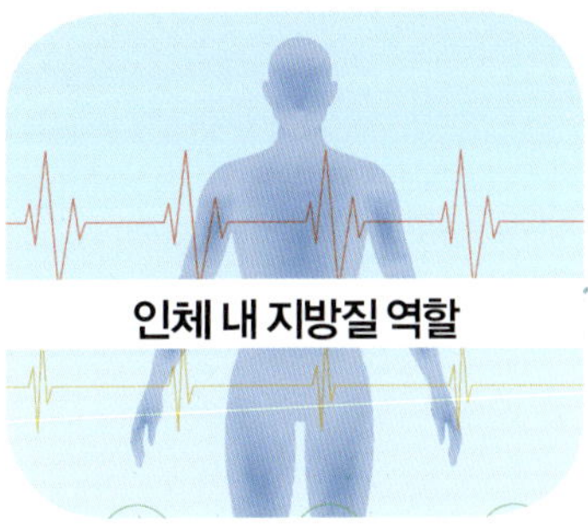

- 에너지원
- 에너지 저장
- 장기보호
- 절연 역할
- 세포막 구성
- 필수 지방산 공급
- 생체 중요 성분으로 전환

(1) 혈청 중성지질

중성지질(tryglyceride; TG)은 글리세롤 1분자와 지방산 3분자가 에스테르 결합을 하고 있고, 음식물에 함유된 지질의 약 95%를 차지하며, 피하에 저장하는 형태이다. 중성지질을 구성하는 지방산은 포화 지방산과 불포화 지방산으로 구분한다. 포화 지방산은 탄소가 단일 결합을 하고 있고 상온에서 고체 상태인 동물성 지방(버터, 돼지기름)에 많다. 과다 섭취 시 혈액 내 콜레스테롤 농도가 높아져 심장질환, 동맥경화,

고혈압을 유발할 수 있다. 반면 불포화 지방산은 이중 결합이 하나 이상 존재하는 지방산으로 상온에서 액체 상태인 식물성 기름(콩기름, 올리브유, 참기름)과 생선 기름(참치, 연어, 고등어)에 많다. 불포화 지방산을 섭취하면 콜레스테롤 수치를 낮춰서 심장질환을 예방할 수 있다. 혈액 내 중성지방의 적정 기준치는 150mg/dL 미만이고, 200mg/dL 이상이면 고지혈증으로 판정된다.

표 4-6 한국인의 이상지질혈증 진단 기준

분류	경계	mg/dL
총콜레스테롤	높음	≥240
	경계	200~239
	적정	<200
LDL 콜레스테롤	매우 높음	≥190
	높음	160~189
	경계	130~159
	정상	100~129
	적정	<100
HDL 콜레스테롤	높음	≥60
	낮음	≤40
중성지방	매우 높음	≥500
	높음	200~499
	경계	150~199
	적정	<150

(2) 혈청 콜레스테롤

① 총콜레스테롤

총콜레스테롤(total cholesterol; TC)은 일반적으로 저밀도지질단백질(LDL)과 고밀도지질단백질(HDL) 그리고 중성지방(neutral fat)의 수치를 합산한 수치로 혈중 단위는 mg/dL이다. 총콜레스테롤의 기준치는 정상 성인의 경우 200mg/dL 이하이며, 240mg/dL 이상이면 고콜레스테롤혈증으로 분류하고 콜레스테롤 함량이 높은 식품인 달걀, 난황, 새우, 오징어, 뇌, 내장 등의 섭취를 제한하여야 한다.

② LDL

저밀도지질단백질(low-density lipoprotein; LDL)은 조직에 콜레스테롤을 축적하여 동맥경화 등을 유발하므로 나쁜 콜레스테롤이라고 불린다. LDL의 정상 기준치는 130mg/dL 미만이다.

③ HDL

고밀도지질단백질(high density lipoprotein; HDL)은 조직에 축적된 콜레스테롤을 간으로 운반하여 조직에서 콜레스테롤을 감소시키는 역할을 하므로 좋은 콜레스테롤이라 불린다. HDL의 정상 기준치는 40mg/dL 이상이다.

3) 무기질

(1) 철

철 결핍은 흔한 영양문제이며 철 결핍이 지속되면 빈혈이 된다. 특히, 철 요구량이 큰 여자 청소년이나 임산부는 철이 충분히 공급되지 못하면 결핍이 쉽게 발생한다. 그 외에도 수혈이 필요한 사람, 월경량이 많은 여성, 이유 시기가 늦은 영아, 아스피린 상습복용자, 장출혈자 등은 철 결핍이 생기기 쉽다. 철이 결핍되면 집중력 저하, 작업수행력 감소, 체온조절능 감소, 행동이나 지적능력 감소 등이 나타난다. 또한, 납중독이 쉽게 나타나고 감염이 쉽게 일어난다.

빈혈은 헤모글로빈의 농도가 낮은 상태로 증상에 따라 소혈구성(microcytic), 대혈구성(macrocytic), 저혈색소성(hypochromic)으로 분류한다. 빈혈의 특성은 [표 4-7]과 같다. 빈혈에는 철 결핍에 의한 빈혈이 가장 흔하지만 감염이나 만성질환으로 발생하거나 엽산이나 비타민 B_{12} 부족으로도 발생하므로 어떤 영양소의 부족에 의한 빈혈인지 원인을 찾아 치료해야 한다.

표 4-7 빈혈의 종류와 특성

종류	특성
소혈구성(microcytic)	혈구평균용적(MCV) ≤ 80fL*
대혈구성(macrocytic)	혈구평균용적(MCV) ≥ 100fL
저혈색소성(hypochromic)	혈구당 헤모글로빈 농도(MCHC) ≤ 32g/100mL 혹은 혈구당 평균 헤모글로빈(MCH) ≤ 27pg

*$1fL = 10^{-12}mL$

① 체내 철 영양상태의 단계

체내 철 영양상태는 [그림 4-5]와 같이 다섯 단계로 나누며 각 단계마다 철 상태를 반영하는 물질들이 변화한다. 철의 상태는 과잉, 정상, 부족의 단계로 나누고, 부족의 단계는 결핍 1단계, 결핍 2단계, 결핍 3단계로 나눌 수 있다. 체내 저장철 고갈 진행 단계는 [그림 4-6]과 같다.

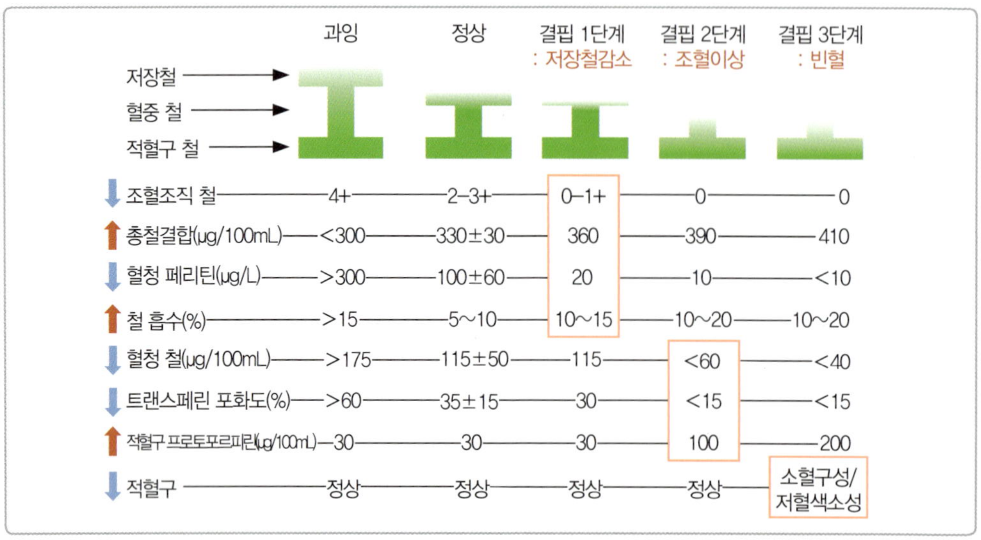

| 그림 4-5 | 체내 철 영양상태의 단계와 영양상태 지표의 변화

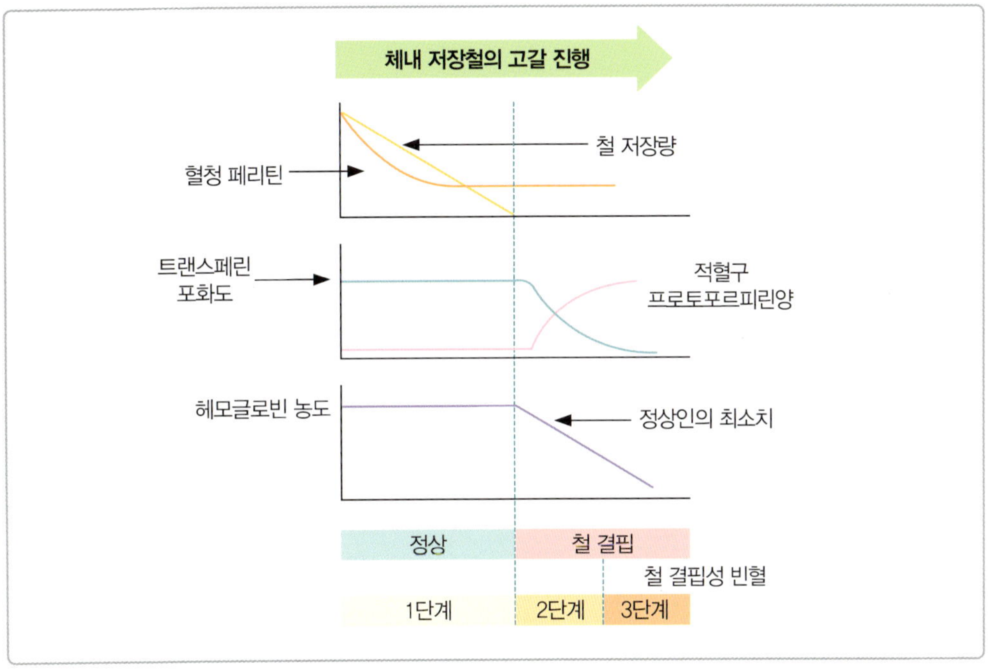

| 그림 4-6 | 철 결핍 진행단계에 따른 철 영양상태 판정지표의 변화

체내 철이 감소되는 첫 단계는 저장철의 감소로 이는 혈청 페리틴 수준을 감소시키며, 헤모글로빈 등 빈혈 관련 지수에는 변화를 주지 않는다. 두 번째 단계는 혈액에서 헤모글로빈, 조직에서 미오글로빈 및 체내에서 철을 함유하는 기능성분들의 수준이 낮아지고 적혈구 생산에 문제가 생기는 조혈 이상 상태를 말한다. 세 번째 단계는 빈혈증세(iron deficient anemia)가 나타나며, 혈청 페리틴, 트랜스페린 포화도, 헤모글로빈 등이 감소하고 적혈구 프로토포르피린 함량이 증가한다.

② 체내 철 영양상태의 지표

- **헤모글로빈** : 철 결핍성 빈혈 판정에 가장 많이 사용하는 지표로 [표 4-8]에 나타난 바와 같다. 혈액의 헤모글로빈 수치는 적혈구 수에 비례하고, 적혈구 내의 헤모글로빈 농도에 따라서도 달라진다. 정상인의 헤모글로빈 수치는 남자 14~18g/100mL, 여자 12~16g/100mL이다.

- **헤마토크릿** : 헤마토크릿(hematocrit)은 전혈에서 적혈구가 차지하는 용적비율로 헤마토크릿 수치는 적혈구 수에 비례하고, 적혈구의 크기에도 영향을 미친다. 정상 성인남자의 헤마토크릿치는 40~54%, 여자는 36~47%이다.

표 4-8 헤모글로빈과 헤마토크릿 판정 기준치

나이(세)	헤모글로빈(g/100mL)	헤마토크릿(%)
1.0~1.9	11.0	33
2.0~4.9	11.2	34
5.0~7.9	11.4	35
8.0~11.9	11.6	36
12.0~14.9(여자)	11.8	36
12.0~14.9(남자)	12.3	37
15.0~17.9(여자)	12.0	36
15.0~17.9(남자)	12.6	38
18 이상(여자)	12.0	36
17 이상(남자)	13.5	40
임신부		
임신 1기	11.0	33
임신 2기	10.5	32
임신 3기	11.0	33

- **혈청 철** : 혈액에 존재하는 철과 트랜스페린에 결합하여 이동하는 철을 의미한다.
- **총철결합능** : 총철결합능(total iron binding capacity; TIBC)은 혈청을 분리하고 과량의 철을 첨가하여 트랜스페린이 모두 철과 결합하게 만든 후 철의 총량을 구하여 알 수 있다.
- **트랜스페린 포화도(transferrin saturation)** : 혈청 내 트랜스페린이 철로 어느 정도 채워져 있는지를 나타내는 것으로 다음의 식으로 구한다.

$$\text{transferrin saturation (\%)} = \frac{\text{serum iron(μmol/L)}}{\text{TIBC(μmol/L)}}$$

혈청 철과 트랜스페린 포화도의 연령별 기준치는 [표 4-9]와 같다.

표 4-9 철 결핍 판정에 사용되는 생화학적 지표의 기준치(미국 2차 NHANES)

연령(세)	혈청 철 (μg/100mL)	트랜스페린 포화도(%)	혈청 페리틴 (μg/L)	적혈구 프로토포르피린 (μmol/L RBC)	평균 적혈구 용적 (MCV) (fL)
1~2	<30	<12		1.42	<73
3~4	<40	<14	<10	>1.33	<75
5~10	50<	<15	<10	>1.24	<76
11~14	<60(남), 40(여)	<16	<10	>1.24	<78
15~74	<40	<16	<12	>1.24	<80

- **혈청 페리틴** : 아포페리틴 단백질에 철이 결합되어 페리틴(ferritin)을 구성하며, 철을 저장하는 대표적인 물질이다. 페리틴은 간, 비장, 골수에 많으며 혈청에 약간 존재한다. 혈청 페리틴을 측정하는 것은 체내 저장철을 알아보는 좋은 방법이다. 혈청 페리틴은 영양 외적 요인인 염증, 감염, 외상, 만성질환, 간염, 암 등에서 증가한다.
- **적혈구 프로토포르피린** : 프로토포르피린(protoporphyrin)은 헴(heme)의 전구체로 철이 결핍되면 적혈구에 축적되어 증가한다. 영양 외적 요인으로 납중독에 의해 적혈구 프로토포르피린이 증가한다.
- **적혈구 지표** : 적혈구 지표로 적혈구의 평균용적(mean corpuscular volume; MCV), 적혈구의 헤모글로빈양(mean corpuscular hemoglobin; MCH), 적혈구의 헤모글로빈농도(mean corpuscular hemoglobin concentration; MCHC)가 있다. 철 결핍 시 이 지표들은 모두 낮아지며 다음 식과 같이 계산한다. MCV는 엽산,

비타민 B_{12}의 부족, 만성 간질환, 알코올중독, 항암제 등에 의해 증가할 수 있다.

MCV = 헤마토크릿/적혈구 수
MCH = 헤모글로빈/적혈구 수
MCHC = 헤모글로빈/헤마토크릿

(2) 칼슘

칼슘은 우리나라 사람들에게 유아부터 성인에 이르기까지 가장 부족한 영양소이다. 칼슘 부족은 골밀도를 감소시키며 특히, 폐경기 여성의 골다공증 위험을 감소시키기 위하여 중요하다. 그러나 혈청 칼슘 수준은 칼슘의 섭취와 무관하게 일정한 수준을 유지하기 때문에 생화학적 지표로 체내의 칼슘 상태를 판단하기는 어렵다. 또한 혈청 칼슘보다 소변 칼슘은 섭취에 빠르게 반응하지만 식이 외의 여러 요인에 영향을 받아 좋은 지표는 아니다.

① 혈청 칼슘

혈청 내에서 칼슘은 단백질과 결합한 형태, 이온화된 형태, 유기물과 복합체를 이룬 형태의 세 가지로 존재한다(표 4-10). 혈청 칼슘의 변화는 식이 섭취량과의 관계보다 대사이상 문제를 의미한다. 즉, 혈청 칼슘 수준이 9mg/100mL(2.3mmol/L) 이하인 저칼슘혈증(hypocalcemia)은 부갑상선 기능저하증, 신장병, 급성 췌장염 등에 의하여 나타나고, 혈청 칼슘 수준이 11mg/100mL(2.7mmol/L) 이상인 고칼슘혈증(hypercalcemia)은 부갑상선 기능항진증, 갑상선 기능항진증, 비타민 D의 과잉 섭취, 뼈에서의 칼슘 용출 증가, 신장에서 칼슘 재흡수 증가 등에 의하여 나타난다.

표 4-10 혈장과 요의 칼슘 정상치

		정상범위
혈장	총량(mg/100mL)	9~11(2.3~2.75mmol/L)
	이온화형	4.4~5.1(1.1~1.28mmol/L)
	복합체형	0.6~1.2(0.15~0.30mmol/L)
	단백질결합형	3.7~4.3(0.93~1.08mmol/L)
요	24시간 요(mmol/L)	
	남	4.55(1.25~10)
	여	6.22(1.25~12.5)
	공복 시 칼슘/크레아티닌	
	남	0.169±0.183
	여(폐경 후)	0.341±0.183

② 소변 칼슘

소변 칼슘은 식사 섭취량을 잘 반영하지만 다른 원인에 의하여 영향을 받는다. 고단백식사에 인 함량이 낮으면 소변 칼슘 배설이 증가하고 고단백식사에 인 함량이 높으면 칼슘 배설이 감소한다. 하루 중에서 아침에 소변 칼슘량이 높고 저녁에는 낮게 나타난다. 따라서 소변의 칼슘량을 조사할 때는 일정한 시간에 시료를 채취해야 한다.

③ 기타

뼈의 무기질량은 컴퓨터단층촬영(quantitative computed tomography), 이중 광자흡광도(dual photon absorptiometry), DEXA(dual energy x-ray absorptiometry) 등의 방법으로 측정하여 칼슘의 영양상태를 판정한다.

(3) 아연

아연은 체세포 내 여러 효소의 성분으로 단백질 합성, 상처 치유, 면역능, 조직의 성장과 유시 등의 대사과정과 관련이 깊다. 혈청 아연 함량은 일정한 수준을 유지하는 경향이 있어 아연 상태 판정에 좋은 지표는 아니며, 아연 결합 단백질인 메탈로티오네인과 혈청 아연을 함께 측정하여 종합적으로 판정하는 것이 좋다.

① 혈청 아연

혈청 아연으로 체내의 아연 영양상태를 정확히 파악하기는 어렵다. 혈청 아연이 정상 수준보다 낮아지면 뼈와 간의 아연 보유량 고갈을 의미한다. 혈청 아연의 정상범위는 74~130μg/100mL이다. 혈청 아연은 식후 감소하며 식전, 굶었을 때, 적혈구 용혈이 있을 때 증가한다.

② 소변 아연

아연이 결핍되면 소변의 아연 배설량이 감소하나 간경화, 간염, 겸상적혈구빈혈(sicle cell anemia), 수술, 정맥영양(total parenteral nutrition; TPN) 등도 영향을 줄 수 있다.

③ 메탈로티오네인

아연 및 구리와 결합하는 메탈로티오네인 함량은 아연 함량과 비례한다. 아연이 결핍되면 메탈로티오네인도 감소하고 아연을 보충하면 증가한다. 혈청 아연과 메탈로티오네인이 모두 낮을 때 아연 결핍을 의미한다.

④ 머리카락 아연

아연 섭취가 부족할 때 머리카락의 아연 함량이 감소하며 최소 몇 달간의 장기간 영양상태를 반영한다. 머리카락 아연은 질병상태, 머리카락 성장속도, 색깔, 성별, 임신 여부, 나이, 염색, 파마 등과 같은 영양 외적 요인들에 의해 함량에 영향을 받는다.

⑤ 기능시험법을 이용한 지표

아연 영양상태를 알 수 있는 기능지표는 아래와 같다. 이 기능지표들은 아연 외에 단백질, 열량 섭취와도 관련이 있다.

아연 상태와 관련된 기능시험 건

- 실험적 상처회복
- 체내 질소 보유
- 림프구 증식
- 적혈구의 아연 유입
- 정자 수
- 시력
- 아연 보충에 의한 성장회복
- 스펀지 이식 시 콜라겐 축적
- 지연형 피부과민 반응
- 혈소판 응집
- 암적응
- 미각 민감도

4) 지용성 비타민의 영양상태

(1) 비타민 A

비타민 A의 영양상태는 결핍(deficient), 부족(marginal), 충분(adequate), 과잉(excessive), 독성(toxic)의 5단계로 나눈다(그림 4-7). 결핍이나 독성 상태에서는 임상적 증상이 나타날 수 있으며, 생화학적 판정으로 부족, 적합, 과잉을 구별할 수 있다. 비타민 A의 생화학적 판정은 직접법과 기능시험법이 있다.

- **직접법** : 혈청, 유즙, 간의 비타민 A 수준을 측정
- **기능시험법** : 각막의 상피세포 검사, 암적응 시험

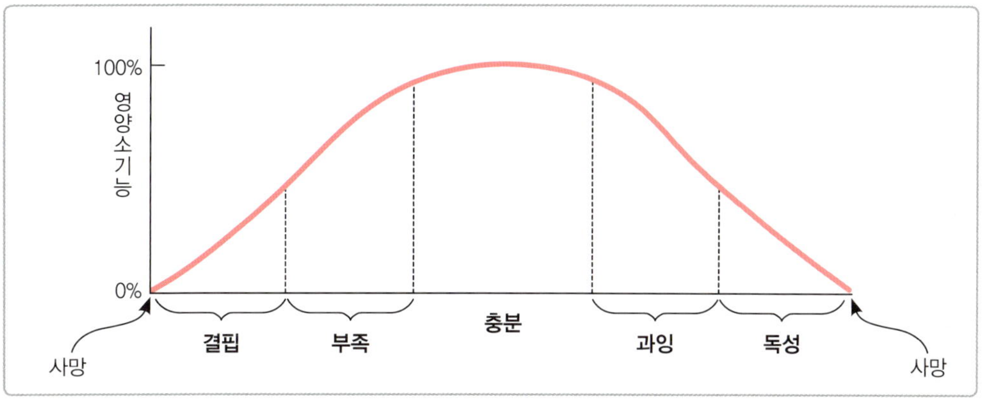

| 그림 4-7 | 비타민 A의 영양상태

① 혈청 비타민 A 수준

혈청 비타민 A 수준은 비타민 A 영양상태 판정에 일반적으로 사용하며 판정기준치는 [표 4-11]과 같다. 혈청 비타민 A 수준은 체내 저장량이 고갈되었을 때 변화를 나타낸다.

표 4-11 비타민 A 영양상태 판정을 위한 여러 생화학적 방법과 기준치

판정 지표	결핍	부족	충분	과잉	독성
혈청 비타민 A (μg/100mL)	>10	10~20	20~50	50~100	>100
간 비타민 A (μg/g)	>5	5~20	20~200	200~300	>300
투여반응도 (relative dose response)	>50	50~20	<20		
결막상피세포조사 (conjunctival impression cytology)	+	±	−	−	−
야맹증	+	±	−	−	−
안구건조증	+	−	−	−	−

② 투여반응률 시험

투여반응률 시험(relative dose response; RDR)은 비타민 A 영양판정에 많이 이용되며, 비타민 A 일정량을 경구로 투여한 후 혈장에서 비타민 A 수준의 증가 정도를 확인하는 시험방법이다. 이 방법은 체내 레티놀 함량이 낮으면 경구 투여 후 상승하여 5시간 후에 최고 수준되는 것에서 착안한 방법이다. 비타민 A의 투여반응률 시험 계산식은 다음과 같다.

$$\text{RDR}(\%) = \frac{\text{비타민 A 경구투여 5시간 후 혈장 retinol} - \text{투여 전 혈장 retinol}}{\text{비타민 A 경구투여 5시간 후 혈장 retinol}} \times 100$$

③ 결막 상피세포 조사

비타민 A의 결핍은 눈의 결막 상피에서 점액을 분비하는 goblet 세포의 수를 감소시켜 상피세포의 변형을 초래하는데, 결막 상피세포 조사(conjunctival impression cytology)는 결막의 형태학적 변화를 조사하여 비타민 A의 결핍을 판정하는 것이다. 결막 감염, 열량이나 단백질 결핍 시에도 결막의 형태가 변형될 수 있다.

④ 암적응 시험법

비타민 A의 가장 특이적인 기능이 암적응이다. 암적응을 조사하는 방법은 다음과 같다.

- 시자홍(rhodopsin)의 양이나 재생 속도 측정
- 밝은 빛에 노출 후 어두운 조명에서 사물을 알아보는 정도 측정

(2) 비타민 D

비타민 D는 칼슘과 인의 흡수와 뼈의 무기질 침착에 중요하다. 비타민 D는 식품으로 섭취하거나 자외선에 의해 피부에서 합성된다.

① 혈청 25-hydroxy vitamin D(25-OH-D) 농도

혈청 25-hydroxy vitamin D는 혈청에 존재하는 주된 형태로 비교적 반감기가 길고 간조직에 저장된다. 혈청 25-hydroxy vitamin D의 수준에 따른 비타민 D의 영양판정 기준치는 [표 4-12]와 같다.

표 4-12 비타민 D 영양상태 판정을 위한 혈청 25-OH-D 기준치

혈청 농도	판정
11ng/mL 미만	결핍
11ng/mL 이상 15ng/mL 미만	부족
15ng/mL 이상 160ng/mL 미만	양호
160ng/mL 이상	과잉

② 혈청 알칼리 포스파타아제

혈청 알칼리 포스파타아제(ALP) 활성은 골연화증, 구루병, 뼈 질환자에게서 증가되는 경향이 있어 비타민 D의 영양상태를 판정하는 지표가 된다(표 4-13).

표 4-13 정상인과 질환자의 혈청 alkaline phosphatase(ALP) 수준

상태	혈청 ALP(U/L)	상태	혈청 ALP(U/L)
정상 신생아	99~298	부갑상선 항진증	78~390
정상 성인	57~99	골파제트병	994
구루병 어린이	>399	골암(neoplasm)	604
골연화증	298	골다공증	36

(3) 비타민 E

비타민 E는 α, β, γ, δ 4종류의 토코페롤과 α-토코트리엔올 5종이 활성을 가지고 있다. 비타민 E의 영양상태는 혈청과 조직의 비타민 E 수준과 적혈구 용혈검사로 판정한다.

① 혈청 토코페롤 농도

혈청의 α-토코페롤 농도는 비타민 E 영양상태 판정에 가장 많이 사용된다. 비타민 E 상태 판정을 위한 기준치는 [표 4-14]와 같다.

표 4-14 비타민 E 영양상태 판정의 혈청 기준치

	결핍	부족	양호
혈청 비타민 E(mg/100mL) • 전 연령	<0.5	0.5~0.7	>0.7
혈청 비타민 E(mg/g lipid) • 성인 • 어린이	<0.8 <0.6		≥0.8 ≥0.6
적혈구 H_2O_2 용혈(%) • 전 연령	>20	10~20	<10

② 적혈구 토코페롤 농도

적혈구 토코페롤의 양은 대량 2~3μg/g으로 혈청보다 낮아 측정이 어려워 판정 지표로 사용하기에 한계가 있다.

③ 혈소판 토코페롤 농도

혈소판의 토코페롤 농도는 혈청이나 적혈구 토코페롤 농도보다 식사에 의한 비타민 E의 섭취와 체조직의 저장량을 잘 반영하므로 비타민 E 영양상태 판정의 좋은 지표이다. 정상인의 혈소판 토코페롤 함량은 약 30μg/g 정도이다.

④ 지방조직 토코페롤 농도

지방조직은 비타민 E의 주요 저장장소이다. 정상인의 지방조직 토코페롤 농도는 150μg/g 정도이다.

⑤ 적혈구 용혈반응

비타민 E 영양상태를 판정하는 대표적인 기능 시험법으로 적혈구에 비타민 E가 부족하면 용혈이 쉽게 일어나는 것을 이용한 방법이다. 용혈 정도는 적혈구를 2%의 과산화수소 등장용액에서 3시간 정도 둔 후 용혈되어 유출되는 헤모글로빈양을 측정하고 적혈구를 증류수로 처리한 후 헤모글로빈양으로 나누어 계산한다.

$$\text{용혈 정도(\%)} = \frac{\text{적혈구를 2\% 과산화수소 등장액 처리한 후 헤모글로빈}}{\text{적혈구를 증류수 처리한 후 헤모글로빈}} \times 100$$

정상인의 용혈 정도는 5% 미만이며, 10% 미만이면 비교적 양호하다.

5) 수용성 비타민의 영양상태

(1) 비타민 C

체내 비타민 C 함량은 환원형 아스코르브산(ascorbic acid)과 산화형 디히드로아스코르브산(dehydroascorbic acid)을 합한다. 비타민 C의 영양상태 판정은 혈청과 백혈구 내의 비타민 C 함량을 측정한다.

① 혈청과 백혈구 내의 비타민 C 함량

혈청 비타민 C 함량은 가장 일반적으로 사용되는 비타민 C의 영양판정 방법이고, 조직 내의 비타민 C의 저장 정도는 백혈구 내의 비타민 C 함량으로 알 수 있다. 혈청과 백혈구의 비타민 C 영양상태 판정은 [표 4-15]와 같다.

표 4-15 혈청과 백혈구의 비타민 C 영양상태 판정기준치

	결핍	부족	양호
ascorbic acid(mg/100mL)	<0.2	0.2~0.3	>0.3
백혈구 ascorbic acid(mg/100mL)	<8	8~15	>15
백혈구 ascorbic acid(μg/10^8cells)	<10	10~20	>20

(2) 비타민 B_1

티아민(thiamin)은 리보플라빈(riboflavin), 니아신(niacin)과 함께 열량대사 과정에서 조효소로서 작용한다. 이 세 가지 비타민은 체내 저장량이 적고, 분해와 배설 속도가 빨라 섭취 부족 시 결핍증이 쉽게 나타난다. 티아민의 결핍은 다음과 같은 경우 발생한다.

- 백미를 주식으로 섭취하는 경우(한국, 일본) : 도정 과정에서 티아민이 제거됨
- 발효 어육을 섭취하는 경우(동남아시아) : 발효 어육에 들어 있는 티아미나아제(thiaminase) 때문
- 알코올 중독자

① 적혈구 트랜스케톨라아제 활성

체내에서 탄수화물 대사에서 중요한 티아민의 활성형태는 티아민 피로인산(thiamin pyrophosphate; TPP)이다.

TPP가 조효소로 작용하는 효소반응은 다음과 같다.

- 피루브산 탈수소효소(pyruvate dehydeogenase) 반응
- α-케토글루타르산 탈수소효소(α-ketoglutarate dehydrogenase) 반응
- 트랜스케톨라아제(tranketolase) 반응

이 중 적혈구 트랜스케톨라아제가 활성이 높아 이 효소활성을 이용한다. TPP 효과가 높을수록 비타민 B_1의 영양상태는 나쁘다. TPP 효과에 의한 비타민 B_1의 영양상태 판정 기준치는 [표 4-16]과 같다.

표 4-16 TPP 효과에 의한 비타민 B_1 상태 판정기준치

분류	ICNND*(1963)	Brin(1967)
양호(low risk) 또는 정상	0~15%	0~14%
부족(moderate risk)	16~20%	14~24%
결핍(high risk)	>20%	≥25%

* 미국 interdepartmental committee on nutrition for national defense

② 요의 티아민

체내 티아민이 충분히 있으면 섭취된 티아민이 대부분 소변으로 배설되는 것에 근거하여 요의 티아민을 분석한다. 비타민 B_1 영양상태 판정 판정을 위한 요의 티아민 배설 기준치는 [표 4-17]과 같다. 요로 배설되는 티아민은 체내 저장량을 반영하지는 못한다.

표 4-17 비타민 B_1 영양상태 판정을 위한 요의 티아민 배설 기준치

대상	결핍(고위험)	부족(중등위험)	양호(저위험)
		μg/g creatinine	
1~3세	<120	120~175	≥176
4~6세	<85	85~120	≥121
7~9세	<70	70~180	≥181
10~12세	<60	60~180	≥181
13~15세	<50	50~150	≥151
성인	<27	27~65	≥66
임신	<23	23~54	≥55
성인 : μg/24시간 요	<40	40~99	≥100
5mg thiamin 투여 후 4시간(μg)	<20	20~79	≥80

③ 혈청, 적혈구, 전혈의 티아민양

혈청, 적혈구, 전혈의 티아민양은 정확도가 낮아 잘 사용하지 않으며 적혈구의 TPP 함량이 더 좋은 지표이다.

(3) 비타민 B_2

비타민 B_2인 리보플라빈(riboflavin)은 FMN(flvin mononucleotide), FAD(flavin adenine dinicleotide)로 산화환원반응의 조효소로 작용한다. 동물성 식품이 급원 식품으로 개발도상국, 임신부, 청소년, 노인, 간 질환, 알코올 중독, 당뇨환자에게서 결핍증이 쉽게 나타난다.

① 적혈구 글루타티온 환원효소 활성

적혈구에 많은 글루타티온 환원효소(erythrocyte glutathone reductase; EGR)는 FAD와 반응하여 산화형이 되며 EGR 활성계수(activity coefiicient)를 아래 식과 같이 구해서 비타민 B_2의 영양상태를 판정하는데 EGR 활성계수가 높을수록 비타민 B_2의 결핍을 의미한다. EGR 활성계수 기준치는 [표 4-18]과 같다.

환원형 글루타티온(2GSH) + FAD ↔ 산화형 글루타티온(G–S–S–G) + $FADH_2$

$$\text{EGR 활성계수} = \frac{\text{stimulated enzyme activity(+FAD)}}{\text{basal enzyme activity(−FAD)}}$$

② 요의 리보플라빈 배설

요의 리보플라빈 배설은 식사에서 섭취하는 비타민 B_2 양에 민감하나 체내에 저장량을 확인하기는 어렵다. 비타민 B_2의 요 배설량 기준치는 [표 4–18]과 같다.

표 4–18 비타민 B_2 생화학적 판정기준치

시험방법	결핍 (high risk)	부족 (moderate risk)	양호 (low risk)
EGR 활성계수	>1.4	1.2~1.4	<1.2
요의 리보플라빈		μg/g creatinine	
1~3세	<150	150~499	≥500
4~6세	<100	100~299	≥300
7~9세	<85	85~269	≥270
10~15세	<70	70~199	≥200
성인	<27	27~79	≥80
임신(전반기)	<39	39~119	≥120
임신(후반기)	<30	30~89	≥90
성인 : μg/24시간 요	<40	40~119	≥120
μg/6시간 요	<10	10~29	≥30
5mg riboflavin 투여 후 4시간(μg)	<1,000	1,000~1,399	≥1,400

(4) 니아신

니아신(niacin)은 NAD(nicotinamide adenine dinucleoride), NADP(nicotinamide adenine dinuleotide phosphate)의 구성성분으로 에너지 내사에 필수적이다.

니아신은 트립토판에서 전환되거나 식품으로 섭취할 수 있다.

① 요의 니아신 대사산물 배설

소변의 니아신 대사산물은 N′ −methyl−2−pyridone−5−carboxylamide(2−pyridone)와 N′ −methyl−nicotinamide이다. 영양판정 기준치는 [표 4−19]와 같다.

표 4-19 요의 N′-methylnicotinamide 배설에 의한 니아신 영양상태 판정

대상	결핍	부족	양호	과잉
성인(임신, 수유부 제외)(mg/g creatinine)	<0.5	0.5~1.59	1.6~4.29	≥4.3
성인(mg/6시간 요)	<0.2	0.2~0.59	0.6~1.59	≥1.6
임신부(mg/g creatinine) 초기	<0.5	0.5~1.59	1.6~4.29	≥4.3
중기	<0.6	0.6~1.99	2.0~4.99	≥5.0
말기	<0.8	0.8~2.49	2.5~6.49	≥6.5
전 연령층 2−pyridone/N′−methyl−nicotinamide ratio		<1.0	1.0~4.0	

(5) 비타민 B_6

비타민 B_6는 pyridoxine(PN), pyridoxal(PL), pyridoxamine(PM)의 형태로 체조직에서 인산화되어 피리독살인산(PLP)과 피리독사민 5′ −인산(PMP) 형태로 존재하며, 단백질 대사에서 아미노기 전이반응에서의 조효소 역할을 한다.

① 혈장 피리독살 인산

비타민 B_6는 PLP의 형태로 혈장에 70~90% 정도 존재하며 PL, PN, PM 순으로 존재한다.

혈장 PLP를 감소시키는 경우는 다음과 같다.

- 비타민 B_6 섭취는 일정하나 단백질 섭취가 증가할 때
- 천식, 관상동맥질환, 심장질환, 임신, 고혈당, 고령

혈장 PLP 기준치는 [표 4-20]과 같다.

② 적혈구 피리독살 인산

적혈구는 수명이 120일로 길기 때문에 적혈구 PLP는 장기적인 비타민 B_6 영양상태를 나타낸다.

표 4-20 비타민 B_6 영양상태 판정에 사용하는 생화학적 기준치

생화학적 지표	충분한 수준
직접법	
혈액 : 혈장 PLP	>30nmol/L
혈장 총비타민 B_6	>30nmol/L
요 : 4-Pyridoxic acid	>3.0μmol/day
총비타민 B_6	>0.5μmol/day
기능측정법	
혈액 : 적혈구 ALT[1)] 지수	<1.25
적혈구 AST[2)] 지수	<1.80
요 : 트립토판(2g) 부하시험	<65μmol xanthurenic acid/day
메티오닌(3g) 부하시험	<350μmol cystathione/day

1) Alanine Transaminase, 2) Aspartate Transaminase

③ 혈장과 요의 총비타민 B_6와 4-피리독신산

혈장과 요의 총비타민 B_6는 미생물(saccharomyces uvarum)을 사용하여 측정하기도 하며, 혈장 PLP를 측정하여 1.25를 곱해서 사용하기도 한다.

4-피리독신산(4-pyridoxic acid; 4-PA)은 비타민 B_6의 대사산물로 비타민 B_6 영양상태를 잘 반영하여 단기간의 비타민 B_6 영양상태를 잘 나타낸다. 정상인에게서 소변 중 4-PA의 배설량은 남자 3.5μmol/day, 여자는 3.2μmol/day 이상이고, 결핍 시에는 소변으로 배설은 거의 없다.

④ 적혈구 트랜스아미나아제 활성

적혈구의 알라닌 트랜스아미나아제(erythrocyte alanine transamunase; EALT or EGPT)와 아스파틱산 트랜스아미나아제(erythrocyte aspartic acid transaminase; EAST or EGOT)는 비타민 B_6 영양상태를 판정하는 기능적 지표로 계산식은 아래와 같다.

$$\text{적혈구 ALT 혹은 AST 지수} = \frac{\text{stimulated enzyme activity(+PLP)}}{\text{basal enzyme activity(−PLP)}}$$

⑤ 트립토판과 메티오닌 부하 시험

트립토판 부하시험(tryptophan load test)은 비타민 B_6의 영양상태 판정에 많이 사용하는 방법으로 트립토판이 니아신으로 전환될 때 PLP를 필요로 하는 것을 이용한 방법이다.

메티오닌 부하시험(methionine load test)은 메티오닌을 경구 투여하고 소변으로 배설되는 cystathione과 cysteine sulfonic acid를 측정하는 방법으로 비타민 B_6의 영양상태가 좋지 않으면 이 물질들이 축적되어 배설량이 증가하는 것을 이용한 방법이다.

(6) 엽산

엽산은 체내에서 아미노산, 핵산 대사과정 중에 조효소로 작용하며, 엽산 부족 시에는 세포분열, 단백질 합성에 문제가 생겨 세포분열이 빠른 적혈구나 백혈구에 이상이 생긴다. 엽산이 결핍되면 적혈구의 크기가 커지는 거대(적)아구성 빈혈이 발생하며, 임신부의 엽산 부족은 태아의 뇌신경장애(neuraltube defrct)를 유발하므로 임신부 및 가임기 여성은 엽산의 섭취에 주의하여야 한다. 엽산의 영양상태 판정 방법으로는 혈청과 적혈구의 엽산 수준, 히스티딘 부하검사시험, 데옥시우리딘 억제시험 등이 있다.

① 혈청과 적혈구 엽산

엽산 결핍이 3주 정도 지속되면 혈청의 엽산 수준이 7nmol/L(3ng/mL) 이하로 낮아진다. 혈청의 엽산 수준은 단기간의 엽산 영양상태를 반영한다. 장기간의 엽산 영양상태와 체내 저장량은 적혈구 엽산량으로 알 수 있다. 혈청과 적혈구의 엽산 기준치는 [표 4-21]과 같다.

혈청 엽산 수준

- 증가요인 : 급성신부전, 간질환, 적혈구의 용혈 등
- 감소요인 : 음주, 흡연, 경구피임약

적혈구 엽산 수준

- 감소요인 : 비타민 B_{12} 부족

표 4-21 혈청과 적혈구 엽산의 판정기준치

항목	결핍	부족	양호
혈청 엽산(ng/mL)	3.0 미만	3.0~6.0	6.0 이상
적혈구 엽산(ng/mL)	140 미만	140~160	160 이상

② 데옥시우리딘 억제시험

데옥시우리딘 억제시험은 엽산 결핍에 의한 거대적혈구 형성(megaloblastosis) 여부를 판단할 수 있고, 엽산과 비타민 B_{12} 중 어느 영양소 결핍에 의한 것인지를 확인할 수 있다.

데옥시우리딘을 첨가하여 거대적혈구 형성 원인 판단 기준

- 엽산 결핍 시 : ^{3}H-thymidine의 유입이 20% 이상
- 비타민 B_{12} 결핍 시 : 엽산을 보충해도 ^{3}H-thymidine의 유입에 변화 없음

③ 히스티딘 부하검사

엽산이 부족할 때 포르미미노글루타민산(formiminoglutamic acid; FIGLU)의 생성 증가로 배설량이 증가하는 것을 확인하는 방법이다.

(7) 비타민 B_{12}

비타민 B_{12} 결핍증인 악성빈혈(pernicious anemia)은 큰 적혈구(megaloblast)가 형성되고 헤모글로빈치가 낮아지며 평균 혈구 부피(MCV)가 100fL 이상으로 거대적혈구빈혈이라고도 한다. 비타민 B_{12} 결핍은 섭취부족보다는 흡수에 문제가 발생하여 나타난다. 비타민 B_{12} 흡수가 문제되는 사람은 다음과 같다.

- 위를 절제한 사람
- 60세 이상의 노인
- 내적인자(intrinsic factor; IF)의 분비에 문제가 있는 경우

① 혈청 비타민 B_{12} 수준 및 결합단백질

혈청 비타민 B_{12} 농도로 일반적인 영양상태를 평가할 수 있으며, 비타민 B_{12} 운반 단백질인 트랜스코발아민(transcobalamin; TC) II와 할로햅토코린(holohapto-corrin, holohap)으로도 비타민 B_{12} 영양상태를 판정할 수 있다. 비타민 B_{12} 결핍 시 혈청 holohap의 수준은 감소하고, 평균 적혈구 용적(MCV)과 총 트랜스코발아민 II가 증가한다.

② 쉴링테스트

쉴링테스트(schilling test)는 비타민 B_{12} 결핍의 원인을 밝히는 방법으로 IF의 결손에 의한 것일 때는 IF를 보충하면 비타민 B_{12} 흡수율이 증가하게 되고, 만일 흡수율이 증가하지 않는다면 회장에 문제가 있어 흡수에 지장이 생긴 것이다.

4 혈액의 생화학적 임상검사

혈액에서 생화학적 임상검사에 대한 기준치는 [표 4-22]와 같다.

표 4-22 임상진단에 사용하는 혈청의 검사항목과 정상 참고범위

검사종목	정상 참고범위	진단에 이용되는 사항 및 특징
SGOT	7~27IU/L	• 심근경색, 골격근, 급성간염, 췌장염 시 상승
SGPT	8~30IU/L	• 간염, 간경화, 담관폐쇄, 기타 간손상 시 상승 • 심질환 시 다소 상승, 신장투석 시 감소
ALP	13~39IU/L	• 간, 뼈, 태반, 장의 질환상태 진단 • 부갑상선 항진증, 골수암 시 상승
LDH	45~90IU/L	• 심근경색, 간염, 암, 신질환, 화상 및 외상 시 상승 • 이소형태 효소분포가 진단에 필수
빌리루빈	0.2~1.5mg/100mL	• 황달 진단 : 총빌리루빈 상승은 분비장애, 담관 이상 유리 빌리루빈 상승은 용혈성 빈혈, 신생아 간기능장애
BUN	10~18mg/L	• 신부전, 탈수, 자출혈, 심부전, 요도폐쇄증 시 상승 • 간질환, 수분과잉, 영양실조, 스테로이드 복용 시 감소
creatinine	0.6~1.2mg/100mL	• 신장기능 조사 : 사구체 손상 시 상승
Na	135~145mmol/L	• 탈수, 설사, 구토, 발한, 화상 시 증가 • 울혈성 심부전, 신장질환 시 감소
K	3.5~5.5mmol/L	• 신부전증, 애디슨병, 부신질환, 화상, 외상 시 상승 • 이뇨제 복용, 수액 주입, 구토, 설사 시 감소
Cl	98~106mmol/L	• 신장질환, 갑상선 항진증, 빈혈, 심장병 시 증가 • 저칼륨혈증, 알칼리혈증 시 감소
Ca	9~11mg/L	• 뼈 · 부갑상선 · 신장 이상, 암 발생 시 변화
P	3.0~4.5mg/100mL	• 신부전, 부갑상선 저하증, 갑상선 항진증, 하제 복용 시 증가 • 부갑상선 기능항진증, 골연화증, 제산제 복용 시 감소
CO_2	24~32mEq/L	• 알칼리혈증에서 증가, 산성혈증에서 감소
glucose	70~100mg/100mL	• 당뇨 진단, 126mg/100mL 이상 시 당뇨병 진단
cholesterol[1]	200mg/100mL 미만	• 고지혈증, 동맥경화
TG[1]	150mg/100mL 미만	• 정맥영양 이용도 및 고지혈증 지표 • 간질환, 당뇨, 췌장염, 십이지장염, 갑상선 기능 저하 시 상승 • 영양불량 시 감소

1) 질병관리청 국가건강정보포털, 2021.

N U T R I T I O N A L A S S E S S M E N T

5장

임상증상조사

5장 임상증상조사

1 임상증상조사의 개요

임상증상조사는 개인이나 집단의 영양상태에 따른 다양한 신체적 증상변화에 대한 영양소의 결핍이나 과잉을 판단하는 방법이다. 신체적으로 나타나는 외적인 징후는 체내에서 영양소의 이용 장애를 통해 나타나며, 여러 단계를 거치면서 서서히 진행된다. 임상증상조사는 지역사회 연구에서 중요한 평가 자료이며, 영양위험집단 및 병원 입원환자의 영양불량 상태를 평가하는 기준이 되고 있다. 임상증상조사는 특히 영양불량 상태가 진행되었을 때 유용하며, 신체계측조사, 식사섭취조사 및 생화학적 검사와 함께 환자에게 적용하는 것이 좋다.

임상증상조사는 특별한 기구나 기계 없이 전문인에 의해 조사되는 방법으로서 비용이 저렴하다. 그러나 진단상 확실성이 제한되어 있어 징후에 대한 주관적인 판단이 나타날 수 있으며, 영양불량이 심한 경우에만 나타난다는 단점이 있으므로 잘 훈련된 요원이 필요하다.

2 임상조사 시 고려해야 할 사항

정확한 진단을 위해서는 임상증상조사, 신체계측조사, 생화학적 조사 및 식사섭취 조사 등의 자료가 통합적으로 분석되어야 한다. 특히 임상증상조사를 좀 더 자세히 판정하기 위해서는 병력 조사, 식사력 조사 등이 병행되어야 한다.

1) 병력 조사

임상증상조사의 영양판정의 첫 단계는 조사대상자의 임상력(medical history)를 조사하는 것이다. 과거와 현재의 건강 및 영양상태와 관련된 진단명, 수술 경력, 복용 약물, 음주와 흡연 여부 및 조사대상자와 그 가족들에 관한 정보이다.

2) 식사력 조사

식습관과 식생활에 대한 정보도 요구된다. 평소의 식습관, 식사형태, 식품의 선호도, 구매식품의 종류, 식사 준비 능력, 조리 능력, 영양에 대한 정보, 알레르기, 영양제(보충제) 섭취 여부 등에 대한 조사 정보를 수집한다.

3 임상 진단의 한계점

1) 영양문제 발생 시 조기발견이 어렵다.
2) 조사자의 주관적인 판단에 의해 조사대상자의 영양상태 판정에 차이가 나타날 수 있다.
3) 신체적으로 나타나는 임상적인 징후를 특정 영양소의 결핍이나 과잉으로 한정지어 판난하기가 어렵다. 신체적 징후는 결핍 시기, 치료 중이거나 질병회복기

등에서 양방향성을 가지며, 신체적 기능이나 환경적인 요인 등에 따라 다르게 나타나기 때문이다.

4) 임상적인 징후가 나타날 정도의 상태는 영양결핍이나 과잉이 심각하게 진행된 상태를 의미한다. 따라서 영양문제 발생 시 조기발견이나 조기 치유한다는 것은 어려움이 있다.

4 임상증상을 통한 영양판정

영양판정을 통해 임상적인 증세를 파악하기 위해서는 신체 증상에 대한 정확한 기준이 요구된다. 임상진단에서 파악해야 할 사항으로는 신체의 머리카락, 눈, 피부, 얼굴, 점막 등의 상피조직이나 각 기관에서 나타나는 변화들을 잘 관찰해야 한다.

표 5-1 영양상태를 나타내는 대표적인 신체적 징후

신체부위	영양이 좋은 상태	영양이 불량한 상태
머리카락	윤기가 흐르고 단단하며 쉽게 빠지지 않음	윤기가 없고 건조해 보임. 쉽게 빠지고 색깔이 변함. 숱이 적음
얼굴	피부색이 균일하고 건강해 보이며 붓지 않음	안색이 변해 있으며 피부가 벗겨지기 쉬움. 피부가 벗겨지거나 부스럼이 있음
눈	점액은 물기가 있고 건강한 분홍색임. 눈가가 붓지 않고 핏발이 없음. 눈동자가 맑음	눈 점막이 창백하고, 눈가에 핏발이 있으며, 건조하고 염증이 있음. 비토 반점이 있고 점막이 건조되어 있음
입술	부드럽고 터지거나 붓지 않았으며 촉촉함. 색깔이 좋음	입안의 점막이 붉고 푸석푸석하며 피가 잘 남. 건조하여 껍질이 벗겨짐
혀	분홍색이며 붓거나 너무 반반하지 않음. 표면이 오돌토돌함	부어 있고 주황색이 나는 붉은색이며 혀의 돌기가 충혈되어 있음
치아	충치가 없고 통증이 없으며, 아래턱이 반듯함. 색깔이 변해 있지 않음	충치, 빠진 이가 있으며, 표면이 닳았고 치아가 고르지 않음. 반점이 있음

잇몸	출혈이 없고 부어 있지 않음	피가 잘 나며, 염증이 있고 잇몸이 가라앉아 있음
피부	반점이나 부종이 없고 피부색이 좋음	거칠고 말랐으며 각질화 되었음. 창백하고 멍과 염증이 있음
손톱	단단하고 분홍색임	손톱이 휘었음. 잘 부러지며 울퉁불퉁함
근육, 골격	근육이 잘 발달되어 있으며 단단함	근육이 연약하고 무기력함. 근육활동이 좋지 않음
심혈관계	정상적인 심장박동, 리듬, 부정맥이 없고 혈압이 정상임	비정상적인 맥박, 비대한 심장, 고혈압
소화기계	식용과 소화기능이 좋고 규칙적인 배변이 있음	식욕감퇴, 소화불량, 변비, 간 비대
신경계	정신적으로 안정된 상태, 정상적인 반사를 보임	주의가 산만, 손발의 지각 이상으로 감각의 위치를 분별 못함. 비반사 작용을 보임

5 영양결핍과 과잉으로 나타나는 임상증상의 진단

1) 열량영양소 섭취 불량

열량영양소 섭취 불량은 가장 많이 발생하며, 마라스무스(marasmus)와 콰시오커(kwashiorkor)를 들 수 있다. 마라스무스와 콰시오커는 아프리카 등의 저개발국가에서 흔히 나타나며, 신체적인 성장장애나 질병감염률 등을 증가시킨다.

(1) 마라스무스

단백질-에너지 열량불량증(protein-energy malnutrition; PEM)은 에너지와 단백질이 모두 결핍된 현상이 동시에 나타난다. 체지방의 저장량이 거의 없어 피골이 상접한 상태로 나타나며, 근육량도 거의 없으며, 심각한 체중 감소 현상을 보인다. 콰시오커와는 달리 부종은 없으며, 면역계의 손상이 적다.

(2) 콰시오커

콰시오커(Kwashiorkor)는 전형적인 단백질 결핍증이며, 전 세계적으로 저개발국가에서 많이 발생한다. 특히 성장기 어린이에게서 주로 나타나며, 성장지연, 체중감소, 감염에 대한 저항력 감소, 피부와 머리카락 색소의 탈색 등이 나타난다. 또한 근육소실과 복부팽만 등이 나타나며, 빈혈 및 부종이 발생한다.

표 5-2 마라스무스와 콰시오커 특징 비교

항목	마라스무스	콰시오커
원인	기아, 에너지와 단백질의 동시 결핍	에너지는 충분하나 단백질 결핍
골격근육	심각한 손실	거의 손실이 없음
혈청단백질	비교적 정상	심각한 감소
지방조직	심각한 손실	보존됨
체중	심각한 감소	비교적 정상
부종	없음	흔한 증상

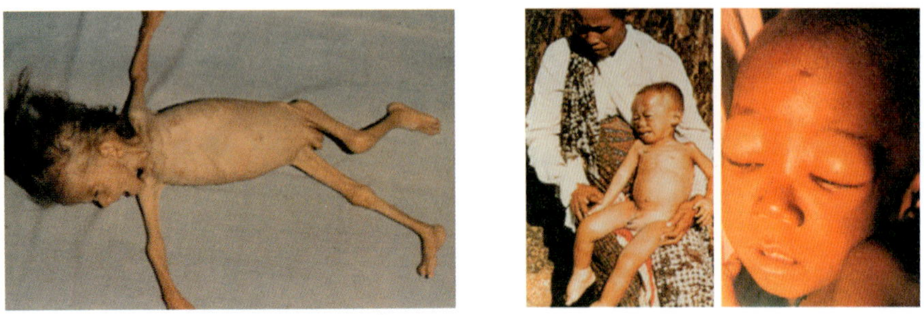

마라스무스　　　　콰시오커

| 그림 5-1 | 마라스무스와 콰시오커

2) 비타민 영양불량

비타민(vitamin)은 신체조직의 성장 및 유지를 위해 식이에 아주 적은 양이 필요하지만, 체내에서 에너지를 생성하는 화학적인 반응을 도와준다. 비타민은 크게 지용성 비타민(vitamin A, D, E, K)과 수용성 비타민(vitamin B complex, C)으로 나뉜다. 비타민의 영양불량 증상은 결핍증과 과잉증으로 구분한다. 비타민의 결핍 증상은 체내 저장량, 개개인의 비타민 결핍 정도, 신체의 비타민 요구량 등에 따라 달라진다. 즉, 개인의 불규칙적인 식사나 부적합한 식사로 기인하여 개인 차이에 따른 흡수 저해, 배설과잉 등의 기능적 손상에 의해 나타난다.

표 5-3 비타민 영양불량에 따른 생리적 기능과 증상

비타민	생리적 기능	결핍증	과잉증
비타민 A	• 로돕신 생성 • 상피조직의 형성과 유지 • 세포의 각질화 방지 • 항산화 작용	• 야맹증, 상피조직의 각질화, 성장 부진, 면역기능의 약화, 비토반점	• 두통, 구토, 탈모, 간 비대, 자연 유산
비타민 D	• 뼈의 성장과 석회화 촉진 • 칼슘과 인의 흡수 촉진	• 영아/소아 : 구루병, 골반 변형 • 성인 : 골다공증, 골연화증	• 탈모, 체중감소, 경련, 신결석
비타민 E	• 항산화 작용 • 노화방지 • 항불임성 인자	• 용혈성 빈혈, 면역기능 저하, 미숙아	• 두통, 심한 피로, 지방간, 고지혈증
비타민 K	• 혈액응고 작용 • 프로트롬빈 합성	• 신생아 출혈, 혈액 응고 시간 지연	• 과잉수준은 알려져 있지 않음
비타민 B_1	• 당질대사의 조효소(TPP)로 탈탄산 반응 • 펜토오스 인산경로 • 신경계 기능	• 식욕저하, 구토, 부종, 각기병, 심장기능장애	• 과잉수준은 알려져 있지 않음
비타민 B_2	• 당질, 지질, 단백질의 에너지 대사에서 조효소(FMN, FAD)로 작용 • 전자전달계 작용	• 구순구각염, 설염, 피부염, 설염	• 과잉수준은 알려져 있지 않음
비타민 B_3	• 당질, 지방 단백질의 산화 과정(NAD, NADP) • 전자전달계 작용	• 설사, 피부염, 신경장애, 펠라그라	• 구토, 설사, 피부홍조, 간 손상

비타민 B_6	• 아미노산 대사의 조효소 (PLP) • 트립토판에서 니아신으로 전환	• 지루성 피부염, 빈혈, 신경염, 우울증	• 운동실조, 지각신경 장애
엽산	• 핵산물질의 합성과정의 보조효소 • 적혈구 형성과정	• 거대적아구성 빈혈, 설염, 설사	• 악성 빈혈증세, 신장 비대
비타민 B_{12}	• 엽산 대사에 관여 • DNA 합성의 조효소 • 조혈작용에 관여	• 거대적아구성 빈혈, 신경계질환, 체중감소, 기억력 감퇴, 신경계 손상	• 다혈구혈증, 여드름성 발진
비타민 C	• 콜라겐 합성 • 철 흡수를 도움 • 면역기능 강화	• 괴혈병, 상처 회복지연, 면역체계 손상, 권태감	• 신장결석, 설사, 통풍, 복통

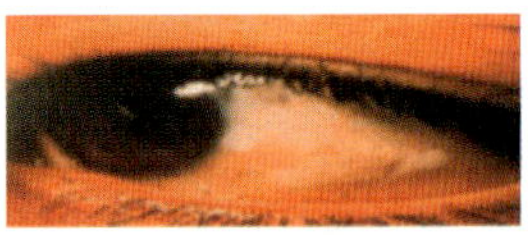
비토반점
(비타민 A)

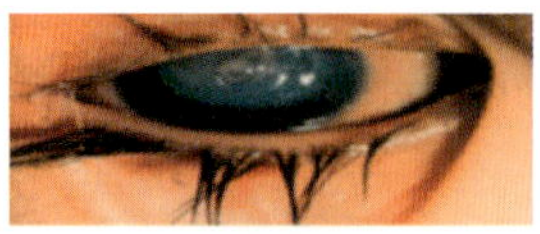
각막연화증
(비타민 A)

구루병
(비타민 D)

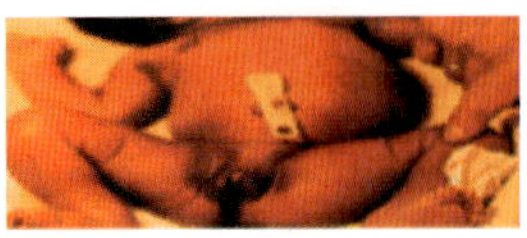
신생아출혈
(비타민 K)

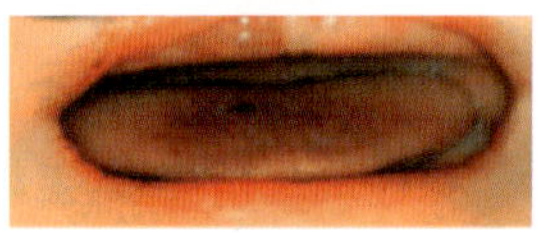
점상출혈
(비타민 C)

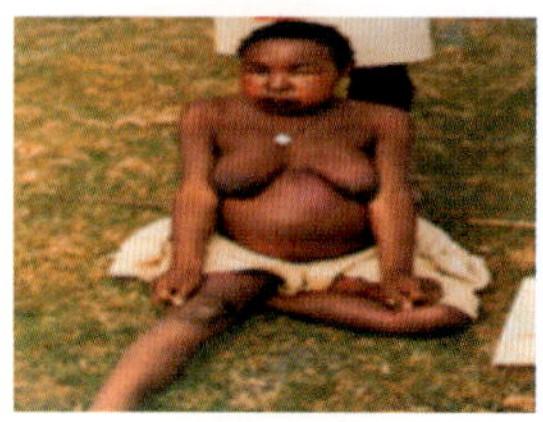
각기병
(비타민 B_1)

설염
(비타민 B_2)

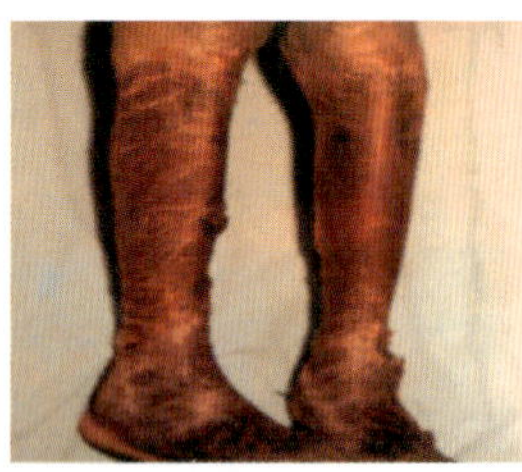
펠라그라
(니아신)

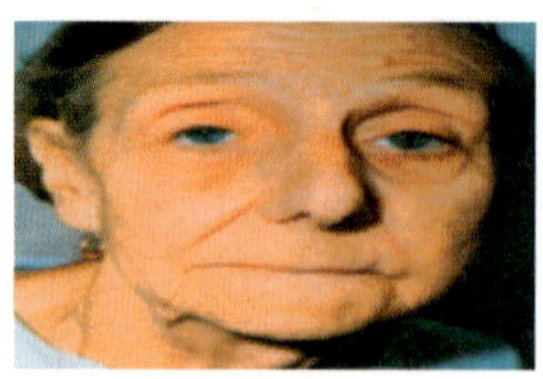
악성빈혈
(비타민 B_{12})

| 그림 5-2 | 비타민 결핍증상의 예

3) 무기질 영양불량

무기질은 체내에서 산 · 알칼리 균형을 맞추어 주고, 삼투압 조절, 신체를 구성하는 구성성분이며, 신체대사 조절에 도움을 주는 역할을 한다. 무기질은 식물을 섭취하는 동물의 몸속 및 자연에 광범위하게 존재한다. 무기질 결핍과 과잉의 대표적인 신체적 증상은 [표 5-4]와 같다.

표 5-4 무기질 영양불량에 따른 생리적 기능과 증상

무기질	생리적 기능	결핍증	과잉증
칼슘(calcium, Ca)	• 골격과 치아를 구성 • 근육의 수축에 관여 • 혈액응고에 중요한 피브린 형성에 관여 • 신경자극 전달물질을 분비하게 도움 • 세포막 투과성 조절	• 구루병 • 골다공증 • 골연화증	• 고칼슘혈증 • 신장결석
인(phosphorus, P)	• 골격과 치아 구성 • 세포막의 구성성분 • 산 · 염기평형조절 • 핵산의 구성성분 • 효소의 활성화에 관여	• 저인산혈증 • 근육의 약화 • 통증 유발	• 고인산혈증 • 저칼슘혈증
나트륨(sodium, Na)	• 세포외액의 양이온 • 삼투압 및 체액량을 조절 • 산 · 염기평형조절 • 신경자극 전달 • 포도당 흡수에 관여	• 식욕부진 • 무기력 • 근육경련	• 고혈압
칼륨(potassium, K)	• 세포내액의 양이온 • 수분평형조절 • 근육의 수축과 신경의 자극 전달에 관여	• 식욕부진 • 근육약화 • 마비 증상	• 호흡곤란 • 심장마비
마그네슘 (magnesium, Mg)	• 골격을 구성 • 체내의 여러 가지 화학반응에 관여 • 근육의 정상적인 움직임 • 눈밑 떨림 현상에 관여 • 신경의 자극전달 및 심장기능에도 관여	• 눈밑 떨림 • 근육통 • 허약	• 구역질 • 호흡둔화

철(iron, Fe)	• 헤모글로빈(Hemoglobin)과 근육조직의 미오글로빈(my-oglobin)에 존재 • 조혈작용을 도움 • 효소의 구성성분	• 철결핍성 빈혈(피부 창백, 어약, 식욕부진 등)	• 혈색소증
요오드(iodione, I)	• 갑상선호르몬의 성분 • 기초대사량 조절에 관여	• 갑상선종, 갑상선기능비대증	• 갑상선기능항진증
아연(zinc, Zn)	• 미각과 후각 감지에 관여 • 성장 발달 및 면역기능 조절 • 면역기능에 관여	• 성장지연 • 왜소증 • 상처회복 지연 • 미각 감퇴 • 탈모증	• 2가 양이온(철, 구리 등) 흡수 저해 • 면역기능 억제 • 혼수 • 현기증 • 경련 • 구토
셀레늄(selenium, Se)	• 항산화 무기질 • 면역기능 및 갑상선 기능의 유지	• 근육약화 • 성장장애	• 구토 • 설사 • 신경계 손상 • 간세포 손상
구리(cupper, Cu)	• 철의 흡수와 이용에 관여 • 적혈구 감소 • 세포 보호	• 빈혈 • 성장장애	• 복통 • 간질환 • 윌슨병
코발트(cobalt, Co)	• 비타민 B_{12}의 구성성분 • 적혈구 형성에 관여	• 악성빈혈	
불소(fluorine, F)	• 충치예방 • 성장발육 촉진	• 충치	• 치아반점

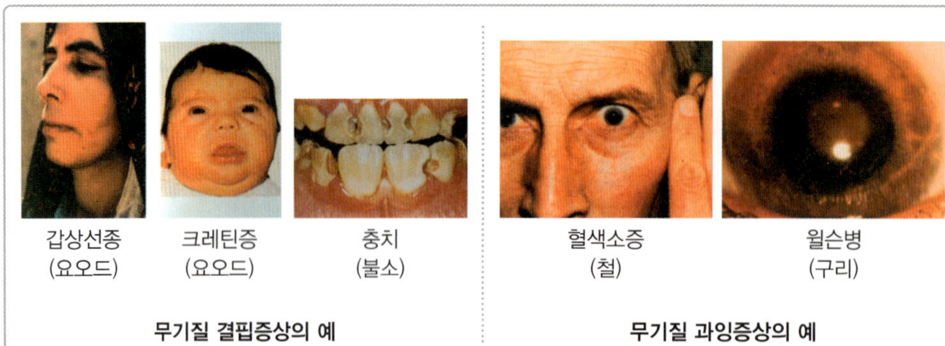

| 그림 5-3 | 무기질 결핍증상 및 과잉증상의 예

6장

영양판정의 활용

6장

영양판정의 활용

1 영유아 및 어린이의 영양판정

1) 소아비만

영유아기는 성장발육이 빠르며, 체중에 비해 체표면적이 넓기 때문에 생애 어떤 시기보다 체중 kg당 에너지 요구량이 높으며, 단백질 권장량도 높은 시기이다. 이 시기에는 영양결핍으로 인한 성장장애, 빈혈, 치아우식증, 식품알레르기 등의 영양문제가 나타날 수 있으며, 편식과 과식 등의 잘못된 식습관이 형성되어 소아비만이 나타날 수 있다. 최근에는 보건소, 어린이 급식관리지원센터, 학교 등에서 소아비만에 관심을 두고 영양상태 판정을 진행하고 있다. 소아의 신체지수 및 소아비만의 판정 기준은 〈2장 신체계측조사〉를 참고한다. 소아비만 관리 및 예방은 체중증가율이 빠른 영아나 어린이일수록 비만이 가능성이 크므로 특히, 단맛이 강한 이유식품은 피하고, 규칙적인 식사시간 유도 및 운동요법 등을 통해 비만을 예방해야 한다. 또한 정상적인 체중 유지가 중요하며, 비만으로 인한 합병증이 있는지 확인하여 치료를 병행한다.

표 6-1 소아의 영양판정

조사 항목	조사내용
신체계측조사	영유아는 신장, 체중, 피부두겹두께, 허리둘레, 엉덩이둘레 등의 성장과 관련 사항을 조사하고, 비만 판정기준에 따라 비만을 판정함
식사섭취조사	영아의 경우 어머니의 자가 기록(설문지)이나 면접을 통해 모유 수유, 이유보충식 등의 식생활조사, 1일 동안 식품섭취량 및 식품섭취빈도조사를 실시할 수 있음
생화학적 검사	특히 소아비만 합병증으로 발병할 수 있는 이상지질혈증, 고혈압, 당뇨병 등을 중심으로 혈중 콜레스테롤 농도, 중성지방 농도, LDL-콜레스테롤, HDL-콜레스테롤, 혈당, 혈압 등 관련 생화학적인 지표를 선택하여 검사를 함

표 6-2 국민건강영양조사의 영유아 및 학동기 어린이의 영양조사 내용의 예

종류	대상	내용
식생활조사	영아기(만1~3세)	수유상황 및 이유 실태(출생체중, 신장, 수유형태, 모유 수유기간, 이유 시기), 영양제 복용 등
	식품섭취량조사	식습관(결식, 간식, 외식 등), 영양표시 활용, 식생활 실천지침, 식품 안전성 등
식품섭취빈도조사	만 1세 이상	1일 동안 섭취한 음식 또는 식품섭취량조사
생화학적 검사	만 12세 이상	주요 식품의 지난 1년간 섭취빈도조사

표 6-3 어린이 영양지수 평가문항

1. 식사할 때 쌀밥보다 잡곡밥을 자주 먹나요?
2. 식사할 때 채소 반찬(김치 제외)은 몇 가지나 먹나요?
3. 김치는 얼마나 자주 먹나요?
4. 과일은 얼마나 자주 먹나요?
5. 흰 우유는 얼마나 자주 먹나요?
6. 콩이나 콩제품(두부, 두유, 콩국수)은 얼마나 자주 먹나요?
7. 달걀은 얼마나 자주 먹나요?
8. 단 음식(초콜릿, 사탕, 탄산음료)은 얼마나 자주 먹나요?
9. 패스트푸드(피자, 햄버거 등)는 얼마나 자주 먹나요?
10. 라면은 얼마나 자주 먹나요?
11. 아침식사는 얼마나 자주 하나요?
12. 매끼 식사는 정해진 시간에 하나요?
13. 식사할 때 반찬을 골고루 먹나요?
14. 식사할 때 음식을 꼭꼭 씹어 먹나요?
15. 야식은 얼마나 자주 먹나요?
16. 길거리 음식은 얼마나 자주 사 먹나요?
17. 가공식품을 살 때 영양성분 등 식품 표시를 확인하나요?
18. 음식을 먹기 전에 손을 씻나요?
19. 하루에 TV시청과 컴퓨터 게임을 합쳐서 어느 정도 하나요?
20. 하루에 운동(등 · 하교 시 걷기 포함)은 어느 정도 하나요?

표 6-4 소아대사증후군의 진단기준의 예

종류	진단기준
복부비만	연령 및 성별 허리둘레 ≥ 90백분위수
고중성지방혈증	≥110mg/dL
저HDL-콜레스테롤	<40mg/dL
고혈압	연령, 성별, 신장에 따른 혈압 ≥ 90백분위수
높은 공복혈당	≥110mg/dL

2) 성조숙증 영양판정 적용

(1) 판정기준

성조숙증은 나이에 비해 2차 성징이 너무 빠르게 나타나는 현상을 의미하며, 여아의 경우 8세 이전에 가슴이 나오며, 남아의 경우 9세 이전에 고환발달이 시작되는 것을 의미한다. 여아의 경우 특발성 성조숙증은 80%, 난소종양이 15%, 대뇌 병소가 5% 정도를 차지하며, 남아의 경우 특발성이 50%, 부신피질과형성이나 종양이 20%, 대뇌 자체에 병소가 있는 경우 20%, 고환 종양이 5%이다. 성조숙증이 급증하는 이유로는 고지방 식이, 저섬유소 섭취 등의 식습관의 변화와 소아비만 증가와 연관성이 있는 것으로 알려져 있다. 특히 식욕억제 호르몬인 렙틴은 소아비만에서 과도하게 증가하여 뇌의 시상하부를 자극하여 성호르몬 분비를 촉진시켜 사춘기를 빨리 앞당기게 한다. 따라서 소아비만인 경우 식이요법과 운동을 통한 체중관리가 효과적이며, 스트레스 · 환경 등의 변화를 줄이는 것도 좋은 방법이다.

표 6-5 성조숙증의 판정기준

구분	내용
성성숙도	여아 : 가슴발달 2단계 이상(유방비대) 남아 : 고환크기 4mL 이상
골연령	1~2년 이상 빠름

성호르몬	여아 : 에스트라디올 > 10pg/mL 남아 : 테스토스테론 > 1ng/mL
생식샘자극호르몬	황체형성호르몬 > 0.6IU/L 난포자극호르몬 > 2.0IU/L
생식샘자극호르몬 방출호르몬	사춘기 반응(자극 후 LH 농도가 2~3배 이상 상승, 최고치가 5IU/L 이상)
골반초음파검사	≥110mg 자궁의 장경, 난소용적, 자궁내막두께가 사춘기 형태

표 6-6 성조숙증의 영양판정

조사 항목	조사내용
병력	가족력, 발병 시기, 과거 감염 여부, 진행속도, 성장속도 등을 파악함. 성조숙증이 발생할 경우 초기에는 신장의 성장곡선이 증가하지만, 만 12세 이후에는 오히려 성장곡선의 감소 추세가 나타남
신체계측조사	일반적으로 신장과 체중을 측정하고, 성적성숙도, 2차 성징의 정도, 근육의 발달, 유즙분비 유무 등을 측정함
식사섭취조사	식습관 관련조사와 식사기록법 등의 다양한 종류의 식사섭취조사 방법들을 이용하여 조사를 실시함
생화학적 검사	혈중 생식샘자극호르몬 등의 성호르몬 검사를 실시하며, 렙틴 등의 농도를 측정함
임상조사	전문인이 유방의 발육 상태, 초경 발생 시기, 피부병변 등을 조사함

(2) 성조숙증 관리

성조숙증 대상자는 약물치료를 진행함과 동시에 식습관 개선, 운동요법, 과도한 고지방 식이 제한 등을 병행함으로써 어느 정도 증상 완화에 도움을 받을 수 있다.

3) 알레르기 영양판정

(1) 알레르기 판정 기준

알레르기 반응을 유발하는 항원은 알레르겐이고, 전형적인 알레르겐은 꽃가루, 약물, 식물성 섬유, 세균, 음식물, 염색약, 화학물질 등이 있으며, 보통 아무 해가 없는 물질에 대한 면역계의 과민반응으로 나타나는 질환을 의미한다. 식품알레르기는 특정 사람이 어떤 음식을 먹으면 장 혹은 몸속에서 과민반응하여 불편한 증세를 일으키는 것을 말한다.

표 6-7 알레르기 진단 시 판정기준

<table>
<tr><th>구분</th><th colspan="4">판단기준</th></tr>
<tr><td rowspan="2">피부단자 시험</td><td rowspan="2">IgE 매개 알레르기 검출방법
소량의 알레르겐을 피부에 주입하고 발적 정도로 판정</td><td colspan="2">음성</td><td>양성</td></tr>
<tr><td colspan="2">발적 없음</td><td>발적</td></tr>
<tr><td rowspan="11">혈액 검사</td><td rowspan="11">IgE 매개 알레르기 검출방법
특정 식품의 혈청 중 IgE 검출량을 예측치와 비교</td><td colspan="2">식품</td><td>혈청 IgE(kUA/L)</td></tr>
<tr><td rowspan="2">우유</td><td>12개월 미만</td><td>≥5.0</td></tr>
<tr><td>12개월 미만</td><td>≥15.0</td></tr>
<tr><td rowspan="2">달걀</td><td>12개월 미만</td><td>≥2.0</td></tr>
<tr><td>12개월 미만</td><td>≥7.0</td></tr>
<tr><td colspan="2">땅콩</td><td>≥14.0</td></tr>
<tr><td colspan="2">생선</td><td>≥20.0</td></tr>
<tr><td colspan="2">견과류</td><td>≥15.0</td></tr>
<tr><td colspan="2">대두</td><td>≥30.0</td></tr>
<tr><td colspan="2">밀</td><td>≥26.0</td></tr>
<tr><td colspan="2">메밀</td><td>≥1.26</td></tr>
<tr><td rowspan="4">식품 검사</td><td rowspan="4">식품을 직접 섭취 후 반응 관찰
알레르겐을 넣은 캡슐을 섭취 후 관찰</td><td colspan="2">즉시형 반응
(1~2 시간 이내)</td><td>단백 유발성 장염 증후군
(4시간 이내)</td></tr>
<tr><td colspan="2">음성</td><td>양성</td></tr>
<tr><td colspan="2" rowspan="2">증상 없음</td><td>객관적 증상 시 즉시 중단</td></tr>
<tr><td>주관적 증상이 있을 시 호전 후 식품 재섭취 시 주관적 증상 연속 3회 유발 시 양성</td></tr>
</table>

표 6-8 알레르기 판정방법

조사 항목	조사내용
병력	알레르기 증상, 진단 시기, 의심되는 식품섭취, 조리방법, 가공형태, 섭취량, 증상이 나타난 시기, 유전 등을 조사함. 또한 약물복용 여부 등의 유발인자도 조사함
신체계측조사	신장과 체중 등을 조사하여 성장장애 등이 알레르기와 연관성이 있는지 조사함
식사섭취조사	식품을 직접 섭취한 후, 알레르기 반응을 관찰하여 검출하는 것이 가장 좋은 진단방법임. 섭취한 식품과 체내 반응을 식사일지에 기록을 하며, 이중맹검검사를 진행하여 진단함. 검사 도중 알레르기 쇼크(아나필락시스)를 일으킬 수 있는 위험이 있으므로 전문의와 상의하여 진행하도록 함. 식품알레르기는 식품섭취 후, 1~2시간 내에 혹은 1~2일까지 진행될 수 있음
생화학적 검사	혈청 내 총 IgE와 특정 식품의 혈청 중 IgE 검출량을 예측치와 비교함. 또한 혈액 내 히스타민 농도, 백혈구(호산구 등) 등을 측정함
임상조사	입속의 감각둔화, 두드러기 · 가려움 · 습진, 목 등의 부어오름 증상, 천식, 호흡곤란, 복통, 설사, 메스꺼움, 구토, 설사, 어지러움, 알레르기 쇼크 등을 관찰함

표 6-9 어린이의 연령별 주의해야 할 대표적인 알레르기 식품

영아기 만 0~24개월	유아기 만 25개월~5세	아동기 만 6세~11세	청소년기 만 12~17세
달걀	달걀	갑각류	갑각류
우유	우유	생선	생선
땅콩	땅콩	땅콩	땅콩
대두	대두	견과류	견과류
밀	견과류	달걀	달걀
	밀	우유	우유
		밀	밀

(2) 알레르기 관리

가족력이나 병력을 확인하고, 원인식품을 제한한다. 만약 식품을 장기적으로 제한해야 되는 경우 성장에 영향을 주지 않게 대체식품을 활용하여 영양공급에 유의해야 한다.

2 노인의 영양판정

노인기의 영양판정은 만성퇴행성질환 예방 및 조기발견을 하고, 질병상태에 따라 건강을 유지하기 위해 필요한 조치를 취하는 것을 의미한다. 노인 건강에 영향을 주는 요인으로는 가족관계, 운동과 여가생활, 치아건강, 약물복용, 식사준비 등의 영양적인 요인과 사회적 · 심리적인 변화, 경제적인 빈곤 등의 외적인 요인들에 의해서도 영향을 받는다. 노인의 영양적인 위험을 판정하기 위해서는 영양위험지표(nutritional risk index; NRI)가 개발되어 있다.

노인 개개인의 영양상태는 다른 연령에서와 마찬가지로 식사섭취조사, 신체계측조사, 생화학적 조사 및 임상적인 조사를 통해 판정할 수 있으나, 기준과 방법에는 차이가 있다.

표 6-10 노인의 영양문제와 관련된 지표들

주요지표	보조지표
5kg(10lb) 이하의 체중감소 저체중이나 과체중 혹은 비만증 혈청 알부민 농도 : 305g/dL 미만일 때 상완위둘레 :10th percentile 미만일 때 삼두근 피부두겹두께(TSF) : 10th percentile 미만 혹은 95th percentile 이상일 때 영양과 관련된 질환이 있을 때 골다공증이나 골연화증이 있을 때 엽산 결핍증 비타민 B_{12} 결핍증	알코올 중독증 인지능력의 손상 만성 신부전 여러 종류의 약물 복용 흡수불량증 식욕부진, 구토, 연하곤란, 배변습관 변화 피로, 무기력이나 기억력 저하 구강, 치아상태 불량 탈수증 상처치유지연 피하지방이나 근육량 손실 수분 보유로 인한 부종 철, 비타민 C 및 아연 저하

표 6-11 영양위험지표(nutritional risk index: NRI)

	예	아니오
1. 의자를 끼고 있습니까?	☐	☐
2. 지난달에 의사가 처방한 약을 복용하였습니까?	☐	☐
3. 복부에 수술을 받은 적이 있습니까?	☐	☐
4. 지난달에 의사의 처방을 받지 않은 약을 복용하였습니까?	☐	☐
5. 변비나 설사와 같은 대장 증상이 있습니까?	☐	☐
6. 싫어하거나 맞지 않아서 먹지 않는 음식이 있습니까?	☐	☐
7. 어떤 음식을 먹거나 씹는 데 어려움이 있습니까?	☐	☐
8. 지금 현재 식사를 어렵게 하는 병이나 증상이 있습니까?	☐	☐
9. 현재 담배를 피우십니까?	☐	☐
10. 특별한 형태의 식사를 하십니까?	☐	☐
11. 의사로부터 빈혈이라는 말을 들은 적이 있습니까?	☐	☐
12. 지난달에 위나 복부의 통증이나 불편함이 3일 이상 계속된 적이 있습니까?	☐	☐
13. 입맛이 저하되는 질병을 앓고 있습니까?	☐	☐
14. 지난달에 최소한 3일 동안 무엇을 삼키는 데 어려움이 있었습니까?	☐	☐
15. 지난달에 최소한 3일간 구토를 한 적이 있습니까?	☐	☐
16. 지난 30일간 체중이 5kg 이상 증가하거나 감소했습니까?	☐	☐

〈평가〉

- 각 문항에서 '예'에 해당하면 1점을 줌
- 7점 이상인 경우 영양불량의 위험이 매우 크므로 보다 정밀한 영양조사가 필요함

표 6-12 노인의 영양판정

조사 항목	조사내용
신체계측조사	체중측정 시 거동이 불편할 경우 침대용 저울(bed beam)이나 눈금이 있는 휠체어(calibrated wheelchair)를 이용해야 함. 신장은 체지방이 많을 때는 똑바로 설 수 없으며, 척추 후만이거나 척추 만곡 혹은 움직일 수 없을 때는 측정이 어렵기 때문에 팔 길이, 무릎 높이 등을 이용하여 신장을 예측함
식사섭취조사	노령화에 따른 기억력 저하와 식욕감소 등으로 인해 식사섭취조사에 어려움이 뒤따름. 일반적으로 노인에게 있어서 건강상태에 따라 식사섭취조사법으로는 24시간 회상법, 식품섭취빈도조사법, 식사기록법 등이 사용됨

생화학적 조사	생화학적인 조사방법은 가장 정확하게 영양상태를 반영할 수 있다는 장점이 있음. 특히 노인층에서는 단백질-열량 영양불량, 감염, 염증 만성퇴행성질환 등의 질병 발병률이 높으며, 흡수불량이나 약물복용으로 인한 영양상태 불량이 나타날 수 있음
임상증상조사	부종, 창백한 피부색, 전반적인 허약증 등의 임상적 증후와 인지능력 조사 등을 병행하여 영양상태를 평가함

표 6-13 노인의 영양상태 판정방법

조사방법	내용	조사목적
식사섭취조사	• 식품과 음료섭취 • 식품기호도 • 식품의 안전성과 불안전성 • 영양보충제의 사용 여부	• 식사의 질 판정을 위한 식이섭취량 조사 • 시간 경과에 따른 식이섭취패턴의 변화조사 • 영양보충제 사용 정도 및 보충제가 영양소 섭취에 미치는 영향조사 • 복지시설 노인들의 식사섭취상태 평가
신체계측조사	• 체중 • 신장, 무릎 높이 • 상완위둘레 • 삼두근 피부두겹두께 • 체지방 측정	• 체중변화 조사 • 체성분, 체지방 조사 • 만성질병의 위험을 구분하기 위한 체지방분포 조사
생화학적 조사	• 콜레스테롤 수준 • 단백질 영양상태 • 엽산 영양상태 • 철분 영양상태	• 만성 질환의 영양적 위험도 조사 • 영양소의 저장상태 조사 • 영양상태의 기능적 조사
임상증상조사	• 임상적 징후와 증상 • 기능상태 조사 • 인지능력조사 • 구강건강상태조사 • 약물복용상태조사	• 영양결핍증이나 과잉증 조사 • ADL 능력조사 • 치아건강상태 평가 • 인지능력평가 • 영양중재를 통한 영양문제 개선상태조사

3 재택환자의 영양판정

의료기술의 발달은 인간의 수명연장에 기여하였으며, 노령화 사회가 진행되면서 노인인구가 증가하였다. 노인에게 발생되는 질병의 양상에서 급성감염성질환은 감소하고, 만성퇴행성질환은 크게 증가하였다. 이러한 추세에 따라 국가적인 차원에서는 노인을 위한 의료비 지원 사업이 진행되고 있으며, 노인의 삶의 질을 높이고, 건강을 유지하기 위한 의료서비스가 제공되고 있다. 또한 우리나라도 외국의 예와 같이 점차 재택의료에 대한 관심이 높아지고 있다.

1) 방문건강관리사업

질병구조의 변화 등으로 인해 지역사회에서 만성 건강문제가 증가하고 있다. 재택의료의 일환으로 2004년에 방문건강관리사업이 수립되었으며, 2015년 수행체제는 [그림 6-1]과 같다.

방문보건사업 대상자를 국민기초생활수급자와 차상위 계층까지 확대하여 실시하며, 방문인력이 가정 · 시설을 직접 방문하여 질병예방, 만성질환관리, 건강생활실천 등 보건 · 의료 서비스 및 다양한 지역연계자원 제공 강화로 찾아가는 보건소 맞춤형 방문건강관리사업 수행으로 지역주민의 건강수명 연장 및 건강형평성 확보에 노력하고 있다. 예를 들면, 전라남도 강진군 보건소의 경우 다양한 건강증진 프로그램과 각종 건강검진 등을 지원하고, 보건복지 사례관리 등을 통하여 노인 돌보미 서비스사업, 자원봉사자 연계 목욕, 이발, 반찬봉사 연계서비스도 함께 제공해 대상자가 다양한 보건 및 복지서비스를 받을 수 있도록 도와주고 있다. 특히 동절기에는 저소득 독거노인 및 허약노인 건강관리를 위해 매일 안부전화로 건강 확인 및 겨울철 건강관리 정보를 안내하는 등 추운 겨울철 건강관리에도 관심을 두고 노력을 하고 있다.

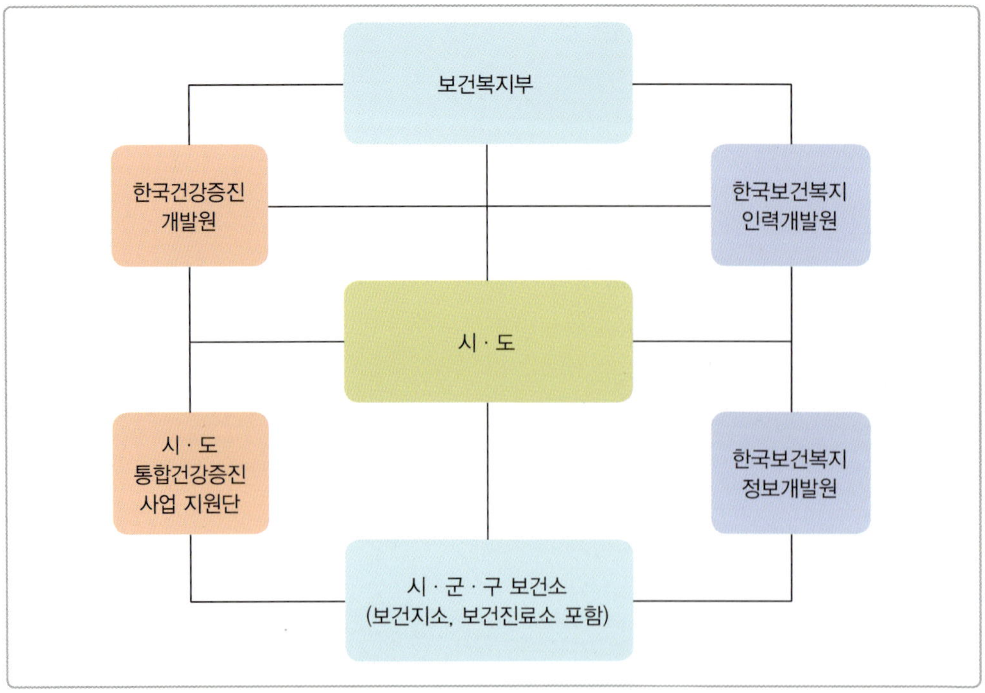

| 그림 6-1 | 방문보건사업 수행체계

2) 재택환자의 영양상태 판정

재택환자를 대상으로 한 영양상태 평가는 섭식능력을 평가하는 것이 중요하다. 재택환자의 경우 주로 만성퇴행성 질환자로서 신체 움직임에 문제가 있거나, 영양관리가 안 되어 영양상태가 불량인 경우가 많으므로 체계적인 영양관리가 필요하다. 재택환자를 위한 가정 방문 시 환자의 생활 환경적인 사항들까지 살펴서 환자뿐만 아니라, 보호자에게도 환자 질병에 따른 식품의 선택, 식사의 내용, 음식조리법, 음식을 섭취하는 방법 등에 관한 교육이 실시되어야 한다. 재택환자에 대한 영양판정은 [표 6-14]와 같다.

표 6-14 노인의 영양판정

식사할 장소로 가지 못함
식사하기 쉬운 자세를 취하지 못함
손으로 도구를 사용하지 못하므로 식품을 입으로 옮기지 못함
식욕이 없음
먹기를 거부하거나 과식함
씹지 못하거나 삼키지 못함
음식물을 흘림
뒤처리를 못함

표 6-15 재택환자의 영양판정 실시 항목

항목	내용
설문조사	과거병력, 식사능력, 영양보급, 체력, 식습관, 기호도에 관한 조사 조리능력, 섭취능력, 섭식행동, 미각 변화 조사
임상증상조사	피부, 모발, 구강상태 등 신체 증후 조사 영양상태 및 영양성 질환에 관한 증상 조사
영양소섭취량조사	음식물, 영양소 섭취 조사 영양소요량 또는 필요량 산출 영양 충족률 산출
신체계측조사	신장, 체중 측정 삼두근 피부두겹두께, 상완근육둘레 산출 누워 있는 환자의 체중을 예측하기 위해서는 상완둘레, 장딴지둘레, 견갑골 하부 피부두겹두께, 무릎 높이를 이용하여 간접적으로 예측함

표 6-16 방문건강관리사업 측정표

방문건강관리사업
– 만 65세 이상 건강면접조사표 –

■ 기초측정표

※ 대상 : 만 65세 이상 등록가구원, 조사주기 : 1년

번호	질문내용	예	아니오
1	버스나 지하철(전철) 등, 교통수단을 이용해서 혼자 외출할 수 있습니까?	①	②
2	슈퍼마켓이나 동네 가게에서 잘못이나 실수 없이 제대로 생필품을 구입합니까?(주문배달이 경우는 '아니오')	①	②
3	은행이나 농협, 우체국 등에서 예 · 적금 등의 금전 관리를 스스로 하고 있습니까?	①	②
4	이웃이나 친구의 집에 마실 하러 다닙니까?(가족이나 친척 집 제외)	①	②
5	가족이나 친구에게 생활상의 문제에 대해 상담이나 조언을 해줍니까?(전화를 통한 상담 · 조언도 포함함)	①	②
6	계단 손잡이나 벽을 짚지 않고 계단을 올라갑니까?(처음부터 습관적으로 잡는 경우는 '아니오'이고, 올라가는 중간중간에 잡는 경우는 '예')	①	②
7	의자에 앉은 상태에서 부축이나 지팡이 없이 일어납니까?	①	②
8	15분 정도 쉬지 않고 걸어 다닙니까?(실내 · 외를 불문)	①	②
9	지난 1년간에 넘어진 적이 있습니까?(미끄러지거나, 걸려서)	①	②
10	넘어지는 것에 대한 걱정이나 염려가 큽니까?	①	②
11	지난 6개월간 몸무게가 2~3kg 이상 빠졌습니까?(고의적인 체중감량은 제외함)	①	②
12	신장(　 cm) 체중(　 kg) BMI(=체중/신장^2)가 18.5 미만입니까?	①	②
13	지난 6개월 전에 비해 딱딱한 음식을 먹기 어려워졌습니까?	①	②
14	음료수나 국물을 드실 때 목이 멘 적(삼키기 어려움)이 있습니까?	①	②
15	자주 입이 말라서 신경이 쓰입니까?	①	②
16	1주일에 한 번 이상의 외출(나들이)합니까?(1~2주에 한 번 정도는 '예')	①	②
17	작년에 비해 외출횟수가 줄어들었습니까?	①	②
18	주위 사람들이 '항상 똑같은 말을 되풀이한다'는 등, 건망증이 있다는 말을 듣습니까?(건망증이 있어도, 그런 말을 듣지 않으면 '아니오')	①	②
19	혼자서 전화를 걸 수 있습니까?(누군가가 걸어주면 '아니오')	①	②

20	오늘이 몇 월, 며칠인지를 모를 때가 있습니까?	①	②
21	(최근 2주간) 매사에 의욕이 없다.	①	②
22	(최근 2주간) 가끔은 즐겨왔던 취미가 싫증 났다. (그래서 그만둔 경우도 '예')	①	②
23	(최근 2주간) 예전에는 쉽게 했던 일들이 이제는 어려워서 겁이 난다.	①	②
24	(최근 2주간) 자신이 쓸모 있는 사람이라고 생각하지 않는다.	①	②
25	(최근 2주간) 아무 이유도 없이 피곤함을 느낀다.	①	②

26. 현재 앓고 있는 질병에 모두 ○표를 해주십시오.

고혈압	당뇨	뇌졸중	관절염	요실금	암	심장질환	만성호흡기질환

27. 감각기능

구분	응답	
	그렇다	아니오
낮은 시력으로 인해 일상생활에서 어려움을 경험하고 있습니까?	☐	☐
낮은 청력으로 인해 일상생활에서 어려움을 경험하고 있습니까?	☐	☐

28. 체력측정(Timed Up & Go)

구분	측정결과
의자에서 일어나 빠른 걸음으로 돌아오기	☐☐.☐초

측정이 어려운 경우(좁은 장소, 대상자 건강상태가 불량 등 제외) 총 (/31점)

4 환자의 영양판정

병원 입원 환자의 영양상태는 수술의 경과, 수술 후 합병증 유병률, 질병 회복단계, 입원기간 및 질병치료에 대한 반응 등에 영향을 미치므로 적절한 임상적 영양치료가 필요하다. 입원 환자에 대한 영양판정의 목적은 영양불량의 위험도가 높은 환자에게 적절한 영양상태 평가를 통하여 질병의 치료를 돕고자 한다. 따라서 신체계측조사, 생화학적인 검사, 식사섭취조사, 임상증상조사 및 환자의 병력 등을 정확히 파악하는 것이 중요하다. 환자의 영양상태는 환자의 치료효과를 결정하는 중요한 요인이기 때문에 치료효과를 극대화시키기 위해서는 치료 전의 영양상태를 잘 평가하여 질병 형태에 따른 질병 치료를 계획하고, 실시하는 것이 필요하다. 입원 환자의 경우 적절한 시기에 임상영양치료가 잘 이루어지면 [그림 6-2]에서 제시한 경제적인 효율성을 확인할 수 있다.

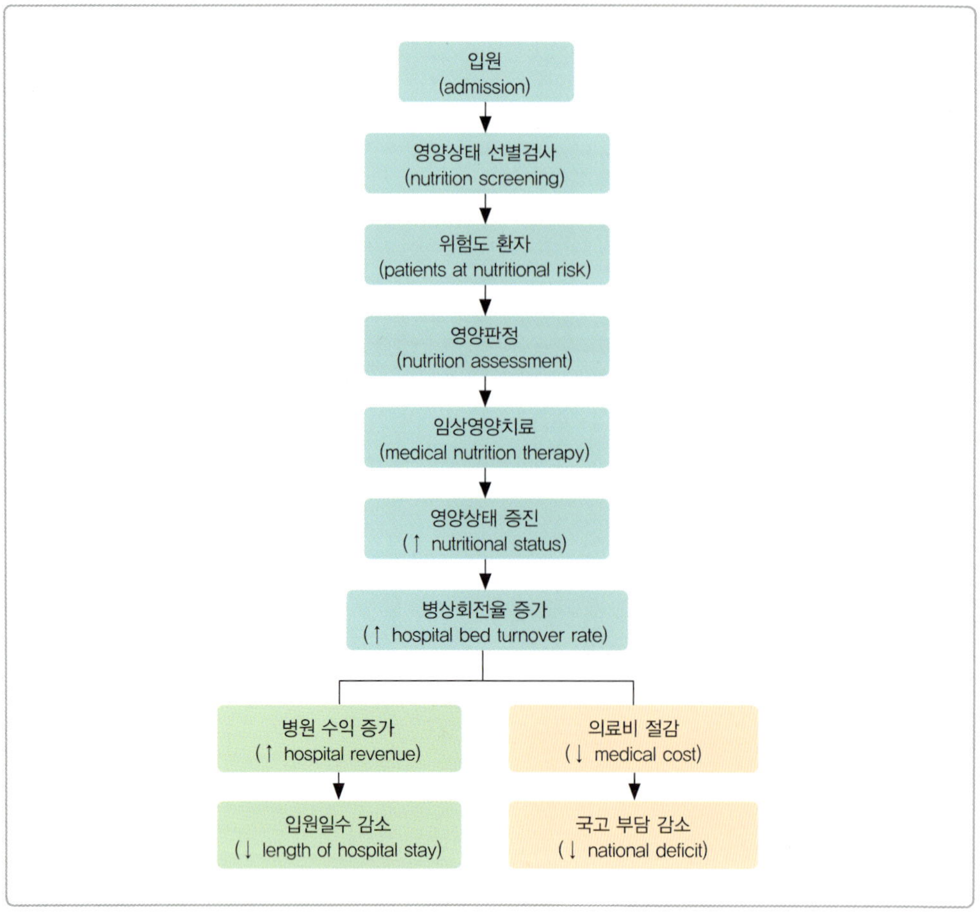

그림 6-2 입원 환자를 위한 임상영양 치료의 경제적 효율성

1) 입원환자의 영양판정

환자의 영양상태 판정은 단순히 환자의 영양상태 파악과 영양요구량을 알아내는 것만이 아니라, 영양불량의 위험도가 있는 환자를 정확히 선별하기 위해 신체계측 조사, 생화학적 조사, 식사섭취조사, 임상증상조사 및 환자의 병력 등의 정보를 바탕으로 종합적으로 이루어진다. 환자의 질환에 따른 임상영양치료(medical nutrition therapy; MNT)는 임상적으로 필요한 영양치료를 의미하며, 영양사가 제공하는 영양진단, 영양요법, 영양상담 등의 서비스가 병행되어야 한다.

(1) 영양판정의 목적

환자의 정확한 영양상태를 판정하여 질환으로 인한 합병증을 예방하고, 영양중재를 시행하여 영양상태 변화를 관찰하여 질병 치료를 돕고자 한다.

(2) 영양판정의 단계

환자의 영양판정은 영양상태 선별검사, 초기 영양판정, 대사영양 프로필의 3단계로 이루어진다. 모든 환자를 심도 있는 영양판정을 실시하는 것은 경제적, 시간적, 기술적으로 어려움이 많기 때문에 영양상태 선별검사를 먼저 실행한 후, 영양불량의 위험도가 있는 환자를 선별하여 초기 영양판정을 실시하며, 특히 영양 위험도가 매우 심한 환자의 경우 대사영양 프로필을 실시하여 영양치료를 실시하며, 질병의 악화를 최소화한다. 환자마다 영양위험도에 따라 다르지만, 영양판정 단계를 [그림 6-3]에 제시하였다.

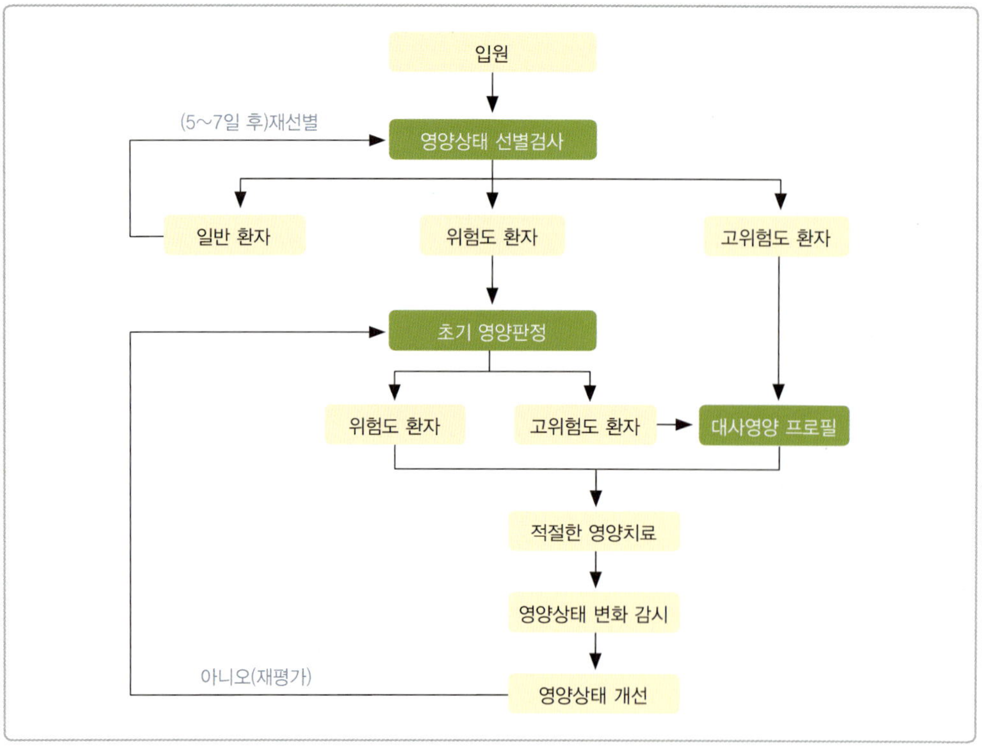

그림 6-3 입원환자의 영양판정 단계

① 영양상태 선별검사

영양상태 선별검사(nutritional screening)는 병원에 입원한 모든 환자를 대상으로 입원 후 24~48시간 내에 가장 먼저 이루어진다. 특히 조기에 영양불량이 있거나 위험이 있는 환자를 정확하게 가려내기 위한 것이며, 영양상태 선별은 의사, 간호사, 영양사 및 기타 의료보조원에 의해 수행된다. 영양상태 선별검사는 검사지(설문지)를 이용하거나 환자의 의무기록을 입력한 전산시스템을 이용하여 자료를 검색하여 시행된다. 영양상태 선별검사 평가지에는 의료정보(진단병명, 수술 여부 등), 신체계측(신장, 체중, 거동장애 등), 생화학적인 자료(혈청 알부민, 총림프구 수 등), 임상 징후, 식사(식사섭취량, 식욕, 신체활동 정도 등) 및 병력 등과 관련된 정보들이 포함되어 있어야 한다.

표 6-17 영양상태 선별검사의 위험요인 평가항목 및 기준

평가항목	기준	
	위험도	고위험도
섭식형태	치료식, 경관급식 금식/유동식 > 5일	완전정맥영양(total parenteral nutrition; TPN)
진단명	신장, 췌장, 간, 소화기질환, 종양, 신장, 신경계 질환 등	영양불량증
생화학적 검사	알부민 < 3.3g/dL TLC < 1,500/mm^3	알부민 < 2.8g/dL TLC < 1,200/mm^3
체중	이상체중의 75~90%	<이상체중의 75%

※ 두 가지 이상의 위험인자를 가진 경우에 위험도 환자로 분류하고, 위험도 환자 중 두 가지 이상의 고위험인자를 가진 경우에는 고위험도 환자로 분류함

표 6-18 영양초기 평가서식

No	환자	영양관련 문제	생화학 검사		신체계측		섭취량		평가
		(있으면 기록)	(종류)	(종류)	체중 평가	기타 (종류)	섭취량 조사	섭취량 평가	
1	강**								
2	김**								
3	박**								
4	김**								
5									
6									

② 초기 영양판정

초기 영양판정(initial nutrition assessment)이란 영양상태 선별검사에서 판별된 위험 환자를 대상으로 위험의 정도를 평가하여 환자의 질병 상태에 미치는 영향 정도를 파악하는 과정이다. 예를 들면, 영양교육의 경험, 병원식의 섭취 상태, 부종, 복수 여부, 근육 소모 여부 등과 같은 영양 및 약물과 관련된 문제점을 종합적으로 분석 및 평가한다.

표 6-19 nutrition care process(NCP) 서식의 예

<table>
<tr><th colspan="2">영양판정</th></tr>
<tr><td colspan="2">ID :　　　　　이름 :　　　　　나이:　　　세(남/여)　　　진료과:
영양사 :　　　　　날짜 :</td></tr>
<tr><th colspan="2">환자(고객) 과거력</th></tr>
<tr><td>주진단 :</td><td>병력 :</td></tr>
<tr><td colspan="2">처치 및 치료 :
약물처방 :</td></tr>
<tr><td colspan="2">기타 특이사항 :</td></tr>
<tr><th colspan="2">신체계측</th></tr>
<tr><td colspan="2">Ht ________cm, Wt ________kg, PIBW ________%, BMI ________kg/m², Usual Wt ________kg
Wt change ________kg(　　%) / 기간 :
TSF ________mm(　　%ile), MAC ________cm, MAMC ________cm(　　%ile)
Bodyfat ________kg(　　%), Waist circumference ________cm</td></tr>
<tr><th colspan="2">생화학적 자료, 의학적 검사와 처치</th></tr>
<tr><td colspan="2">Labs : (　　　　/　　　　)

기타 검사결과 :</td></tr>
<tr><th colspan="2">영양관련 신체검사 자료</th></tr>
<tr><td colspan="2">소화기 관련 증상 :

활력 증후 :

기타 :</td></tr>
<tr><th colspan="2">식품/영양소와 관련된 식사력</th></tr>
<tr><td colspan="2">식사처방 :</td></tr>
<tr><td>식품 및 수분/음료 섭취</td><td>장관/정맥영양 섭취</td></tr>
<tr><td></td><td>주입경로 :
영양액 :
시작시점/중단시점 :
주입방법 ☐ continuous ☐ intermittent ☐ bolus
주입속도 :　　　　　mL/hr
주입횟수 :　　　　　회/d,　1회 주입량 :</td></tr>
</table>

에너지 및 영양소 섭취량

에너지 ________kcal C:P:F ratio =
당질 ________g, 단백질 ________g, 지방 ________g
기타 영양소 :

식사 관련 경험 및 환경 :

지식/신념/태도 :

행동 :

약물과 약용 식물 보충제, 생리활성물질 :

알코올 섭취 및 흡연 :

신체적 활동 및 기능 :

영양필요량 : 에너지 ________kcal, 단백질 ________g,

영양진단		
문제	원인	징후/증상

영양중재	
영양처방	
■ 식품 영양소 제공 영역 ◎ 식사와 간식 □ 일반식/건강식 □ 식사와 간식을 통한 식품과 영양소의 배분 □ 특정 식품/음료나 식품군 □ 기타(식사지원, 식사환경 포함) ◎ 장관과 정맥영양 □ 장관영양이나 정맥영양 시작 □ 속도, 농도, 조성이나 스케줄 조정 □ 장관영양이나 정맥영양 중단 □ 장관급식관 삽입 □ 삽입부위 관리 ◎ 보충제/영양관련 약물관리 □ 보충제/종합비타민/무기질 □ 영양관련 약물관리 목표/기대효과 :	■ 영양교육 영역 ◎ 초기/기본 영양교육 ◎ 포괄적 영양교육 목표/기대효과 :
■ 영양상담 영역 ◎ 이론적 근거/접근 □ 인지-행동이론 □ 건강신념모델 □ 사회학습이론 □ 범이론적모델/변화단계 ◎ 전략 (동기부여 면담, 목표설정, 자기모니터링, 문제해결, 사회적 지지, 스트레스 관리, 자극통제, 인지재구성, 재발방지, 보상/수반성 관리) 목표/기대효과 :	■ 다분야 협의 영역 ◎ 타 분야와의 협조 : 팀회의/지역사회 프로그램 의뢰 ◎ 퇴원계획과 타 기관 의뢰 : 타 기관 이송 시 영양관리계획 전달 목표/기대효과 :
제공한 자료 • •	
follow up 일정 :	

③ 대사영양 프로필

대사영양 프로필(metabolic/nutritional profile)은 영양상태 선별검사나 초기 영양판정에서 나타난 고위험도 환자를 대상으로 실시하는 심도 있는 영양판정 방법이다. 예를 들면, 대수술 · 화상 · 영양불량증 · 패혈증 등의 중환자나 완전정맥영양 지원을 받는 환자 등을 대상으로 실시한다. 대사영양 프로필에서는 면역기능의 저하, 체단백질 감소, 체지방 축적 정도 등을 평가하여 환자에게 적합한 영양소 필요량을 산출하여 임상영양치료를 수행한다.

표 6-20 당뇨병과 고지혈증 대사영양 프로필의 예

nutrition care process
(N C P)

<table>
<tr><th colspan="7">영양판정</th></tr>
<tr><td rowspan="4">일반 정보 및 병력</td><td>진단명/증상</td><td colspan="5">합병증을 동반하지 않는 인슐린-비의존 당뇨병, 혼합성 고지질혈증</td></tr>
<tr><td>환자/가족 과거력</td><td colspan="5">고지혈증</td></tr>
<tr><td>약물</td><td colspan="5">BEMIB</td></tr>
<tr><td>신체 증후</td><td colspan="5">□ 몹시 여윔/근육소모 □ 부종 □ 복수 □ 욕창 ■ 비만</td></tr>
<tr><td rowspan="4">신체 계측</td><td>Ht 160cm</td><td>Wt 84kg</td><td>IBM 53.8kg</td><td colspan="2">PIBW 156.3%</td><td>Usual Wt kg</td></tr>
<tr><td colspan="6">Wt change –</td></tr>
<tr><td colspan="6">□ 없음 (1mo 0~–1.9% / 6mo 0~–1.9%) □ 약간 (1mo –2~–4.9% / 6mo –2~–9.9%) □ 심한 (1mo –5~–10%≤ / 6mo –10~–20%≤)</td></tr>
<tr><td colspan="2">TSF mm(%ile)</td><td colspan="2">MAC mm</td><td colspan="2">MAMC cm(%lie)</td></tr>
<tr><td rowspan="5">생화학적 수치</td><td>항목</td><td>결과</td><td>항목</td><td>결과</td><td>항목</td><td>결과</td></tr>
<tr><td>Hgb/Hct</td><td>–</td><td>Glucose</td><td>–</td><td>LDL/HDL</td><td>225/82</td></tr>
<tr><td>BUN/Cr</td><td>12/0.7</td><td>HbA1c</td><td>–</td><td>Apo A1</td><td>182</td></tr>
<tr><td>T-Chol/TG</td><td>321/68</td><td>Na/K/Cl</td><td>–</td><td>Apo B</td><td>153</td></tr>
<tr><td>Albumin</td><td>4.1</td><td>Ca/P/Mg</td><td>–</td><td></td><td></td></tr>
<tr><td rowspan="3">영양관련 신체검사 자료</td><td colspan="2">소화기 관련 증상</td><td colspan="4">–</td></tr>
<tr><td colspan="2">활력증후</td><td colspan="4">BP 130/80</td></tr>
<tr><td colspan="2">기타</td><td colspan="4">–</td></tr>
</table>

<table>
<tr><td rowspan="10">식품/
영양소와
관련된
식사력</td><td colspan="6">식사 시 문제점 | □ 식욕부진 □ 메스꺼움 □ 구토 □ 연하곤란 □ 설사 □ 기타</td></tr>
<tr><td colspan="3">식사처방 : –</td><td colspan="3">식사교육 경험 : 본원 당뇨단체교육</td></tr>
<tr><td colspan="6">식품 및 수분/음료 섭취
아침 8시. 점심 12시, 저녁 5시 섭취(스트레스 받으면 3~4시에 저녁 먹고 다음 날까지 먹지 않음)
밥 1/3공기 먹으면 허기져서 땅콩 등 주전부리를 먹게 됨
현재 잡곡밥 2/3공기로 늘려서 먹음
김치찌개/된장찌개 위주로 식사함
두부는 어쩌다 한 번 섭취, 돼지고기 김치찌개에 넣어서 먹음
본원 당뇨교육에서 달걀 많이 먹지 말라고 들어 최근 잘 먹지 않음
멸치+견과류+물엿 매일 먹음
1~2회/월 부침개 먹는데 한 번에 2~3장 과식해서 먹음
요구르트 직접 제조해서 2~3개 마심
과일 많이 먹었으나 줄였음(귤 1~2개 또는 사과 1/2개)
밥 대신 식빵 2~4개+우유 / 떡 좋아해서 많이 먹음
국수 가끔 먹는데 한 번 먹을 때 약 9교환단위 섭취
이뇨작용을 위해서 믹스커피 2잔/일 마심
외식은 잘 하지 않음
삼겹살, 닭, 섭취 시 지방, 껍질 포함해서 먹음</td></tr>
<tr><td colspan="6">에너지 및 영양소 섭취량 ■ Oral intake □ EN (   ) □ PN (   )</td></tr>
<tr><td colspan="3">에너지 kcal</td><td colspan="3">C:P:F ratio</td></tr>
<tr><td colspan="2">당질 g</td><td colspan="2">단백질 g</td><td colspan="2">지방 g</td></tr>
<tr><td colspan="6">건강식품/민간요법 : –</td></tr>
<tr><td>음주 :</td><td>–</td><td>흡연 :</td><td>–</td><td colspan="2">알레르기 :</td></tr>
<tr><td colspan="6">신체적 활동 및 기능 : 관절염 때문에 활동 어려움</td></tr>
<tr><td colspan="6">지식 / 신념 / 태도 : 이해도 및 실천의지 양호함</td></tr>
<tr><td>영양상태</td><td colspan="6">□ 심한 부족 □ 부족 ■ 양호 □ 과다</td></tr>
<tr><td rowspan="3">영양
요구량</td><td colspan="6">기준체중 : □ 현재 □ 평소 □ 표준 ■ 조정</td></tr>
<tr><td>열 량 = (조정)체중</td><td>61.4kg×</td><td>25~27</td><td>=</td><td>1,345.0~1,452.6</td><td>kcal/day</td></tr>
<tr><td>단백질 = (조정)체중</td><td>61.4kg×</td><td>1.0~</td><td>=</td><td>61.4~</td><td>g/day</td></tr>
</table>

<table>
<tr><th colspan="3">영양진단</th></tr>
<tr><th>P(문제)</th><th>E(병인)</th><th>S(증상/징후)</th></tr>
<tr><td>NC-3.3
비만</td><td>에너지 섭취 과다 및 활동량 부족</td><td>– BMI 32.8
– 관절염 때문에 활동 어려움
– 평소 식사조절 하지 않음</td></tr>
<tr><td>NI-5.8.1
당질 섭취 과다</td><td>당뇨 식사요법에 대한 교육 부재</td><td>– 밥 대신 빵, 떡, 국수 섭취
(식빵 2개, 떡 2~3교환단위, 국수 3교환단위)
– 부침개 2~3장/회 섭취
– 한 번에 귤 多, 사과 1/2개 섭취
– 명절에 식혜 다량 섭취
– 믹스커피 하루 2잔 마심</td></tr>
</table>

NB-1.1 **식품 및 영양 관련 지식 부족**	식품 및 영양 관련 사전 지식 부족	- 삼겹살 지방, 닭 껍질 섭취 - 설렁탕, 곰탕 국물 섭취 - 밥+국/찌개+김치 단조로운 식사섭취 - 매끼 단백질 섭취하지 않음 - 매끼 채소 섭취 부족함

영양중재

☐ 식품/영양소 제공 ■ 영양교육 ■ 영양상담 ☐ 다분야 협의

영양진단(문제)	중재내용	목표/기대효과
NC-3.3 비만	**C-1.4 범이론적모델/변화단계** 체중감량의 필요성 설명 및 실천격려 **C-2.2 목표설정** 적절한 체중감량 목표설정	- 한 달에 2kg 감량하기 - 3개월 후 BMI 30 - 가벼운 맨손체조 하기 - 식사조절 실천하기
NC-5.8.1 **당질 섭취 과다**	**E-2.2 수정에 대한 권고 사항** 혈당을 올리는 식품 설명 식품교환표 및 하루 당질 적정 섭취량 설명 인공감미료 활용법 설명	- 빵, 떡, 국수 대신 식사하기 - 빵, 떡, 국수 섭취 시 2교환단위 먹기 - 부침개 1장/회 이내로 섭취하기 - 부침개 섭취 시 밥 양 줄이기 - 하루 귤 1~2개 또는 사과 1/2개 이하로 섭취하기 - 식혜에 인공감미료 사용하기 밥알은 띄우는 정도만 넣어서 먹기 - 블랙커피+인공감미료 사용하기
NB-1.1 **식품 및 영양 관련 지식 부족**	**E-2.2 수정에 대한 권고 사항** 균형식사 하는 방법 단백질 및 채소 섭취를 늘리는 방법 지방/콜레스테롤 섭취를 줄이는 방법 염분 섭취를 줄이는 방법	- 육류 지방, 가금류 껍질 떼어 살코기 위주로 먹기 - 설렁탕, 곰탕 섭취 제한하기 - 설렁탕, 곰탕 섭취 시 국물 남기고 고기 건더기 위주로 섭취하기 - 밥+단백질+채소 포함된 균형식사 하기 - 매끼 고기, 달걀, 두부, 생선 등 단백질 메뉴 포함하기 - 나물, 생채소, 샐러드, 국건더기 등 채소 섭취 늘리기
영양 처방	energy = 1,400kcal(22.8kcal/kg*ABW), pro = 50g(0.81g/kg*ABW)	
교육자료 제공	고지질혈증 식사요법	
follow up 일정	필요시 재의뢰 바랍니다.	

표 6-21 영양불량 유형에 따른 판정 수치 변화

판정수치	마라스무스	콰시오커	심한 혼합형 PCM
%표준체중	↓	정상	↓
%체중감소	↓	정상	↓
혈청 알부민	정상	↓	↓
트랜스페린	정상	↓	↓
프리알부민	정상	↓	↓
총림프구 수	↓	↓	↓

(3) 입원환자의 영양판정 정보

① 식품 및 영양소 섭취와 관련된 식사력

환자의 식품 및 영양소 섭취와 관련된 정보는 주로 설문지나 면담을 통해 이루어지는데, 환자의 식사패턴, 식품의 기호도, 식사 시간 및 간식 횟수, 알레르기 유발 식품 등이 포함된다. 또한 환자의 질환에 따라 영양상태에 영향을 줄 수 있는 저작곤란, 연하곤란, 식욕부진, 구토 및 설사 등의 요인들도 조사해야 하며, 좀 더 정확한 영양을 판정하기 위해서는 환자의 생활환경, 문화, 종교, 사회심리적인 요인 및 경제적 지위 등도 고려해야 한다.

② 신체계측조사

신체계측조사 항목과 방법은 일반인과 동일하며, 질환에 따라 신장, 체중, 체지방량 및 비만도 등을 측정한다.

③ 생화학적 조사

환자의 경우 기본적으로 혈액, 소변, 대변, 머리카락 및 조직 등으로부터 시료를 채취하여 의학적인 검사를 통해 정보를 수집한다. 예를 들면, 면역기능의 측정방법으로 혈액 내 총림프구 수 측정, 혈액 내 알부민 · 트랜스페린 등을 측정함으로써 혈액 내 단백질량을 예측할 수 있다.

④ 과거력

환자의 병력을 조사함으로써 영양불량 위험요인을 파악하는 데 도움을 받을 수 있다. 면담이나 설문지 등을 통하여 환자의 과거 및 현재의 자료를 수집하여 과거 앓았던 질병과 현재의 질병 등을 조사한다.

⑤ 환자의 영양소 필요량 산정

환자의 영양소 필요량 산정은 영양판정의 마지막 단계에서 이루어진다. 환자의 신체계측조사 자료, 활동정도, 질병의 유형, 상처의 유무 등을 기본으로 하여 에너지, 단백질 등의 영양소 필요량을 산출한다.

(4) 환자의 영양불량 분류

환자의 영양상태에 결핍 또는 과잉 등의 영양문제가 발생하면, 기준 및 척도를 가지고 판정하게 된다.

표 6-22 입원환자 영양판정에 사용되는 기준 및 척도

기준	척도
체지방 축적	피부두겹두께
체단백	%표준체중, %체중 감소/기간, 상완위근육둘레, 크레아티닌 신장지수
내장단백	혈청 알부민, 트랜스페린, 프리알부민
면역기능	총림프구 수, 지연형 피부반응

저개발국가에서 많이 발병하고 있는 영양불량은 마라스무스, 콰시오커, 단백질-열량 영양불량 등으로 분류되는데, 국제질병분류기준(international classification of disease, 9th, clinical modification; ICD-9-CM)에서는 다음과 같이 분류하고 있다.

표 6-23 열량-단백질 영양불량(protein-calorie malnutrition, PCM)의 분류

ICD-9-CM Code	진단	범주 및 특성
260.0	콰시오커(피부 및 머리카락 탈색과 더불어 영양성 부종을 나타냄)	• 체중은 정상체중의 90% 이상 • 내장단백질 저하 : 혈청 알부민 < 3.0g/dL • 트랜스페린 < 180mg/dL • 단백질 섭취 부족 시 또는 상처나 질병으로 인한 과대사에 기인 • 특성 : 부종, 근육조직 분해, 신경조직 변화, 2차 감염, 아동의 경우 성장정지, 머리카락 변색
261.0	마라스무스(영양성 쇠약, 심한 열량결핍 및 영양불량)	• 체중은 표준체중의 80% 미만 • 근육소모와 더불어 지난 6개월간 평상시 체중보다 10% 이상 감소 • 내장단백질은 비교적 보유 : 혈청 알부민 > 3.0g/dL • 만성적인 에너지 섭취 부족에 기인
262.0	심한 혼합형 PCM(피부 및 머리카락 탈색은 없으나 영양성 부종을 나타냄)	• 체중은 표준체중의 60% 미만 • 내장단백질 저하 : 혈청 알부민 < 3.0g/dL • 마라스무스 환자가 스트레스(패혈증, 수술 등) 시 발생 • 마라스무스와 콰시오커의 복합증상 • 감염의 위험이 매우 높음 • 상처의 회복이 더딤
263.0	중간 정도 영양불량	• 체중은 표준체중의 60~75% 미만 • 내장단백질은 비교적 보유 : 혈청 알부민 3.0~3.5g/dL
263.1	가벼운 영양불량	• 체중은 표준체중의 75~90% 미만 • 내장단백질은 비교적 보유 : 혈청 알부민 3.5~5.0g/dL

표 6-24 영양불량을 일으키는 요인

요인	사례
부적절한 섭취	• 식욕부진(질병, 약물, 정서적 요인), 약물 • 두경부 외상 및 위장관 수술 후 • 저작/연하곤란 • 만성질환 • 알코올 중독/편식 • 변비, 노령, 식품알레르기

흡수불량	• 위장관 수술(위절제수술, 장절제수술) • 만성위장관질환(설사, 지방변증, 장염, 위궤양) • 췌장질환 • 약물치료(제산제, 완하제, cholestyamin) • 장내 기생충
이용률 감소	• 선천성대사질환 • 대사부전 • 간 기능 저하(간경변) • 약물 치료의 부작용(항발작제, 항대사제, 경구피임약)
손실량 증가	• 비정상적인 대사(간, 신장, 내분비계 질환) • 설사, 복수 • 출혈, 누공, 상처, 배농 • 잦은 구토 • 신증후군, 복막, 혈액투석 • 당뇨(uncontrolled)
요구량 증가	• 발열, 갑상선대사항진 • 수술, 외상, 화상, 감염, 호흡곤란이 있는 폐질환 • 임신, 수유, 성장기, 청소년 • 무정위운동증(athetosis) • 치료 중인 암 환자(cancer)
입원환자 부적절한 영양공급	• 부적절한 영양 섭취를 방치할 때(경구 섭취불량, 경장영양, 완전중심정맥영양) • 과대사 상태에서 영양지원이 지연 또는 되지 않을 때 • 오랫동안 5% dextrose나 saline 주사만 주는 경우 • 식사 섭취를 관찰하지 않거나 검사로 인한 잦은 금식 • 상처나 질병으로 인한 영양요구량의 증가를 충족시키지 못할 때

(5) 입원환자에서 사용하는 영양판정

① 수술예후영양지수

수술예후영양지수(prognostic nutrition index; PNI)는 수술 전에 미리 수술 후 치료 회복 및 사망률에 대한 사전 평가 방법이다. 수술예후영양지수 50% 초과 시 높은 위험도, 40~50%이면 중등 위험도, 40% 미만이면 낮은 위험도로 분류한다.

PNI(%) = 158 − 16.6(Alb) − 0.78(Tst) − 0.20(Tfn) − 5.8(Dh)
PNI : 환자의 예후영양지수
Alb : 혈청 알부민(g/100mL)
Tst : 삼두근 피부두겹두께(mm)
Tfn : 혈청 트랜스페린(mg/100mL)
Dh : 지연형 피부 과민반응(cutaneous delayed hypersensitivity reactivity)
0(무반응), 1(<5mm 반응), 2(≥5mm 반응)

② 영양위험지수

영양위험지수(nutritional risk index; NRI)는 복부 및 흉부 주요 외과 수술이 예정된 영양불량 환자를 대상으로 수술 전과 후의 완전정맥영양의 유효성을 평가하기 위한 방법이다. 평가 점수가 100을 초과하면 정상, 83.5~97.5이면 경미한 영양불량, 83.5 미만이면 중증 영양불량으로 분류한다.

NRI = (1.519 × Alb) + (41.7 × 현재 체중/평상시 체중)
Alb : 혈청 알부민(g/L)
평상시 체중 : 입원 전 6개월 동안의 안정적 체중

③ 간이영양평가

간이영양평가(mini nutritional assessment; MNA)는 노인환자의 영양불량을 확인하기 위해 고안되었다. 단계별로 영양판정이 가능하며, 단계 1과 2의 점수를 합하여 최종점수가 17 미만이면 영양불량, 17~23.5이면 영양불량의 위험상태로 판정한다.

표 6-25 간이영양판정 1 : 선별검사

간이영양판정 1. 선별검사		날짜		
이름	성별	연령	체중(kg)	신장(cm)
A	지난 3개월 동안 식사섭취량이 식욕상실, 소화문제, 저작 및 연화곤란으로 인해 감소하였는가? 0=심한 식욕상실, 1=중등 정도 식욕상실, 2=식욕상실 없음	☐		

B	지난 3개월 동안 체중손실은? 0 = 3kg 초과, 1 = 모름, 2 = 1~3kg, 3 = 체중손실 없음	☐
C	거동 0 = 침대나 의자 생활, 1 = 외출 불가능, 2 = 외출 가능	☐
D	정신적 스트레스 또는 급성질환 0 = 유, 2 = 무	☐
E	신경정신과 문제 0 = 심한 치매 또는 우울증, 1 = 경한 치매, 2 = 심리적 문제 없음	☐
F	신체충실지수(BMI) 0 = BMI 19 미만, 1 = BMI 19에서 21 미만, 2 = BMI 21에서 23 미만, 3 = BMI 23 이상	☐

표 6-26 간이영양판정 2 : 영양판정

간이영양판정 2. 영양판정		날짜		
이름	성별	연령	체중(kg)	신장(cm)

G	독립적인 생활(양로원이나 병원에 있지 않음) 0 = 아니오, 1 = 예	☐
H	처방약 복용 여부(하루에 3종류 초과) 0 = 예, 1 = 아니오	☐
I	욕창, 피부궤양 0 = 예, 1 = 아니오	☐
J	세 끼 식사 : 하루에 몇 끼 0 = 1끼, 1 = 2끼, 2 = 3끼	☐
K	단백질 섭취량 : (a) 적어도 하루에 유제품 1회 섭취 (예/아니오) (b) 일주일에 두류 또는 난류 2회 이상 섭취 (예/아니오) (c) 육류, 어류 또는 조류 매일 섭취 (예/아니오) '예'가 0 또는 1개면 0, '예'가 2개면 0.5, '예'가 3개이면 1.0	☐
L	과일 및 채소 : 하루에 2회 이상 섭취 0 = 아니오, 1 = 예	☐
M	액체 : 하루에 물, 주스, 커피, 차, 우유 0 = 3컵 미만, 0.5 = 3~5컵, 1.0 = 5컵 초과	☐
N	섭식 양식 : 0 = 도움 없이 섭식 불가능, 1 = 어렵게 스스로 섭식, 2 = 섭식 문제 없음	☐
O	영양상태 자가판정 : 0 = 자신을 영양불량으로 간주, 1 = 영양불량 확신하지 않음, 2 = 영양문제가 없다고 봄	☐
P	건강상태 : 동일한 연령의 다른 사람과 비교하여 자신의 건강상태는? 0 = 못한다, 0.5 = 모른다, 1.0 = 유사하다, 2.0 = 더 좋다	☐
Q	상완둘레(MUAC) : 0 = MUAC 21cm 미만, 0.5 = MUAC 21~22cm, 1 = MUAC 22cm 이상	☐
R	장딴지둘레(CC) : 0 = CC 31cm 미만, 1 = CC 31cm 이상	☐

1. 영양상태 선별검사 점수 ____________점
2. 영양판정 점수 ____________점

영양불량지표 총점수 ____________점

④ 주관적 종합평가

주관적 종합평가(subjective global assessment; SGA)는 객관적 측정치의 유용성이 의문시 되어 영양판정의 대체방법이며, 환자력과 신체 진단에 기초한 영양상태 평가를 위한 임상적 기법이다. 최근 체중 감소, 평상시 식사의 변화, 중요한 위장 증상의 존재, 신체 기능력, 대사 변화 등의 환자력 5가지 요소와 피하지방의 손실, 근육소모, 부종, 복수 등의 신체검사의 4가지 요소를 종합적으로 분석하여 평가한다. 특히 영양상태 선별검사에서 위험도가 높다고 판단되는 암, 화상, 외상, 대수술, 간질환 등은 환자의 영양판정에 많이 활용된다.

표 6-27 PG-SGA(patient-generated subjective global assessment) 서식의 예

영양상태평가(PG-SGA)

환자번호		환자명	
병동호실		입원일	

1. 체중	2. 식사섭취
현재 체중 ________________kg 키 ________________cm 1달 전 체중 ________________kg 6개월 전 체중 ________________kg • 최근 2주간 체중 변화 ☐ 감소(1) ☐ 변화 없음(0) ☐ 증가(0)	• 평소와 비교하여 지난 한 달간의 섭취 상태 ☐ 변화 없음(0) ☐ 평소보다 증가 ☐ 평소보다 감소(1) • 현재 섭취하는 음식형태 ☐ 일반식(1) ☐ 죽식(2) ☐ 미음(3) ☐ 영양보충음료만(3) ☐ 섭취량 거의 없음(4) ☐ TF or TPN

3. 증상	4. 활동 및 기능상태
• 지난 2주간 충분한 식사섭취를 힘들게 했던 문제들을 모두 표시 □ 식사섭취에 문제없음(0) □ 식욕 없음, 먹고 싶지 않음(3) □ 메스꺼움(1) □ 구토(3) □ 변비(1) □ 설사(3) □ 입안 염증(2) □ 입안 건조(1) □ 음식맛이 달라짐(1) □ 음식냄새(1) □ 삼키기 힘듦(2) □ 조기 만복감(1) □ 통증(위치 :)(3) □ 기타( )(1)	• 지난 한 달간의 활동상태 □ 모든 정상활동 가능(1) □ 정상은 아니지만 일상적인 생활은 가능(1) □ 일상활동이 힘들고 반나절은 누워지냄(2) □ 하루종일 누워지내며 일상활동 거의 불가능(3)
5. 영양필요량 결정에 관련된 질환 및 상태 • 진단명 : • 나이 :	**6. 대사적인 요구(스트레스)** □ 스트레스 없음 □ 약한 스트레스 □ 중정도 스트레스 □ 심한 스트레스 스테로이드 용량 :
신체상태조사(0=정상, 1=약간, 2=중정도, 3=심함) ______ 피하지방조직손실(triceps, chest) ______ 근육손실(quadriceps, deltoids) ______ 발목부종 ______ 천골부종 ______ 복수	
SGA등급(판정일 :) □ A=영양상태 양호 □ B=중정도 영양불량 또는 영양불량 의심 □ C=심한 영양불량	

(6) 의무기록 작성

의무기록은 의사전달의 매체이며, 영양관리에 대한 문서화된 근거 자료이다. 주관적 및 객관적인 자료를 바탕으로 SOAP 형태로 작성된다.

표 6-28 의무기록 작성 항목

조사항목	조사내용
S(subjective data)	환자로부터 얻은 정보, 활동정보, 식습관, 기호도 등에 관련된 사항을 기록함
O(objective)	신체계측, 생화학적인 검사, 현재 식사처방 등에 관련된 사항을 기록함
A(assessment)	주관적 및 객관적인 자료를 바탕으로 환자의 상태를 분석하고 평가하는 방법임
P(plan)	진단, 치료 및 영양교육에 관한 사항으로 나누어 계획하고, 실행하고, 평가임

5 지역사회에서의 영양판정의 적용

1) 지역사회의 영양판정

지역사회의 영양판정은 지역이나 국민을 대상으로 하며, 특히 영양취약지역이나 계층을 대상으로 영양사업, 영양서비스, 급식제공 및 영양교육 등의 영양사업을 실시함으로써 지역주민들의 건강수준 향상을 위한 영양과 건강증진을 도모한다. 지역주민들을 위해 영양지원과 급식지원, 영양상담실 운영과 방문 및 순회, 자원 활동 및 의뢰, 집단지도, 상담 및 면접, 매체활용을 연구 개발하는 과학적 실천 등이 이루어지고 있다.

지역사회의 건강 및 영양 문제는 만성퇴행성질환의 발병률과 이환률이 높으며, 지역주민들에게 영양판정을 적용하여 영양감시체계를 확립한다면, 질병의 예방 차원에서 매우 중요한 의미를 갖게 된다.

(1) 국민건강영양조사

국민건강영양조사는 국민건강증진법에 의거하여 1998년 11월에 처음 실시되었으며, 건강면접조사, 보건의식행태조사, 검진조사, 영양조사(식사섭취조사) 등의 4가지 영역으로 나누어 실시하고 있다.

표 6-29 국민영양건강조사의 내용

종류	내용
건강면접조사	• 개인별 면접조사, 설문지 이용 • 질환이환조사 – 사고중독조사 : 발생원인, 장소, 손상 유형 및 부위 등 – 활동제한 및 삶의 질 : 한 달간 침상 와병 일수, 활동제한시간, EQ-5D – 의료이용조사 : 2주간 외래 의료 이용
건강행태조사	• 개인별 본인 직접 기입조사 • 성인 : 흡연, 음주, 구강보건, 건강검진, 예방접종, 비만, 안전의식(안전벨트 착용, 음주운전) 등 • 청소년 : 흡연, 음주, 구강보건, 건강검진, 예방접종, 비만, 안전의식(안전벨트 착용) 등 • 소아 : 이환, 의료이용, 선천성 대사 이상 검사, 비만, 안전의식(자동차 보호장구 착용, 자전거 헬멧 착용) 등
검진조사	• 신체계측 및 혈압 측정 • 혈액검사 : 총콜레스테롤, 중성지방, HDL-C, 당화혈색소, 공복 시 혈당, B형 간염 항체 등 • 소변검사 : 요비중, 요단백 등 • 구강검사 : 치아우식 등 13개 항목 • 폐기능검사 : 폐활량
영양조사	• 훈련된 조사원이 가구 방문 • 식사섭취조사 : 조리 레시피, 끼니별 섭취식품의 종류 및 섭취량 • 식생활조사 : 식습관, 식이보충제 섭취, 영양지식, 영유아의 모유 · 분유 · 이유보충식 섭취현황 • 식품섭취빈도조사 : 주요 식품에 대한 연간 섭취빈도

(2) 영양플러스 사업

영양플러스 사업은 출산율 감소와 미혼모의 저체중아 출산의 증가로 인해 영양적인 위험집단인 임신부 및 영유아에 대한 영양지원을 하고자 실시하는 국가지원 사업이다. 특히 빈혈, 저체중, 영양불량 등 취약계층 임신부 및 영유아의 영양문제를 해소하고, 스스로 식생활을 관리할 수 있는 능력을 배양하여 국민의 장기적인 건강을 확보를 위해 실시하고 있다. 영양플러스 사업의 내용으로는 영양교육 및 상담서비스, 보충식품 공급, 전반적인 영양평가로 이루어져 있다. 영양플러스 사업의 효과로는 빈혈 유병률 감소, 아동의 저체중 비율 감소, 영양섭취상태 향상 및 영양지식과 건강 행태가 개선되었다.

표 6-30 영양플러스 사업 보충식품 패키지별 식품제공량(1인 1일 환산치)

식품명	식품패키지1 (영아, 0~5월)	식품패키지 2 (영아, 6~12월)	식품패키지 3 (유아, 1~5세)	식품패키지 4 (임신 · 수유부)[7]	식품패키지 5 (출산부)	식품패키지 6 (완전모유수유)
조제분유[1]	필요량의 1/2까지	필요량의 1/2까지				
쌀		45g	45g	90g	90g	90g
감자[2]		25g	25g	50g	50g	50g
달걀[3]		50g(노른자)[4]	50g	50g	50g	50g
당근		18g	18g	35g	35g	35g
우유			400mL	400mL	200mL	400mL
검정콩[5]			10g	15g	15g	15g
김			3g	3g	3g	3g
미역				2.5g	2.5g	2.5g
참치통조림						30g
귤/오렌지 주스[6]						귤(중) 1개 주스 200mL
대체식품						
국수 (감자 대체)			100g/주	200g/주	200g/주	200g/주
시리얼 (검정콩 대체)			30g	30g	30g	30g
이유식 (분말)[8] (생식품 대체)		필요한 경우				

1) 모유수유를 우선적으로 권장하며, 필요량에 따라 제품에 표기된 권장섭취량의 1/2까지 제공함
2) 감자의 가격이 비싼 계절(봄 등)에는 국수를 대신 지급할 수 있음. 이 경우 식품패키지 2에서는 국수를 공급하지 않음
3) 달걀 50g은 달걀 1개로 계산하여 공급함
4) 전란을 지급하되, 영아는 노른자만 먹도록 교육함
5) 검정콩의 경우 대상자/지역의 특성에 따라 시리얼을 대신 제공할 수 있음
6) 가을, 겨울 등 가격이 저렴한 계절에는 귤을 공급함. 봄, 여름 등 귤의 가격이 비싼 계절에는 당이 첨가되지 않은 100% 오렌지주스를 공급할 수 있음
7) 혼합수유부의 경우 출산 후 7개월째부터 보충식품은 우유만 제공
8) 필요한 경우 또는 원하는 경우 시판이유식을 기준량의 1/2 범위 내에서 공급할 수 있음. 이 경우 그 밖의 식품은 제공하지 않음

(3) 지역 보건소의 건강증진사업

최근 사스, 메르스, 신종 코로나19(COVID19) 바이러스 등의 질병들이 세계적으로 유행하면서 지역사회에서 보건소 역할의 중요성이 증가하였으며, 지역사회를 중심의 건강관리 및 역학 연구가 활발히 진행되고 있다. 일반 시 · 군 · 구 보건소의 조직은 보건행정계 · 예방의학계 · 가족보건계로 구성되어 있으며, 모자보건계가 추가로 설치되어 있는 곳도 있고, 일반 시 · 군 · 구 보건소의 기능에 진료기능을 대폭 보강한 곳도 있다. 특히 과거에는 보건소에서 구강관리, 예방접종 등을 중요시했다면, 최근에는 조기검진, 건강행태 개선사업 및 영양역학 조사 등을 중심으로 다양한 영양사업을 진행하고 있다.

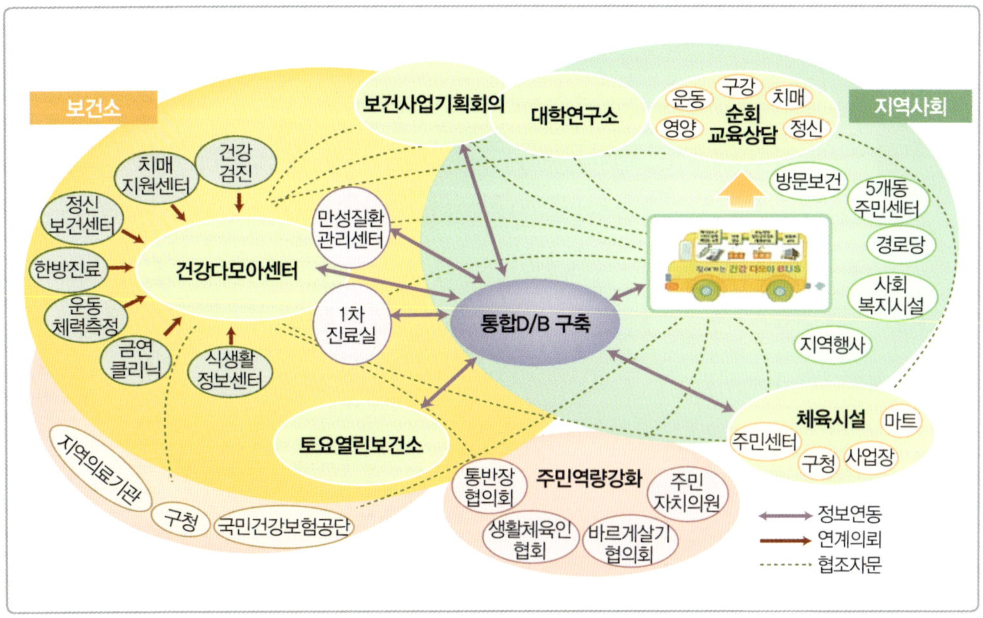

| 그림 6-4 | 보건소와 지역사회를 연계한 성인 지역사회 영양 프로그램 사례

예를 들어, 보건소에서 지역주민을 대상으로 비만관리 프로그램을 진행할 경우 교육실시 첫 주, 교육 진행 중, 교육 후, 사후 교육 등의 단계로 나누어 효과를 판정하며, 신체계측조사 · 생화학적인 조사 · 임상증상조사 등을 병행하여 실시한다.

표 6-31 보건소 비만예방 관리 프로그램 각 교육 단계에 따른 평가항목의 예

평가항목	1주	2-7주	8주	3 개월	4 개월	5 개월	6 개월	9 개월	12 개월	18 개월	24 개월
칼로리 섭취	○	○	○	○	○	○	○	○	○	○	○
신체활동	○	○	○	○	○	○	○	○	○	○	○
신체계측	○		○	○	○	○	○	○	○	○	○
체지방	○		○				○	○	○	○	○
혈압	○		○				△	△	○	△	○
혈액검사	○		○				△	△	○	△	○
소변검사	○		○				△	△	○	△	○
행동변화요인	○		○						○		○

2) 외국의 사례

미국의 경우 WIC(women, infants, and children) 프로그램을 통하여 영양보충식품 제공, 영양교육과 상담, 모유수유 권장, 산전관리, 가족계획, 예방접종, 알코올 중독문제 등 다양한 의료서비스를 통합적인 건강관리를 위해 실행하고 있다. 영국의 경우 저소득층을 위한 바우처 지급, 호주의 경우 어린이와 청소년을 위한 지방정부의 다양한 프로그램이 시행되고 있다.

표 6-32 외국의 영양사업 사례

국가	프로그램	대상자	사업내용
미국	special supplemental nutrition program for WIC	영양적 위험에 처해 있는 저소득층 임신수유 여성 및 6세 이하 어린이	매달 식품 또는 쿠폰으로 우유, 치즈, 달걀, 과일주스, 시리얼, 땅콩버터, 조제분유, 유아용 시리얼 제공
	head start program	저소득층 가정의 가족과 3~5세 어린이, 장애가 있는 어린이	교육 · 의료 · 치과 · 영양 · 사회 서비스, 영양가 있는 식사와 간식 제공

	supplemental nutrition assistance program; SNAP	미국 시민, 저소득층, 보호시설에 수용된 사람	푸드스탬프 프로그램이 2008년 10월부터 '보충영양보조 프로그램'으로 바뀜. 푸드스탬프 대신 전자카드에 보조금이 전달되어 대부분의 식품점에서 식품을 구매할 때 현금처럼 사용할 수 있으며, 2010년 매달 4,000만 명이 보조금 혜택을 받음
영국	healthy start	저소득층 임신수유 여성 및 6세 이하 어린이	바우처 지급을 통해 매주 우유, 과일, 야채, 분유 지원, 비타민 무료 제공
호주	austraila's future	어린이, 청소년	건강한 식생활과 신체활동 증가를 위한 법안 제정 및 각 지방정부의 다양한 시행

NUTRITIONAL ASSESSMENT

실습 및 부록

실습 1. 체위측정 및 신장-체중 지수 산출을 통한 영양상태 판정

실습 2. 피부두겹두께 측정 및 체지방량 산출을 통한 영양상태 판정

실습 3. 생체전기저항, 상완둘레, 허리-엉덩이둘레 측정을 통한 신체조성 평가

실습 4. 24시간 회상법

실습 5. 반정량 식품섭취빈도조사

부록 1. 미취학 어린이(만 3~5세)용 영양지수 조사지

부록 2. 청소년(만 12~18세)용 영양지수 조사지

부록 3. 성인(만 19~64세)용 영양지수 조사지

부록 4. 어르신(만 65세 이상)용 영양지수 조사지

부록 5. 2020 한국인 영양소 섭취기준 요약표

부록 6. 신장별 체중 백분위수

부록 7. 연령별 신장

부록 8. 연령별 체중

부록 9. 연령별 체질량지수

실습 1 체위측정 및 신장-체중 지수 산출을 통한 영양상태 판정

1. 목적 : 체위를 측정하고 신장-체중 지수를 산출하여 영양상태를 판정한다.

2. 기구 : 신장계, 체중계, 줄자, 캘리퍼, 30cm 플라스틱 자

3. 방법

① 신장과 체중을 측정한다.

② 무릎길이를 측정하고 계산식을 이용하여 신장을 추정하고, ①에서 측정한 신장과 비교한다.

③ 표준체중을 이용하여 상대체중와 비만도를 산출하고 영양상태를 판정한다.

④ 체질량지수(BMI)를 구하고 비만 정도를 평가한다.

⑤ 손목둘레와 팔꿈치너비를 측정하여 체격 정도를 평가한다.

4. 결과

날짜		성명	
연령		성별	
측정			
신장			
체중			
무릎길이			
손목둘레			
팔꿈치 너비			
계산			
추정신장(by 무릎길이)			
표준체중			
상대체중			
비만도			
체질량지수			
손목지수			
판정			

5. 결론 및 고찰

실습 2 피부두겹두께 측정 및 체지방량 산출을 통한 영양상태 판정

1. 목적 : 신체 부위별로 정확한 피부두겹두께 측정방법을 익히고, 체밀도, 체지방량, 제지방량을 산출하여 영양상태를 판정한다.

2. 기구 : 캘리퍼, 계산기

3. 방법

① 신체부위별로 피부두겹두께를 정확하게 측정한다.

② 신체밀도를 산출한다.

③ 체지방률을 산출한다.

④ 총체지방량과 제지방량을 산출하고 영양상태를 판정한다.

4. 결과

이름		날짜	
연령		성별	
신장		체중	
측정			
가슴		장골 상부	
삼두근		복부	
견갑골 하부		허벅지	
옆중심선		장딴지	
계산			
피부두겹두께 합			
신체밀도			
체지방률			
지방량			
제지방량			
목표체중			
판정			

5. 결론 및 고찰

실습 3 생체전기저항, 상완둘레, 허리-엉덩이둘레 측정을 통한 신체조성 평가

1. 목적 : 생체전기저항법으로 신체조성을 평가하고, 상완둘레를 측정하여 상완근육둘레와 상완근육면적을 산출하여 단백질 영양상태를 판정한다. 또한 허리-엉덩이둘레비를 구하여 체지방의 분포를 파악한다.

2. 기구 : 생체전기저항측정기, 캘리퍼, 줄자

3. 방법

① 생체전기저항측정기로 측정된 신체조성결과를 피부두겹두께 측정치로 산출한 결과와 비교한다.

② 삼두근 피부두겹두께와 상완둘레를 측정하여 상완근육둘레 및 상완근육면적을 산출한다.

③ 허리둘레와 엉덩이둘레를 측정하여 허리-엉덩이둘레비를 산출하여 비만 정도를 판정한다.

4. 결과

이름		날짜	
연령		성별	
생체전기저항측정			
체지방량			
제지방량			
체지방률			
단백질 영양상태			
삼두근 피부두겹두께			
상완둘레			
상완근육둘레			
상완근육면적			
비만도 평가			
허리 둘레			
엉덩이 둘레			
허리-엉덩이둘레비			
판정			

5. 결론 및 고찰

실습 4 24시간 회상법

▶ 식사기록을 작성하시는 날이 평상시와 다르게 식사를 한 날인가요? (예, 아니오)

식사 구분	시간	장소	음식명	재료명	섭취분량 (눈대중량)
아침 식사					
간식					
점심 식사					

간식					
저녁 식사					
간식					

실습 5 반정량 식품섭취빈도조사

작 / 성 / 예 / 시

귀하가 평소에

- 식사를 하루에 총 3번 하는데 쌀밥 1번, 잡곡밥 2번(빈도), 한 번에 1그릇 (분량) 정도를 먹는다면

  ☞ 아래와 같이 쌀밥 '일 1회'와 '기준분량'란에 ✓ 표시하고

  잡곡밥 '일 2회'와 '기준분량'란에 ✓ 표시합니다.

- 불고기 또는 갈비구이 등을 일주일에 1번 먹고, 한 번에 중 1/2접시(75g) 정도 먹었으면

  ☞ 아래와 같이 '주 1회'와 '더 적음'란에 ● 표시합니다.

	지난 1년간 평균 섭취빈도									평균 1회 섭취분량			
		월		주			일						
	거의 안 먹음	1회	2-3회	1-2회	3-4회	5-6회	1회	2회	3회	기준분량	더 적음	기준 분량	더 많음
쌀밥	☐	☐	☐	☐	☐	☐	☑	☐	☐	1공기		✓	
잡곡밥	☐	☐	☐	☐	☐	☐	☐	☑	☐	1공기		✓	
불고기, 갈비구이	☐	☐	☐	☑	☐	☐	☐	☐	☐	1인분 (150g)	✓		

※ 귀하의 자녀가 지난 1년 동안 다음 식품을 얼마나 자주 섭취했는지를 해당하는 곳에 표시하십시오. 한 가지 식품도 빼놓지 말고 정확하게 모두 표시해야 합니다.

주식류	지난 1년간 평균 섭취빈도									평균 1회 섭취분량			
		한 달		일 주 일			하루						
	거의 안 먹음	1회	2-3회	1-2회	3-4회	5-6회	1회	2회	3회 이상	기준 분량	더 적음	기준 분량	더 많음
쌀밥	☐	☐	☐	☐	☐	☐	☐	☐	☐	1공기			
잡곡밥	☐	☐	☐	☐	☐	☐	☐	☐	☐	1공기			

국수류	☐	☐	☐	☐	☐	☐	☐	☐	☐	1인분			
짜장면	☐	☐	☐	☐	☐	☐	☐	☐	☐	1인분			
라면	☐	☐	☐	☐	☐	☐	☐	☐	☐	1개			
떡국	☐	☐	☐	☐	☐	☐	☐	☐	☐	1인분			
시리얼	☐	☐	☐	☐	☐	☐	☐	☐	☐	1인분			
떡류	☐	☐	☐	☐	☐	☐	☐	☐	☐	1인분 (100g)			
식빵/토스트	☐	☐	☐	☐	☐	☐	☐	☐	☐	1조각 (50g)			
햄버거	☐	☐	☐	☐	☐	☐	☐	☐	☐	작은것 1개 (100g)			
피자	☐	☐	☐	☐	☐	☐	☐	☐	☐	1조각 (150g)			
김밥	☐	☐	☐	☐	☐	☐	☐	☐	☐	1줄			
떡볶이	☐	☐	☐	☐	☐	☐	☐	☐	☐	1인분			

육류	지난 1년간 평균 섭취빈도									평균 1회 섭취분량			
	거의 안 먹음	한 달		일 주 일			하루						
		1회	2-3회	1-2회	3-4회	5-6회	1회	2회	3회 이상	기준분량	더 적음	기준 분량	더 많음
갈비, 불고기	☐	☐	☐	☐	☐	☐	☐	☐	☐	1인분 (150g)			
소고기 구이 (등심, 안심)	☐	☐	☐	☐	☐	☐	☐	☐	☐	1인분 (150g)			
제육볶음 (등심, 안심, 목살)	☐	☐	☐	☐	☐	☐	☐	☐	☐	1인분 (150g)			
삼겹살	☐	☐	☐	☐	☐	☐	☐	☐	☐	1인분 (150g)			
햄/소시지	☐	☐	☐	☐	☐	☐	☐	☐	☐	1조각(40g)			
닭튀김/양념통닭	☐	☐	☐	☐	☐	☐	☐	☐	☐	1조각(60g)			
닭고기 (볶음, 조림 등)	☐	☐	☐	☐	☐	☐	☐	☐	☐	1조각(60g)			
달걀/메추리알	☐	☐	☐	☐	☐	☐	☐	☐	☐	달걀1개, 메추리알 5개			

생선류	지난 1년간 평균 섭취빈도									평균 1회 섭취분량			
	거의 안 먹음	한 달		일주일			하루			기준분량	더 적음	기준 분량	더 많음
		1회	2-3회	1-2회	3-4회	5-6회	1회	2회	3회 이상				
흰살생선	☐	☐	☐	☐	☐	☐	☐	☐	☐	1토막			
등푸른생선	☐	☐	☐	☐	☐	☐	☐	☐	☐	1토막			
생선통조림 (참치, 꽁치)	☐	☐	☐	☐	☐	☐	☐	☐	☐	1캔 (150g)			
오징어, 낙지	☐	☐	☐	☐	☐	☐	☐	☐	☐	몸통 1마리			
멸치/멸치볶음 (다시국물 제외)	☐	☐	☐	☐	☐	☐	☐	☐	☐	1큰술			
새우/굴/조개류	☐	☐	☐	☐	☐	☐	☐	☐	☐	중 2마리			
어묵	☐	☐	☐	☐	☐	☐	☐	☐	☐	1꼬치			

콩류	지난 1년간 평균 섭취빈도									평균 1회 섭취분량			
	거의 안 먹음	한 달		일주일			하루			기준분량	더 적음	기준 분량	더 많음
		1회	2-3회	1-2회	3-4회	5-6회	1회	2회	3회 이상				
두부, 콩비지	☐	☐	☐	☐	☐	☐	☐	☐	☐	1/2모			
콩조림/콩자반	☐	☐	☐	☐	☐	☐	☐	☐	☐	1큰술 (15g)			
된장국/된장찌개/청국장찌개	☐	☐	☐	☐	☐	☐	☐	☐	☐	1인분			

채소류	지난 1년간 평균 섭취빈도									평균 1회 섭취분량			
	거의 안 먹음	한 달		일주일			하루			기준 분량	더 적음	기준 분량	더 많음
		1회	2-3회	1-2회	3-4회	5-6회	1회	2회	3회 이상				
상추/양상추/양배추 (쌈, 샐러드, 무침)	☐	☐	☐	☐	☐	☐	☐	☐	☐	10장			
무 (국, 생채, 단무지 등)	☐	☐	☐	☐	☐	☐	☐	☐	☐	1접시 (70g)			

콩나물, 숙주나물 (삶은 것)	☐	☐	☐	☐	☐	☐	☐	☐	☐	1접시 (70g)			
오이 (생것, 무침)	☐	☐	☐	☐	☐	☐	☐	☐	☐	1접시 (70g)			
시금치 (나물, 국)	☐	☐	☐	☐	☐	☐	☐	☐	☐	1접시 (70g)			
배추/양배추 (나물, 국)	☐	☐	☐	☐	☐	☐	☐	☐	☐	1접시 (70g)			
깻잎/풋고추 (생것, 조림)	☐	☐	☐	☐	☐	☐	☐	☐	☐	1접시 (70g) 풋고추 5개			
양파볶음/양파 (생것)	☐	☐	☐	☐	☐	☐	☐	☐	☐	1접시 (70g)			
당근	☐	☐	☐	☐	☐	☐	☐	☐	☐	1접시 (70g)			
애호박 (볶음, 나물, 전)	☐	☐	☐	☐	☐	☐	☐	☐	☐	1접시 (70g)			
버섯볶음	☐	☐	☐	☐	☐	☐	☐	☐	☐	1접시 (70g)			
도라지/고사리	☐	☐	☐	☐	☐	☐	☐	☐	☐	1접시 (70g)			
배추김치, 깍두기, 열무김치	☐	☐	☐	☐	☐	☐	☐	☐	☐	1접시 (70g)			
기타 김치 (나박김치, 동치미)	☐	☐	☐	☐	☐	☐	☐	☐	☐	1접시 (70g)			

우유 및 유제품	지난 1년간 평균 섭취빈도									평균 1회 섭취분량			
	거의 안 먹음	한 달		일주일			하루						
		1회	2–3회	1–2회	3–4회	5–6회	1회	2회	3회 이상	기준분량	더 적음	기준분량	더 많음
일반 우유	☐	☐	☐	☐	☐	☐	☐	☐	☐	1컵 (200mL)			
저지방 우유	☐	☐	☐	☐	☐	☐	☐	☐	☐	1컵 (200mL)			
두유	☐	☐	☐	☐	☐	☐	☐	☐	☐	1컵 (200mL)			
발효유	☐	☐	☐	☐	☐	☐	☐	☐	☐	1개(150g)			
아이스크림	☐	☐	☐	☐	☐	☐	☐	☐	☐	1개, 1컵			

치즈	☐	☐	☐	☐	☐	☐	☐	☐	☐	1장(20g)			

과일류	지난 1년간 평균 섭취빈도									평균 1회 섭취분량			
	거의 안 먹음	한 달		일주일			하루						
		1회	2-3회	1-2회	3-4회	5-6회	1회	2회	3회 이상	기준분량	더 적음	기준 분량	더 많음
딸기	☐	☐	☐	☐	☐	☐	☐	☐	☐	중 5개			
사과	☐	☐	☐	☐	☐	☐	☐	☐	☐	중 1/2개			
배	☐	☐	☐	☐	☐	☐	☐	☐	☐	중 1/3개			
토마토/방울토마토	☐	☐	☐	☐	☐	☐	☐	☐	☐	중 1/2개, 방울토마토 8개			
귤/오렌지	☐	☐	☐	☐	☐	☐	☐	☐	☐	귤 중 1개, 오렌지 1/2개			
바나나	☐	☐	☐	☐	☐	☐	☐	☐	☐	중 1개			
참외/멜론	☐	☐	☐	☐	☐	☐	☐	☐	☐	참외 중 1/2개, 멜론 1/8쪽			
수박	☐	☐	☐	☐	☐	☐	☐	☐	☐	중 1쪽			
복숭아/자두	☐	☐	☐	☐	☐	☐	☐	☐	☐	중 1개 (100g), 자두 2개			
포도	☐	☐	☐	☐	☐	☐	☐	☐	☐	1/2송이			

음료류	지난 1년간 평균 섭취빈도									평균 1회 섭취분량			
	거의 안 먹음	한 달		일주일			하루						
		1회	2-3회	1-2회	3-4회	5-6회	1회	2회	3회 이상	기준 분량	더 적음	기준 분량	더 많음
커피	☐	☐	☐	☐	☐	☐	☐	☐	☐	1컵			
일반 탄산음료 (콜라, 사이다 등)	☐	☐	☐	☐	☐	☐	☐	☐	☐	1컵			
저칼로리 탄산음료	☐	☐	☐	☐	☐	☐	☐	☐	☐	1컵			

기능성 · 이온음료	☐	☐	☐	☐	☐	☐	☐	☐	☐	1컵			
소주	☐	☐	☐	☐	☐	☐	☐	☐	☐	1컵			
맥주	☐	☐	☐	☐	☐	☐	☐	☐	☐	1컵			
와인/막걸리	☐	☐	☐	☐	☐	☐	☐	☐	☐	1컵			

부록 1 미취학 어린이(만 3~5세)용 영양지수 조사지

▶ 본 조사는 귀 자녀의 영양상태와 식행동을 간단하게 평가하기 위한 영양지수 계산에 사용될 것입니다. 귀 자녀가 가정에서는 물론, 어린이집/유치원에서 먹고 있는 것도 포함해서 답해 주시기 바랍니다.

01 귀하의 자녀는 한 번 식사할 때 채소류 반찬(김치포함)을 몇 가지나 먹나요?

※ 채소류 반찬에는 오이, 당근, 시금치나물, 콩나물 무침, 배추김치 등이 포함됩니다.

① 1가지 이하 ② 2가지
③ 3가지 ④ 4가지 이상

02 귀하의 자녀는 과일을 얼마나 자주 먹나요?

※ 한 번에 해당하는 양은 다음을 참고해주세요.
– 귤 1/2개, 사과 1/4개, 포도 1/4송이, 참외 1/4개, 달걀 1/4 조각

① 먹지 않는다.(일주일에 1번도 먹지 않음)
② 일주일에 1번
③ 일주일에 3~4번
④ 하루에 1번
⑤ 하루에 2번 이상

03 귀하의 자녀는 흰 우유를 얼마나 자주 마시나요?

※ 한 번에 해당하는 양은 1/2컵(1/2팩, 100mL)입니다.

① 먹지 않는다.(일주일에 1번도 먹지 않음)
② 일주일에 1번
③ 일주일에 3~4번
④ 하루에 1~2번
⑤ 하루에 3번
⑥ 하루에 4번 이상

04 귀하의 자녀는 콩이나 두부(두유 포함)를 얼마나 자주 먹나요?

※ 밥에 들어 있는 콩도 해당됩니다.
※ 한 번에 해당하는 양은 다음을 참고해주세요.
– 두유 1/2컵, 두부부침 1조각

① 먹지 않는다.
② 한 달에 1번
③ 2주일에 1번
④ 일주일에 1번
⑤ 일주일에 3~4번
⑥ 하루에 1번 이상

05 귀하의 자녀는 육류(쇠고기, 돼지고기, 닭고기, 오리고기 등)를 얼마나 자주 먹나요?

※ 한 번에 해당하는 양은 다음을 참고해주세요.
– 쇠고기 1/2접시(30g), 돼지고기 1/2접시(30g), 닭고기 작은 1조각

① 먹지 않는다.
② 한 달에 1번
③ 2주일에 1번
④ 일주일에 1번
⑤ 일주일에 3~4번
⑥ 하루에 1번 이상

06 귀하의 자녀는 생선을 얼마나 자주 먹나요?

※ 각종 생선 및 새우, 오징어, 조개 등의 해물류가 해당됩니다.
※ 한 번에 해당하는 양은 다음을 참고해주세요.
– 생선 1/2토막(30g), 오징어 4조각

① 먹지 않는다.
② 한 달에 1번
③ 2주일에 1번
④ 일주일에 1번
⑤ 일주일에 3~4번
⑥ 하루에 1번 이상

07 귀하의 자녀는 빵, 소시지 등의 가공육류를 얼마나 자주 먹나요?

① 먹지 않는다.
② 한 달에 1번
③ 2주일에 1번
④ 일주일에 1번
⑤ 일주일에 3~4번
⑥ 하루에 1번 이상

08 귀하의 자녀는 피자나 햄버거를 얼마나 자주 먹나요?

① 먹지 않는다.
② 한 달에 1번
③ 2주일에 1번
④ 일주일에 1번
⑤ 일주일에 3~4번 이상

09 귀하의 자녀는 과자(초콜릿, 사탕 포함) 또는 달거나 기름진 빵(케이크, 도넛, 단팥빵 등)을 얼마나 자주 먹나요?

① 먹지 않는다.(일주일에 1번도 먹지 않음)
② 일주일에 1번
③ 일주일에 3~4번
④ 하루에 1번
⑤ 하루에 2번 이상

10 귀하의 자녀는 가공 음료를 얼마나 자주 마시나요?

※ 탄산음료(콜라, 사이다 등), 착향음료, 당이 들어 있는 캐릭터 음료 등을 말합니다.

① 먹지 않는다.
② 한 달에 1번
③ 2주일에 1번
④ 일주일에 1번
⑤ 일주일에 3~4번
⑥ 하루에 1번 이상

11 귀하의 자녀는 아침 식사를 얼마나 자주 하나요?

※ 빵, 선식, 죽, 시리얼(예: 콘플레이크, 후르츠플레이크) 등을 먹은 경우는 식사를 한 것으로 합니다.
※ 단 우유, 주스, 과일만 먹은 경우는 식사를 하지 않은 것으로 합니다.
※ 어린이집/유치원의 오전 간식은 아침 식사로 간주하지 않습니다.

① 먹지 않는다.
② 일주일에 1~2번
③ 일주일에 3~4번
④ 일주일에 5~6번

⑤ 매일

12 귀하의 자녀는 돌아다니지 않고 식탁(밥상)에 앉아서 먹나요?

① 전혀 그렇지 않다.

② 그렇지 않다.

③ 보통이다.

④ 그렇다.

⑤ 매우 그렇다.

13 귀댁에서는 자녀가 바른 식생활을 하도록 도와주시나요?

① 전혀 그렇지 않다.

② 그렇지 않다.

③ 보통이다.

④ 그렇다.

⑤ 매우 그렇다.

14 귀하의 자녀는 음식을 먹기 전에 손을 씻나요?

① 전혀 그렇지 않다.

② 그렇지 않다.

③ 보통이다.

④ 그렇다.

⑤ 매우 그렇다.

15 귀하의 자녀가 TV, 스마트폰, 아이패드, 컴퓨터 등을 보는 시간을 합하면 하루에 얼마나 되나요?

① 하지 않는다.

② 30분

③ 1시간

④ 2시간

⑤ 3시간 이상

16 귀하의 자녀는 운동을 얼마나 자주 하나요?

※ 체육시간, 하원 후 운동교실(어린이집/유치원, 학원) 포함

① 하지 않는다.

② 일주일에 1~2번

③ 일주일에 3~4번

④ 일주일에 5~6번

⑤ 매일

▶ 다음 문항은 영영지수 계산 외에도 귀 자녀의 식생활 상담에 필요한 내용이니 답해 주시기 바랍니다.

D1 귀 자녀의 식생활을 책임지는 사람은 누구입니까?

① 어머니
② 아버지
③ 할머니 또는 할아버지
④ 베이비시터
⑤ 기타(적을 것 : ____________)

D2 귀 자녀의 성별은?

① 여자
② 남자

D3 귀 자녀의 출생연도와 월은?

________년 ______월

D4 귀 자녀의 키는?

__________cm

D5 귀 자녀의 몸무게는?

__________kg

부록 2 청소년(만 12~18세)용 영양지수 조사지

▶ 본 조사는 청소년 여러분의 영양상태와 식행동을 간단하게 평가하기 위한 영양지수 계산에 사용될 것입니다. 가정에서는 물론, 학교급식과 외식에서 먹고 있는 것도 포함해서 답해 주시기 바랍니다.

01 한 번 식사할 때 채소류 반찬(김치포함)을 몇 가지나 먹나요?

※ 채소류 반찬에는 오이, 당근, 시금치나물, 콩나물 무침, 배추김치 등이 포함됩니다.

① 1가지 이하
② 2가지
③ 3가지
④ 4가지 이상
⑤ 5가지 이상

02 과일을 얼마나 자주 먹나요?

※ 한 번에 해당하는 양은 다음을 참고해주세요.
– 귤 1개, 사과 1/2개, 포도 1/3송이, 참외 1/2개, 달걀 1/2개

① 먹지 않는다.(일주일에 1번도 먹지 않음)
② 일주일에 1번
③ 일주일에 3~4번
④ 하루에 1번
⑤ 하루에 2번 이상

03 흰 우유를 얼마나 자주 마시나요?

※ 한 번에 해당하는 양은 1컵(200mL)

① 먹지 않는다.(일주일에 1번도 먹지 않음)
② 일주일에 1번
③ 일주일에 3~4번
④ 하루에 1번
⑤ 하루에 2번 이상

04 콩이나 두부(두유 포함)를 얼마나 자주 먹나요?

※ 밥에 들어 있는 콩도 해당됩니다.
※ 한 번에 해당하는 양은 다음을 참고해주세요.
– 두유 1컵, 두부부침 2조각

① 먹지 않는다.
② 한 달에 1번
③ 2주일에 1번
④ 일주일에 1번
⑤ 일주일에 3~4번
⑥ 하루에 1번 이상

05 생선을 얼마나 자주 먹나요?

※ 각종 생선 및 새우, 오징어, 조개 등의 해물류가 해당됩니다.
※ 한 번에 섭취할 때 분량(1인 1회 분량)
– 생선 1토막(60g), 오징어 8조각

① 먹지 않는다.
② 한 달에 1번
③ 2주일에 1번
④ 일주일에 1번
⑤ 일주일에 3~4번
⑥ 하루에 1번 이상

06 라면(컵라면 포함)을 얼마나 자주 먹나요?

① 먹지 않는다.
② 한 달에 1번
③ 2주일에 1번
④ 일주일에 1번
⑤ 일주일에 3~4번
⑥ 하루에 1번 이상

07 과자(초콜릿, 사탕 포함) 또는 달거나 기름진 빵(케이크, 도넛, 단팥빵 등)을 얼마나 자주 먹나요?

① 먹지 않는다.(일주일에 1번도 먹지 않음)
② 일주일에 1번
③ 일주일에 3~4번
④ 하루에 1번
⑤ 하루에 2번 이상

08 가공 음료를 얼마나 자주 마시나요?

※ 탄산음료(콜라, 사이다 등), 착향음료, 이온음료 등을 말합니다.

① 먹지 않는다.
② 한 달에 1번
③ 2주일에 1번
④ 일주일에 1번
⑤ 일주일에 3~4번
⑥ 하루에 1번 이상

09 카페인 음료(커피, 에너지 드링크 등)를 얼마나 자주 마시나요?

① 먹지 않는다.
② 한 달에 1번
③ 2주일에 1번
④ 일주일에 1번
⑤ 일주일에 3~4번
⑥ 하루에 1번 이상

10 아침 식사를 얼마나 자주 하나요?

※ 빵, 선식, 죽, 시리얼(예:콘플레이크, 후르츠플레이크) 등을 먹은 경우는 식사를 한 것으로 합니다.
※ 단 우유, 주스, 과일만 먹은 경우는 식사를 하지 않은 것으로 합니다.

① 먹지 않는다.
② 일주일에 1~2번
③ 일주일에 3~4번
④ 일주일에 5~6번
⑤ 매일

11 저녁식사 후 밤에 야식(간식이나 식사)를 얼마나 자주 하나요?

※ 빵, 선식, 죽, 시리얼(예:콘플레이크, 후르츠플레이크) 등을 먹은 경우는 식사를 한 것으로 합니다.
※ 단 우유, 주스, 과일만 먹은 경우는 식사를 하지 않은 것으로 합니다.

① 하지 않는다.(2주일에 1번도 먹지 않음)
② 2주일에 1번
③ 일주일에 1번
④ 일주일에 3~4번
⑤ 매일

12 식사할 때 식탁(밥상)에서 먹나요?

① 전혀 그렇지 않다.
② 그렇지 않다.
③ 보통이다.
④ 그렇다.
⑤ 매우 그렇다.

13 식사할 때 반찬을 골고루 먹나요?

① 전혀 그렇지 않다.
② 그렇지 않다.
③ 보통이다.
④ 그렇다.
⑤ 매우 그렇다.

14 특별히 먹지 않는 식품이 있나요?

※ 단순히 싫어서, 혹은 알레르기나 아토피, 종교적 이유, 채식주의 등의 이유로 섭취하지 않은 식품이 있는 경우가 해당됩니다.

① 전혀 없다.
② 없다. ㅋ
③ 보통이다.
④ 많다.
⑤ 매우 많다.

15 편의점, 분식점, 문방구, 학교매점 등에서 음식을 얼마나 자주 사 먹나요?

① 사 먹지 않는다.(2주일에 1번도 먹지 않음)
② 2주일에 1번
③ 일주일에 1번
④ 일주일에 3~4번
⑤ 매일

16 가공식품을 살 때 영양성분표시를 확인하나요?

※ 가공식품은 과자, 빵, 음료, 피자, 햄버거, 소시지 등이 해당됩니다.

① 전혀 그렇지 않다.
② 그렇지 않다.
③ 보통이다.
④ 그렇다.
⑤ 매우 그렇다.

17 음식을 먹기 전에 손을 씻나요?

① 전혀 그렇지 않다.
② 그렇지 않다.
③ 보통이다.
④ 그렇다.
⑤ 매우 그렇다.

18 TV, 스마트폰, 아이패드, 컴퓨터 등의 사용시간을 합하면 하루에 얼마나 되나요?

① 1시간 미만
② 1시간
③ 2시간
④ 3시간
⑤ 4시간 이상

19 운동을 얼마나 자주 하나요?

※ 체육시간, 방과 후 운동교실(학교, 학원) 포함

① 하지 않는다.
② 일주일에 1~2번
③ 일주일에 3~4번
④ 일주일에 5~6번

⑤ 매일

20 **자신의 체형이 어떻다고 생각하나요?**

① 매우 마른 편이다.

② 마른 편이다.

③ 보통이다.

④ 살이 찐 편이다.

⑤ 매우 살이 찐 편이다.

21 **최근 3개월 중, 살을 빼려고 굶은 적이 있나요?**

① 있다 ② 없다.

▶ 다음 문항은 영영지수 계산 외에도 여러분의 식생활 상담에 필요한 내용이니 답해 주시기 바랍니다.

D1 **성별은?**

① 여자

② 남자

D2 **출생연도와 월은?**

_________년 _______월

D3 **키는?**

___________cm

D4 **몸무게는?**

___________kg

부록 3 성인(만 19~64세)용 영양지수 조사지

▶ 본 조사는 귀하의 영양상태와 식행동을 간단하게 평가하기 위한 영양지수 계산에 사용될 것입니다. 귀하께서 가정에서는 물론, 급식이나 외식에서 먹고 있는 것도 포함해서 답해 주시기 바랍니다.

01 귀하는 한 번 식사할 때 김치를 제외한 채소류를 몇 가지나 드십니까?

※ 시금치나물, 콩나물, 미역나물, 쌈채소, 김구이, 시래기 국 등 나물이나 국, 찌개를 통해 섭취한 채소류는 모두 포함합니다.
※ 한 번 섭취할 때 분량은 다음을 참고해주세요.
- 나물류(시금치나물, 콩나물 등) 작은 1접시, 상추 5장, 김구이 전지 1장(자른 것 6장)
- 국이나 찌개 1대접

① 먹지 않는다.
② 1가지
③ 2가지
④ 3가지
⑤ 4가지 이상

02 귀하는 과일을 얼마나 자주 드십니까?

※ 과일을 직접 갈아 먹는 것도 포함입니다.
※ 한 번에 해당하는 양은 다음을 참고해주세요.
- 사과 1/2개, 귤(중) 1개, 참외 1/2개
- 포도 1/3송이, 수박 1조각(10cm 길이 부채꼴 모양)
- 생과일주스 1/2컵

① 2주일에 1번 이하
② 일주일에 1~3번
③ 일주일에 4~6번
④ 하루에 1번
⑤ 하루에 2번 이상

03 귀하는 우유 또는 유제품을 얼마나 자주 드십니까?

※ 한 번에 해당하는 양은 다음을 참고해주세요.
- 우유 1컵(1팩, 200mL), 슬라이스 치즈 1장
- 마시는 요구르트 1병, 떠먹는 요구르트(요플레 등)1개

① 2주일에 1번 이하
② 일주일에 1~3번
③ 일주일에 4~6번
④ 하루에 1번
⑤ 하루에 2번 이상

04 귀하는 콩이나 콩제품을 얼마나 자주 드십니까?

※ 콩제품에는 두부, 두유, 된장, 청국장, 콩비지 등이 해당하며, 밥에 들어있는 콩도 해당됩니다.
※ 한 번 섭취할 때 분량은 다음을 참고해주세요.
- 포장두부 1/4모, 판두부 1/6모, 두유 1컵, 콩조림 작은 1접시

① 2주일에 1번 이하
② 일주일에 1~3번
③ 일주일에 4~6번
④ 하루에 1번
⑤ 하루에 2번 이상

05 귀하는 달걀을 얼마나 자주 드십니까?

※ 달걀에는 메추리알 등이 해당합니다.
※ 한 번에 해당하는 양은 다음을 참고해주세요.
 – 달걀 1개, 메추리알 5개

① 2주일에 1번 이하
② 일주일에 1~3번
③ 일주일에 4~6번
④ 하루에 1번
⑤ 하루에 2번 이상

06 귀하는 생선이나 조개류를 얼마나 자주 드십니까?

※ 각종 생선 조개류 이외에 새우, 멍게 등의 해물이 해당합니다.
※ 한 번에 해당하는 양은 다음을 참고해주세요.
 – 생선 작은 1토막, 새우(중간크기) 5마리
 – 건새우볶음, 오징어채볶음 작은 1접시

① 2주일에 1번 이하
② 일주일에 1~3번
③ 일주일에 4~6번
④ 하루에 1번
⑤ 하루에 2번 이상

07 귀하는 견과류를 얼마나 자주 드십니까?

※ 잣, 땅콩, 아몬드, 호두 등이 해당합니다.
※ 한 번에 해당하는 양은 다음을 참고해주세요.
 – 땅콩조림 작은 1접시, 하루견과 1봉지(25g)
 – 아몬드 15알 정도, 땅콩 20알 정도

① 거의 먹지 않는다.
② 2주일에 1번
③ 일주일에 1~3번
④ 일주일에 4~6번
⑤ 하루에 1번 이상

08 귀하는 라면류를 얼마나 자주 드십니까?

※ 봉지라면, 컵라면, 인스턴트 국수 등이 해당합니다.
※ 한 번에 해당하는 양은 다음을 참고해주세요.
 – 봉지라면 1개, 컵라면 큰 것 1개, 컵라면 작은 것 2개

① 거의 먹지 않는다.
② 2주일에 1번
③ 일주일에 1~3번
④ 일주일에 4~6번
⑤ 하루에 1번
⑥ 하루에 2번 이상

09 귀하는 패스트푸드를 얼마나 자주 드십니까?

※ 한 번에 해당하는 양은 다음을 참고해주세요.
 – 피자 1조각, 햄버거 1개

① 거의 먹지 않는다.
② 2주일에 1번
③ 일주일에 1~3번
④ 일주일에 4~6번
⑤ 하루에 1번
⑥ 하루에 2번 이상

10 귀하는 과자(초콜릿, 사탕 포함) 또는 달거나 기름진 빵(케이크, 도넛, 단팥빵 등)을 얼마나 자주 드십니까?

※ 한 번에 해당하는 양은 다음을 참고해주세요.
- 과자, 스낵, 비스킷 작은 봉지(12cm×10cm) 1개, 초콜릿 4쪽(30g), 사탕 2개
- 케이크(파운드케이크) 1조각, 도넛 1개, 페이스트리 1개, 단팥빵, 소보로빵 1개

① 2주일에 1번 이하
② 일주일에 1~3번
③ 일주일에 4~6번
④ 하루에 1번
⑤ 하루에 2번 이상

11 귀하는 가당음료를 얼마나 자주 마십니까?

※ 가당음료 : 당을 첨가한 모든 음료를 말하며, 단매실차, 유자차, 믹스커피, 콜라 등 탄산음료 등이 포함됩니다.
※ 한 번에 해당하는 양은 종이컵 한 잔입니다.

① 2주일에 1번 이하
② 일주일에 1~3번
③ 일주일에 4~6번
④ 하루에 1~2번
⑤ 하루에 3번 이상

12 귀하는 하루에 물을 얼마나 자주 마십니까?

※ 생수를 포함하여 보리차, 둥글레차, 녹차, 달지 않은 잎차 등을 끓여서 마시는 것도 해당합니다.
※ 한 번에 해당하는 양은 종이컵 한 잔입니다.

① 거의 마시지 않는다.
② 하루에 1~2번
③ 하루에 3~5번
④ 하루에 6~7번
⑤ 하루에 8번 이상

13 귀하는 최근 일주일 동안 아침 식사를 얼마나 자주 하나요?

※ 빵, 선식, 죽, 시리얼(예:콘플레이크, 후르츠플레이크) 등을 먹은 경우는 식사를 한 것으로 합니다.
※ 단 우유, 주스, 과일만 먹은 경우는 식사를 하지 않은 것으로 합니다.

① 먹지 않는다.
② 일주일에 1~2번
③ 일주일에 3~4번
④ 일주일에 5~6번
⑤ 매일

14 귀하는 외식이나 배달음식을 얼마나 자주 드십니까?

※ 매식(배달음식, 포장음식 포함), 급식, 종교단체 제공 음식 등 가정 이외의 장소에서 조리한 음식이 해당합니다.

① 거의 먹지 않는다.
② 2주일에 1번
③ 일주일에 1~3번
④ 일주일에 4~6번
⑤ 하루에 1번
⑥ 하루에 2번 이상

15 귀하는 저녁식사 후 야식을 얼마나 자주 하십니까?

① 거의 먹지 않는다.
② 한 달에 1번
③ 2주일에 1번
④ 일주일에 1~2번
⑤ 일주일에 3~4번
⑥ 일주일에 5번 이상

16 귀하는 평소에 편식을 얼마나 자주 하십니까?

※ 단순히 싫어서, 혹은 알레르기나 아토피, 종교적 이유, 채식주의 등의 이유로 섭취하지 않은 식품이 있는 경우가 해당됩니다.

① 전혀 하지 않는다.
② 하지 않는 편이다.
③ 보통이다.
④ 하는 편이다.
⑤ 매우 많이 한다.

17 귀하는 평소에 건강에 좋은 식생활을 얼마나 하려 노력하십니까?

※ 건강에 좋은 식생활이란 곡류, 육류, 어패류, 콩류, 채소류, 과일류, 우유 및 유제품 등 다양한 식품을 매일 규칙적으로 섭취하는 식생활을 의미합니다.

① 전혀 노력하지 않는다.
② 노력하지 않는 편이다.
③ 보통이다.
④ 노력하는 편이다.
⑤ 매우 노력한다.

18 귀하는 외식 시 또는 가공식품을 구입할 때 영양표시를 얼마나 확인하십니까?

① 전혀 하지 않는다.
② 하지 않는 편이다.
③ 보통이다.
④ 하는 편이다.
⑤ 매우 많이 한다.

19 귀하는 음식을 먹기 전에 손을 씻으십니까?

① 전혀 씻지 않는다.
② 씻지 않는 편이다.
③ 보통이다.
④ 씻는 편이다.
⑤ 항상 씻는다.

20 귀하는 30분 이상 숨이 찰 정도의 운동을 얼마나 자주 하십니까?

※ 수영, 달리기, 등산, 줄넘기, 배드민턴, 탁구 등의 체육활동이 해당합니다.

① 거의 하지 않는다.
② 일주일에 1~2번
③ 일주일에 3~4번
④ 일주일에 5~6번
⑤ 매일

21 귀하는 본인이 얼마나 건강하다고 생각하십니까?

① 전혀 건강하지 않다.
② 건강하지 않은 편이다.
③ 보통이다.
④ 건강한 편이다.

⑤ 매우 건강하다.

22 **최근 1년 동안 귀하의 식생활 형편은 어떠했습니까?**

① 경제적으로 어려워서 자주 먹을 것이 부족했다.

② 경제적으로 어려워서 가끔 먹을 것이 부족했다.

③ 충분한 양의 음식은 먹었으나 다양한 종류의 음식을 먹지는 못했다.

④ 원하는 만큼 충분한 양과 다양한 종류의 음식을 먹었다.

23 **최근 1년 동안 영양교육 또는 영양상담을 받은 적이 있습니까?**

※ 보건소, 구청, 주민 센터, 학교, 병원, 직장 등에서 받은 영양교육이나 영양상담이 해당합니다.

① 있다. ② 없다.

▶ 다음 문항은 영영지수 계산 외에도 여러분의 식생활 상담에 필요한 내용이니 답해 주시기 바랍니다.

D1 **성별은?**

① 여자

② 남자

D2 **출생연도와 월은?**

________년 ______월

D3 **키는?**

__________cm

D4 **몸무게는?**

__________kg

D5 **현재 함께 살고 계시는 가족 수는 본인을 포함하여 모두 몇 명입니까?**

총 _______명

D6 **귀하의 최종 학력은 다음 중 어디에 해당되는지 응답해주십시오.**

① 초등학교 졸업 이하

② 중 · 고등학교 졸업

③ 대학교 졸업 이상

부록 4 어르신(만 65세 이상)용 영양지수 조사지

▶ 본 조사는 어르신의 영양상태와 식사의 질을 간단하게 평가하기 위한 영양지수 계산에 사용될 것입니다. 가정에서는 물론, 노인정, 복지관 및 외식에서 먹고 있는 것도 포함해서 답해 주시기 바랍니다.

01 귀하는 한 번 식사할 때 김치를 제외한 채소류를 몇 가지나 드십니까?

※ 시금치나물, 콩나물, 미역나물, 쌈채소, 김구이, 시래기 국 등 나물이나 국, 찌개를 통해 섭취한 채소류는 모두 포함합니다.
※ 한 번 섭취할 때 분량은 다음을 참고해주세요.
- 나물류(시금치나물, 콩나물 등) 작은 1접시, 상추 5장, 김구이 전지 1장(자른 것 6장)
- 국이나 찌개 1대접

① 먹지 않는다.
② 1가지
③ 2가지
④ 3가지
⑤ 4가지 이상

02 귀하는 과일을 얼마나 자주 드십니까?

※ 과일을 직접 갈아 먹는 것도 포함입니다.
※ 한 번에 해당하는 양은 다음을 참고해주세요.
- 사과 1/2개, 귤(중) 1개, 참외 1/2개
- 포도 1/3송이, 수박 1조각(10cm 길이 부채꼴 모양)
- 생과일주스 1/2컵

① 2주일에 1번 이하
② 일주일에 1~3번
③ 일주일에 4~6번
④ 하루에 1번
⑤ 하루에 2번 이상

03 귀하는 우유 또는 유제품을 얼마나 자주 드십니까?

※ 한 번에 해당하는 양은 다음을 참고해주세요.
- 우유 1컵(1팩, 200mL), 슬라이스 치즈 1장
- 마시는 요구르트 1병, 떠먹는 요구르트(요플레 등)1개

① 2주일에 1번 이하
② 일주일에 1~3번
③ 일주일에 4~6번
④ 하루에 1번
⑤ 하루에 2번 이상

04 귀하는 콩이나 콩제품을 얼마나 자주 드십니까?

※ 콩제품에는 두부, 두유, 된장, 청국장, 콩비지 등이 해당하며, 밥에 들어있는 콩도 해당됩니다.
※ 한 번 섭취할 때 분량은 다음을 참고해주세요.
- 포장두부 1/4모, 판두부 1/6모, 두유 1컵, 콩조림 작은 1접시

① 2주일에 1번 이하
② 일주일에 1~3번
③ 일주일에 4~6번
④ 하루에 1번
⑤ 하루에 2번 이상

05 귀하는 달걀을 얼마나 자주 드십니까?

※ 달걀에는 메추리알 등이 해당합니다.
※ 한 번에 해당하는 양은 다음을 참고해주세요.
– 달걀 1개, 메추리알 5개

① 2주일에 1번 이하
② 일주일에 1~3번
③ 일주일에 4~6번
④ 하루에 1번
⑤ 하루에 2번 이상

06 귀하는 생선이나 조개류를 얼마나 자주 드십니까?

※ 각종 생선 조개류 이외에 새우, 멍게 등의 해물이 해당합니다.
※ 한 번에 해당하는 양은 다음을 참고해주세요.
– 생선 작은 1토막, 새우(중간크기) 5마리
– 건새우볶음, 오징어채볶음 작은 1접시

① 2주일에 1번 이하
② 일주일에 1~3번
③ 일주일에 4~6번
④ 하루에 1번
⑤ 하루에 2번 이상

07 귀하는 라면류를 얼마나 자주 드십니까?

※ 봉지라면, 컵라면, 인스턴트 국수 등이 해당합니다.
※ 한 번에 해당하는 양은 다음을 참고해주세요.
– 봉지라면 1개, 컵라면 큰 것 1개, 컵라면 작은 것 2개

① 거의 먹지 않는다.
② 2주일에 1번
③ 일주일에 1~3번
④ 일주일에 4~6번
⑤ 하루에 1번
⑥ 하루에 2번 이상

08 귀하는 과자(초콜릿, 사탕 포함) 또는 달거나 기름진 빵(케이크, 도넛, 단팥빵 등)을 얼마나 자주 드십니까?

※ 한 번에 해당하는 양은 다음을 참고해주세요.
– 과자, 스낵, 비스킷 작은 봉지(12cm×10cm) 1개, 초콜릿 4쪽(30g), 사탕 2개
– 케이크(파운드케이크) 1조각, 도넛 1개, 페이스트리 1개, 단팥빵, 소보로빵 1개

① 2주일에 1번 이하
② 일주일에 1~3번
③ 일주일에 4~6번
④ 하루에 1번
⑤ 하루에 2번 이상

09 귀하는 가당음료를 얼마나 자주 마십니까?

※ 가당음료 : 당을 첨가한 모든 음료를 말하며, 단매실차, 유자차, 믹스커피, 콜라 등 탄산음료 등이 포함됩니다.
※ 한 번에 해당하는 양은 종이컵 한 잔입니다.

① 2주일에 1번 이하
② 일주일에 1~3번
③ 일주일에 4~6번
④ 하루에 1~2번
⑤ 하루에 3번 이상

10 귀하는 하루에 물을 얼마나 자주 마십니까?

※ 생수를 포함하여 보리차, 둥글레차, 녹차, 달지 않은 잎차 등을 끓여서 마시는 것도 해당합니다.
※ 한 번에 해당하는 양은 종이컵 한 잔입니다.

① 거의 마시지 않는다.
② 하루에 1~2번
③ 하루에 3~5번
④ 하루에 6~7번
⑤ 하루에 8번 이상

11 귀하는 하루에 식사를 몇 번 하십니까?

① 1번
② 2번
③ 3번 이상

12 귀하는 하루에 간식을 몇 번 하십니까?

① 하지 않는다.
② 1번
③ 2번
④ 3번 이상

13 귀하는 얼마나 자주 혼자서 식사를 하십니까?

① 혼자 식사하는 경우가 거의 없다.
② 일주일에 1~3번
③ 일주일에 4~6번
④ 하루에 1번
⑤ 하루에 2번
⑥ 하루에 3번

14 귀하는 평소에 건강에 좋은 식생활을 얼마나 하려 노력하십니까?

※ 건강에 좋은 식생활이란 곡류, 육류, 어패류, 콩류, 채소류, 과일류, 우유 및 유제품 등 다양한 식품을 매일 규칙적으로 섭취하는 식생활을 의미합니다.

① 전혀 노력하지 않는다.
② 노력하지 않는 편이다.
③ 보통이다.
④ 노력하는 편이다.
⑤ 매우 노력한다.

15 귀하는 현재 치아나 틀니, 잇몸 등의 문제로 인해 음식을 씹는 것이 어느 정도 불편하십니까?

① 전혀 불편하지 않다.
② 불편하지 않은 편이다.
③ 보통이다.
④ 불편한 편이다.
⑤ 매우 불편하다.

16 귀하는 음식을 먹기 전에 손을 씻으십니까?

① 전혀 씻지 않는다.
② 씻지 않는 편이다.
③ 보통이다.
④ 씻는 편이다.
⑤ 항상 씻는다.

17 귀하는 하루에 운동을 얼마나 하십니까?

※ 수영, 달리기, 등산, 줄넘기, 배드민턴, 탁구 등의 체육활동이 해당합니다.
※ 복지관이나 주민센터 등에서 스포츠댄스나 전통무용을 배우시는 것도 포함입니다.

① 거의 하지 않는다.
② 30분 이내
③ 30분 이상~1시간 이내
④ 1시간 이상~2시간 이내
⑤ 2시간 이상

18 귀하는 평상시 우울함을 어느 정도로 느끼십니까?

① 전혀 느끼지 않는다.
② 느끼지 않는 편이다.
③ 보통이다.
④ 느끼는 편이다.
⑤ 매우 느낀다.

19 귀하는 본인이 얼마나 건강하다고 생각하십니까?

① 전혀 건강하지 않다.
② 건강하지 않은 편이다.
③ 보통이다.
④ 건강한 편이다.
⑤ 매우 건강하다.

20 최근 1년 동안 귀하의 식생활 형편은 어떠했습니까?

① 경제적으로 어려워서 자주 먹을 것이 부족했다.
② 경제적으로 어려워서 가끔 먹을 것이 부족했다.
③ 충분한 양의 음식은 먹었으나 다양한 종류의 음식을 먹지는 못했다.
④ 원하는 만큼 충분한 양과 다양한 종류의 음식을 먹었다.

21 최근 1년 동안 영양교육 또는 영양상담을 받은 적이 있습니까?

※ 보건소, 구청, 주민 센터, 학교, 병원, 직장 등에서 받은 영양교육이나 영양상담이 해당합니다.

① 있다.　② 없다.

22 귀하는 평소 사회활동(여가활동 포함)을 얼마나 활발하게 하고 계십니까?

① 전혀 하지 않는다.
② 하지 않는 편이다.
③ 보통이다.
④ 하는 편이다.
⑤ 매우 많이 한다.

▶ 다음 문항은 영영지수 계산 외에도 귀 자녀의 식생활 상담에 필요한 내용이니 답해 주시기 바랍니다.

D1 성별은?

① 여자

② 남자

D2 출생연도와 월은?

_______년 ______월

D3 키는?

_________cm

D4 몸무게는?

_________kg

D5 현재 함께 살고 계시는 가족 수는 본인을 포함하여 모두 몇 명입니까?

총 _______명

D6 귀하의 최종 학력은 다음 중 어디에 해당되는지 응답해주십시오.

① 초등학교 졸업 이하

② 중 · 고등학교 졸업

③ 대학교 졸업 이상

부록 5 2020 한국인 영양소 섭취기준 요약표

2020 한국인 영양소 섭취기준 – 에너지적정비율

성별	연령	에너지적정비율(%)				
		탄수화물	단백질	지질[1]		
				지방	포화지방산	트랜스지방산
영아	0~5(개월)	–	–	–	–	–
	6~11	–	–	–	–	–
유아	1~2(세)	55~65	7~20	20~35	–	–
	3~5	55~65	7~20	15~30	8 미만	1 미만
남자	6~8(세)	55~65	7~20	15~30	8 미만	1 미만
	9~11	55~65	7~20	15~30	8 미만	1 미만
	12~14	55~65	7~20	15~30	8 미만	1 미만
	15~18	55~65	7~20	15~30	8 미만	1 미만
	19~29	55~65	7~20	15~30	7미만	1 미만
	30~49	55~65	7~20	15~30	7미만	1 미만
	50~64	55~65	7~20	15~30	7미만	1 미만
	65~74	55~65	7~20	15~30	7미만	1 미만
	75 이상	55~65	7~20	15~30	7미만	1 미만
여자	6~8(세)	55~65	7~20	15~30	8 미만	1 미만
	9~11	55~65	7~20	15~30	8 미만	1 미만
	12~14	55~65	7~20	15~30	8 미만	1 미만
	15~18	55~65	7~20	15~30	8 미만	1 미만
	19~29	55~65	7~20	15~30	7미만	1 미만
	30~49	55~65	7~20	15~30	7미만	1 미만
	50~64	55~65	7~20	15~30	7미만	1 미만
	65~74	55~65	7~20	15~30	7미만	1 미만
	75 이상	55~65	7~20	15~30	7미만	1 미만
임신부		55~65	7~20	15~30		
수유부		55~65	7~20	15~30		

1) 콜레스테롤: 19세 이상 300mg/일 미만 권고

2020 한국인 영양소 섭취기준 – 에너지와 다량영양소

성별	연령	에너지(kcal/일)				탄수화물(g/일)				식이섬유(g/일)			
		필요추정량	권장섭취량	충분섭취량	상한섭취량	평균필요량	권장섭취량	충분섭취량	상한섭취량	평균필요량	권장섭취량	충분섭취량	상한섭취량
영아	0~5(개월)	500						60					
	6~11	600						90					
유아	1~2(세)	900				100	130					15	
	3~5	1,400				100	130					20	
남자	6~8(세)	1,700				100	130					25	
	9~11	2,000				100	130					25	
	12~14	2,500				100	130					30	
	15~18	2,700				100	130					30	
	19~29	2,600				100	130					30	
	30~49	2,500				100	130					30	
	50~64	2,200				100	130					30	
	65~74	2,000				100	130					25	
	75 이상	1,900				100	130					25	
여자	6~8(세)	1,500				100	130					20	
	9~11	1,800				100	130					25	
	12~14	2,000				100	130					25	
	15~18	2,000				100	130					25	
	19~29	2,000				100	130					20	
	30~49	1,900				100	130					20	
	50~64	1,700				100	130					20	
	65~74	1,600				100	130					20	
	75 이상	1,500				100	130					20	
임신부[1]		+0 +340 +450				+35	+45					+5	
수유부		+340				+60	+80					+5	

성별	연령	지방(g/일)				리놀레산(g/일)				알파-리놀렌산(g/일)				EPA+DHA(mg/일)			
		평균필요량	권장섭취량	충분섭취량	상한섭취량	평균필요량	권장섭취량	충분섭취량	상한섭취량	평균필요량	권장섭취량	충분섭취량	상한섭취량	평균필요량	권장섭취량	충분섭취량	상한섭취량
영아	0~5(개월)			25				5.0				0.6				200[2]	
	6~11			25				7.0				0.8					
유아	1~2(세)							4.5				0.6				300[2]	
	3~5							7.0				0.9					
남자	6~8(세)							9.0				1.1				200	
	9~11							9.5				1.3				220	
	12~14							12.0				1.5				230	
	15~18							14.0				1.7				230	
	19~29							13.0				1.6				210	
	30~49							11.5				1.4				400	
	50~64							9.0				1.4				500	
	65~74							7.0				1.2				310	
	75 이상							5.0				0.9				280	
여자	6~8(세)							7.0				0.8				200	
	9~11							9.0				1.1				150	
	12~14							9.0				1.2				210	
	15~18							10.0				1.1				100	
	19~29							10.0				1.2				150	
	30~49							8.5				1.2				260	
	50~64							7.0				1.2				240	
	65~74							4.5				1.0				150	
	75 이상							3.0				0.4				140	
임신부								+0				+0				+0	
수유부								+0				+0				+0	

1) 2, 3분기별 부가량
2) DHA

성별	연령	단백질(g/일)				메티오닌(g/일)				류신(g/일)			
		평균 필요량	권장 섭취량	충분 섭취량	상한 섭취량	평균 필요량	권장 섭취량	충분 섭취량	상한 섭취량	평균 필요량	권장 섭취량	충분 섭취량	상한 섭취량
영아	0~5(개월)			10				0.4				1.0	
	6~11	12	15			0.3	0.4			0.6	0.8		
유아	1~2(세)	15	20			0.3	0.4			0.6	0.8		
	3~5	20	25			0.3	0.4			0.7	1.0		
남자	6~8(세)	30	35			0.5	0.6			1.1	1.3		
	9~11	40	50			0.7	0.8			1.5	1.9		
	12~14	50	60			1.0	1.2			2.2	2.7		
	15~18	55	65			1.2	1.4			2.6	3.2		
	19~29	50	65			1.0	1.4			2.4	3.1		
	30~49	50	65			1.1	1.3			2.4	3.1		
	50~64	50	60			1.1	1.3			2.3	2.8		
	65~74	50	60			1.0	1.3			2.2	2.8		
	75 이상	50	60			0.9	1.1			2.1	2.7		
여자	6~8(세)	30	35			0.5	0.6			1.0	1.3		
	9~11	40	45			0.6	0.7			1.5	1.8		
	12~14	45	55			0.8	1.0			1.9	2.4		
	15~18	45	55			0.8	1.1			2.0	2.4		
	19~29	45	55			0.8	1.0			2.0	2.5		
	30~49	40	50			0.8	1.0			1.9	2.4		
	50~64	40	50			0.8	1.1			1.9	2.3		
	65~74	40	50			0.7	0.9			1.8	2.2		
	75 이상	40	50			0.7	0.9			1.7	2.1		
임신부[1]		+12 +25	+15 +30			1.1	1.4			2.5	3.1		
수유부		+20	+25			1.1	1.5			2.8	3.5		

성별	연령	이소류신(g/일)				발린(g/일)				라이신(g/일)			
		평균 필요량	권장 섭취량	충분 섭취량	상한 섭취량	평균 필요량	권장 섭취량	충분 섭취량	상한 섭취량	평균 필요량	권장 섭취량	충분 섭취량	상한 섭취량
영아	0~5(개월)			0.6				0.6				0.7	
	6~11	0.3	0.4			0.3	0.5			0.6	0.8		
유아	1~2(세)	0.3	0.4			0.4	0.5			0.6	0.7		
	3~5	0.3	0.4			0.4	0.5			0.6	0.8		
남자	6~8(세)	0.5	0.6			0.6	0.7			1.0	1.2		
	9~11	0.7	0.8			0.9	1.1			1.4	1.8		
	12~14	1.0	1.2			1.2	1.6			2.1	2.5		
	15~18	1.2	1.4			1.5	1.8			2.3	2.9		
	19~29	1.0	1.4			1.4	1.7			2.5	3.1		
	30~49	1.1	1.4			1.4	1.7			2.4	3.1		
	50~64	1.1	1.3			1.3	1.6			2.3	2.9		
	65~74	1.0	1.3			1.3	1.6			2.2	2.9		
	75 이상	0.9	1.1			1.1	1.5			2.2	2.7		
여자	6~8(세)	0.5	0.6			0.6	0.7			0.9	1.3		
	9~11	0.6	0.7			0.9	1.1			1.3	1.6		
	12~14	0.8	1.0			1.2	1.4			1.8	2.2		
	15~18	0.8	1.1			1.2	1.4			1.8	2.2		
	19~29	0.8	1.1			1.1	1.3			2.1	2.6		
	30~49	0.8	1.0			1.0	1.4			2.0	2.5		
	50~64	0.8	1.1			1.1	1.3			1.9	2.4		
	65~74	0.7	0.9			0.9	1.3			1.8	2.3		
	75 이상	0.7	0.9			0.9	1.1			1.7	2.1		
임신부		1.1	1.4			1.4	1.7			2.3	2.9		
수유부		1.3	1.7			1.6	1.9			2.5	3.1		

1) 2, 3분기별 부가량

성별	연령	페닐알라신+티로신(g/일)				트레오닌(g/일)				트립토판(g/일)			
		평균 필요량	권장 섭취량	충분 섭취량	상한 섭취량	평균 필요량	권장 섭취량	충분 섭취량	상한 섭취량	평균 필요량	권장 섭취량	충분 섭취량	상한 섭취량
영아	0~5(개월)			0.9				0.5				0.2	
	6~11	0.5	0.7			0.3	0.4			0.1	0.1		
유아	1~2(세)	0.5	0.7			0.3	0.4			0.1	0.1		
	3~5	0.6	0.7			0.3	0.4			0.1	0.1		
남자	6~8(세)	0.9	1.0			0.5	0.6			0.1	0.2		
	9~11	1.3	1.6			0.7	0.9			0.2	0.2		
	12~14	1.8	2.3			1.0	1.3			0.3	0.3		
	15~18	2.1	2.6			1.2	1.5			0.3	0.4		
	19~29	2.8	3.6			1.1	1.5			0.3	0.3		
	30~49	2.9	3.5			1.2	1.5			0.3	0.3		
	50~64	2.7	3.4			1.1	1.4			0.3	0.3		
	65~74	2.5	3.3			1.1	1.3			0.2	0.3		
	75 이상	2.5	3.1			1.0	1.3			0.2	0.3		
여자	6~8(세)	0.8	1.0			0.5	0.6			0.1	0.2		
	9~11	1.2	1.5			0.6	0.9			0.2	0.2		
	12~14	1.6	1.9			0.9	1.2			0.2	0.3		
	15~18	1.6	2.0			0.9	1.2			0.2	0.3		
	19~29	2.3	2.9			0.9	1.1			0.2	0.3		
	30~49	2.3	2.8			0.9	1.2			0.2	0.3		
	50~64	2.2	2.7			0.8	1.1			0.2	0.3		
	65~74	2.1	2.6			0.8	1.0			0.2	0.2		
	75 이상	2.0	2.4			0.7	0.9			0.2	0.2		
	임신부	0.8	1.0			3.0	3.8			0.3	0.4		
	수유부	0.8	1.1			3.7	4.7			0.4	0.5		

성별	연령	히스티딘(g/일)				수분(mL/일)					
		평균 필요량	권장 섭취량	충분 섭취량	상한 섭취량	음식	물	음료	충분섭취량		상한 섭취량
									액체	총수분	
영아	0~5(개월)			0.1					700	700	
	6~11	0.2	0.3			300			500	800	
유아	1~2(세)	0.2	0.3			300	362	0	700	1,000	
	3~5	0.2	0.3			400	491	0	1,100	1,500	
남자	6~8(세)	0.3	0.4			900	589	0	800	1,700	
	9~11	0.5	0.6			1,100	686	1.2	900	2,000	
	12~14	0.7	0.9			1,300	911	1.9	1,100	2,400	
	15~18	0.9	1.0			1,400	920	6.4	1,200	2,600	
	19~29	0.8	1.0			1,400	981	262	1,200	2,600	
	30~49	0.7	1.0			1,300	957	289	1,200	2,500	
	50~64	0.7	0.9			1,200	940	75	1,000	2,200	
	65~74	0.7	1.0			1,100	904	20	1,000	2,100	
	75 이상	0.7	0.8			1,000	662	12	1,100	2,100	
여자	6~8(세)	0.3	0.4			800	514	0	800	1,600	
	9~11	0.4	0.5			1,000	643	0	900	1,900	
	12~14	0.6	0.7			1,100	610	0	900	2,000	
	15~18	0.6	0.7			1,100	659	7.3	900	2,000	
	19~29	0.6	0.8			1,100	709	126	1,000	2,100	
	30~49	0.6	0.8			1,000	772	124	1,000	2,000	
	50~64	0.6	0.7			900	784	27	900	1,900	
	65~74	0.5	0.7			900	624	9	1,000	1,800	
	75 이상	0.5	0.7			800	552	5		1,800	
	임신부	1.2	1.5							+200	
	수유부	1.3	1.7						+500	+700	

2020 한국인 영양소 섭취기준 – 지용성비타민

성별	연령	비타민 A(μg RAE/일)				비타민 D(μg/일)			
		평균필요량	권장섭취량	충분섭취량	상한섭취량	평균필요량	권장섭취량	충분섭취량	상한섭취량
영아	0~5(개월)			350	600			5	25
	6~11			450	600			5	25
유아	1~2(세)	190	250		600			5	30
	3~5	230	300		750			5	35
남자	6~8(세)	310	450		1,100			5	40
	9~11	410	600		1,600			5	60
	12~14	530	750		2,300			10	100
	15~18	620	850		2,800			10	100
	19~29	570	800		3,000			10	100
	30~49	560	800		3,000			10	100
	50~64	530	750		3,000			10	100
	65~74	510	700		3,000			15	100
	75 이상	500	700		3,000			15	100
여자	6~8(세)	290	400		1,100			5	40
	9~11	390	550		1,600			5	60
	12~14	480	650		2,300			10	100
	15~18	480	650		2,800			10	100
	19~29	460	650		3,000			10	100
	30~49	450	650		3,000			10	100
	50~64	430	600		3,000			10	100
	65~74	410	600		3,000			15	100
	75 이상	410	600		3,000			15	100
	임신부	+50	+70		3,000			+0	100
	수유부	+350	+490		3,000			+0	100

성별	연령	비타민 E(mg α-TE/일)				비타민 K(μg/일)			
		평균필요량	권장섭취량	충분섭취량	상한섭취량	평균필요량	권장섭취량	충분섭취량	상한섭취량
영아	0~5(개월)			3				4	
	6~11			4				6	
유아	1~2(세)			5	100			25	
	3~5			6	150			30	
남자	6~8(세)			7	200			40	
	9~11			9	300			55	
	12~14			11	400			70	
	15~18			12	500			80	
	19~29			12	540			75	
	30~49			12	540			75	
	50~64			12	540			75	
	65~74			12	540			75	
	75 이상			12	540			75	
여자	6~8(세)			7	200			40	
	9~11			9	300			55	
	12~14			11	400			65	
	15~18			12	500			65	
	19~29			12	540			65	
	30~49			12	540			65	
	50~64			12	540			65	
	65~74			12	540			65	
	75 이상			12	540			65	
	임신부			+0	540			+0	
	수유부			+3	540			+0	

2020 한국인 영양소 섭취기준 – 수용성비타민

성별	연령	비타민 C(mg/일)				티아민(mg/일)			
		평균 필요량	권장 섭취량	충분 섭취량	상한 섭취량	평균 필요량	권장 섭취량	충분 섭취량	상한 섭취량
영아	0~5(개월)			40				0.2	
	6~11			55				0.3	
유아	1~2(세)	30	40		340	0.4	0.4		
	3~5	35	45		510	0.4	0.5		
남자	6~8(세)	40	50		750	0.5	0.7		
	9~11	55	70		1,100	0.7	0.9		
	12~14	70	90		1,400	0.9	1.1		
	15~18	80	100		1,600	1.1	1.3		
	19~29	75	100		2,000	1.0	1.2		
	30~49	75	100		2,000	1.0	1.2		
	50~64	75	100		2,000	1.0	1.2		
	65~74	75	100		2,000	0.9	1.1		
	75 이상	75	100		2,000	0.9	1.1		
여자	6~8(세)	40	50		750	0.6	0.7		
	9~11	55	70		1,100	0.8	0.9		
	12~14	70	90		1,400	0.9	1.1		
	15~18	80	100		1,600	0.9	1.1		
	19~29	75	100		2,000	0.9	1.1		
	30~49	75	100		2,000	0.9	1.1		
	50~64	75	100		2,000	0.9	1.1		
	65~74	75	100		2,000	0.8	1.0		
	75 이상	75	100		2,000	0.7	0.8		
	임신부	+10	+10		2,000	+0.4	+0.4		
	수유부	+35	+40		2,000	+0.3	+0.4		

성별	연령	리보플라빈(mg/일)				니아신(mg NE/일)[1]			
		평균 필요량	권장 섭취량	충분 섭취량	상한 섭취량	평균 필요량	권장 섭취량	충분 섭취량	상한섭취량 니코틴산/니코틴아미드
영아	0~5(개월)			0.3				2	
	6~11			0.4				3	
유아	1~2(세)	0.4	0.5			4	6		10/180
	3~5	0.5	0.6			5	7		10/250
남자	6~8(세)	0.7	0.9			7	9		15/350
	9~11	0.9	1.1			9	11		20/500
	12~14	1.2	1.5			11	15		25/700
	15~18	1.4	1.7			13	17		30/800
	19~29	1.3	1.5			12	16		35/1000
	30~49	1.3	1.5			12	16		35/1000
	50~64	1.3	1.5			12	16		35/1000
	65~74	1.2	1.4			11	14		35/1000
	75 이상	1.1	1.3			10	13		35/1000
여자	6~8(세)	0.6	0.8			7	9		15/350
	9~11	0.8	1.0			9	12		20/500
	12~14	1.0	1.2			11	15		25/700
	15~18	1.0	1.2			11	14		30/800
	19~29	1.0	1.2			11	14		35/1000
	30~49	1.0	1.2			11	14		35/1000
	50~64	1.0	1.2			11	14		35/1000
	65~74	0.9	1.1			10	13		35/1000
	75 이상	0.8	1.0			9	12		35/1000
	임신부	+0.3	+0.4			+3	+4		35/1000
	수유부	+0.4	+0.5			+2	+3		35/1000

1) 1mg NE(니아신 당량)=1mg 니아신=60mg 트립토판

성별	연령	비타민 B6(mg/일)				엽산(μg DFE/일)[1]			
		평균 필요량	권장 섭취량	충분 섭취량	상한 섭취량	평균 필요량	권장 섭취량	충분 섭취량	상한 섭취량[2]
영아	0~5(개월)			0.1				65	
	6~11			0.3				90	
유아	1~2(세)	0.5	0.6		20	120	150		300
	3~5	0.6	0.7		30	150	180		400
남자	6~8(세)	0.7	0.9		45	180	220		500
	9~11	0.9	1.1		60	250	300		600
	12~14	1.3	1.5		80	300	360		800
	15~18	1.3	1.5		95	330	400		900
	19~29	1.3	1.5		100	320	400		1,000
	30~49	1.3	1.5		100	320	400		1,000
	50~64	1.3	1.5		100	320	400		1,000
	65~74	1.3	1.5		100	320	400		1,000
	75 이상	1.3	1.5		100	320	400		1,000
여자	6~8(세)	0.7	0.9		45	180	220		500
	9~11	0.9	1.1		60	250	300		600
	12~14	1.2	1.4		80	300	360		800
	15~18	1.2	1.4		95	330	400		900
	19~29	1.2	1.4		100	320	400		1,000
	30~49	1.2	1.4		100	320	400		1,000
	50~64	1.2	1.4		100	320	400		1,000
	65~74	1.2	1.4		100	320	400		1,000
	75 이상	1.2	1.4		100	320	400		1,000
	임신부	+0.7	+0.8		100	+200	+220		1,000
	수유부	+0.7	+0.8		100	+130	+150		1,000

성별	연령	비타민 B12(μg/일)				판토텐산(mg/일)				비오틴(μg/일)			
		평균 필요량	권장 섭취량	충분 섭취량	상한 섭취량	평균 필요량	권장 섭취량	충분 섭취량	상한 섭취량	평균 필요량	권장 섭취량	충분 섭취량	상한 섭취량
영아	0~5(개월)			0.3				1.7				5	
	6~11			0.5				1.9				7	
유아	1~2(세)	0.8	0.9					2				9	
	3~5	0.9	1.1					2				12	
남자	6~8(세)	1.1	1.3					3				15	
	9~11	1.5	1.7					4				20	
	12~14	1.9	2.3					5				25	
	15~18	2.0	2.4					5				30	
	19~29	2.0	2.4					5				30	
	30~49	2.0	2.4					5				30	
	50~64	2.0	2.4					5				30	
	65~74	2.0	2.4					5				30	
	75 이상	2.0	2.4					5				30	
여자	6~8(세)	1.1	1.3					3				15	
	9~11	1.5	1.7					4				20	
	12~14	1.9	2.3					5				25	
	15~18	2.0	2.4					5				30	
	19~29	2.0	2.4					5				30	
	30~49	2.0	2.4					5				30	
	50~64	2.0	2.4					5				30	
	65~74	2.0	2.4					5				30	
	75 이상	2.0	2.4					5				30	
	임신부	+0.2	+0.2					+1.0				+0	
	수유부	+0.3	+0.4					+2.0				+5	

1) Dietary Folate Equivalents, 가임기 여성의 경우 400μg/일의 엽산보충제 섭취를 권장함.
2) 엽산의 상한섭취량은 보충제 또는 강화식품의 형태로 섭취한 μg/일에 해당됨.

2020 한국인 영양소 섭취기준 – 다량무기질

성별	연령	칼슘(mg/일)				인(mg/일)				나트륨(mg/일)			
		평균필요량	권장섭취량	충분섭취량	상한섭취량	평균필요량	권장섭취량	충분섭취량	상한섭취량	평균필요량	권장섭취량	충분섭취량	상한섭취량
영아	0~5(개월)			250	1,000			100				110	
	6~11			300	1,500			300				370	
유아	1~2(세)	400	500		2,500	380	450		3,000			810	1,200
	3~5	500	600		2,500	480	550		3,000			1,000	1,600
남자	6~8(세)	600	700		2,500	500	600		3,000			1,200	1,900
	9~11	650	800		3,000	1,000	1,200		3,500			1,500	2,300
	12~14	800	1,000		3,000	1,000	1,200		3,500			1,500	2,300
	15~18	750	900		3,000	1,000	1,200		3,500			1,500	2,300
	19~29	650	800		2,500	580	700		3,500			1,500	2,300
	30~49	650	800		2,500	580	700		3,500			1,500	2,300
	50~64	600	750		2,000	580	700		3,500			1,500	2,300
	65~74	600	700		2,000	580	700		3,500			1,300	2,100
	75 이상	600	700		2,000	580	700		3,000			1,100	1,700
여자	6~8(세)	600	700		2,500	480	550		3,000			1,200	1,900
	9~11	650	800		3,000	1,000	1,200		3,500			1,500	2,300
	12~14	750	900		3,000	1,000	1,200		3,500			1,500	2,300
	15~18	700	800		3,000	1,000	1,200		3,500			1,500	2,300
	19~29	550	700		2,500	580	700		3,500			1,500	2,300
	30~49	550	700		2,500	580	700		3,500			1,500	2,300
	50~64	600	800		2,000	580	700		3,500			1,500	2,300
	65~74	600	800		2,000	580	700		3,500			1,300	2,100
	75 이상	600	800		2,000	580	700		3,000			1,100	1,700
	임신부	+0	+0		2,500	+0	+0		3,000			1,500	2,300
	수유부	+0	+0		2,500	+0	+0		3,500			1,500	2,300

성별	연령	염소(mg/일)				판토텐산(mg/일)				마그네슘(mg/일)			
		평균필요량	권장섭취량	충분섭취량	상한섭취량	평균필요량	권장섭취량	충분섭취량	상한섭취량	평균필요량	권장섭취량	충분섭취량	상한섭취량
영아	0~5(개월)			170				400				25	
	6~11			560				700				55	
유아	1~2(세)			1,200				1,900		60	70		60
	3~5			1,600				2,400		90	110		90
남자	6~8(세)			1,900				2,900		130	150		130
	9~11			2,300				3,400		190	220		190
	12~14			2,300				3,500		260	320		270
	15~18			2,300				3,500		340	410		350
	19~29			2,300				3,500		300	360		350
	30~49			2,300				3,500		310	370		350
	50~64			2,300				3,500		310	370		350
	65~74			2,100				3,500		310	370		350
	75 이상			1,700				3,500		310	370		350
여자	6~8(세)			1,900				2,900		130	150		130
	9~11			2,300				3,400		180	220		190
	12~14			2,300				3,500		240	290		270
	15~18			2,300				3,500		290	340		350
	19~29			2,300				3,500		230	280		350
	30~49			2,300				3,500		24	280		350
	50~64			2,300				3,500		240	280		350
	65~74			2,100				3,500		240	280		350
	75 이상			1,700				3,500		240	280		350
	임신부			2,300				+0		+30	+40		350
	수유부			2,300				+400		+0	+0		350

1) 식품의 급원의 마그네슘에만 해당

2020 한국인 영양소 섭취기준 – 미량무기질

성별	연령	철(mg/일)				아연(mg/일)				구리(μg/일)			
		평균 필요량	권장 섭취량	충분 섭취량	상한 섭취량	평균 필요량	권장 섭취량	충분 섭취량	상한 섭취량	평균 필요량	권장 섭취량	충분 섭취량	상한 섭취량
영아	0~5(개월)			0.3	40			2				240	
	6~11	4	6		40	2	3					330	
유아	1~2(세)	4.5	6		40	2	3		6	220	290		1,700
	3~5	5	7		40	3	4		9	270	350		2,600
남자	6~8(세)	7	9		40	5	5		13	360	470		3,700
	9~11	8	11		40	7	8		19	470	600		5,500
	12~14	11	14		40	7	8		27	600	800		7,500
	15~18	11	14		45	8	10		33	700	900		9,500
	19~29	8	10		45	9	10		35	650	850		10,000
	30~49	8	10		45	8	10		35	650	850		10,000
	50~64	8	10		45	8	10		35	650	850		10,000
	65~74	7	9		45	8	9		35	600	800		10,000
	75 이상	7	9		45	7	9		35	600	800		10,000
여자	6~8(세)	7	9		40	4	5		13	310	400		3,700
	9~11	8	10		40	7	8		19	420	550		5,500
	12~14	12	16		40	6	8		27	500	650		7,500
	15~18	11	14		45	7	9		33	550	700		9,500
	19~29	11	14		45	7	8		35	500	650		10,000
	30~49	11	14		45	7	8		35	500	650		10,000
	50~64	6	8		45	6	8		35	500	650		10,000
	65~74	6	8		45	6	7		35	460	600		10,000
	75 이상	5	7		45	6	7		35	460	600		10,000
	임신부	+8	+10		45	+2.0	+2.5		35	+100	+130		10,000
	수유부	+0	+0		45	+4.0	+5.0		35	+370	+480		10,000

성별	연령	불소(mg/일)				망간(mg/일)				요오드(μg/일)			
		평균 필요량	권장 섭취량	충분 섭취량	상한 섭취량	평균 필요량	권장 섭취량	충분 섭취량	상한 섭취량	평균 필요량	권장 섭취량	충분 섭취량	상한 섭취량
영아	0~5(개월)			0.01	0.6			0.01				130	250
	6~11			0.4	0.8			0.8				180	250
유아	1~2(세)			0.6	1.2			1.5	2.0	55	80		300
	3~5			0.9	1.8			2.0	3.0	65	90		300
남자	6~8(세)			1.3	2.6			2.5	4.0	75	100		500
	9~11			1.9	10.0			3.0	6.0	85	110		500
	12~14			2.6	10.0			4.0	8.0	90	130		1,900
	15~18			3.2	10.0			4.0	10.0	95	130		2,200
	19~29			3.4	10.0			4.0	11.0	95	150		2,400
	30~49			3.4	10.0			4.0	11.0	95	150		2,400
	50~64			3.2	10.0			4.0	11.0	95	150		2,400
	65~74			3.1	10.0			4.0	11.0	95	150		2,400
	75 이상			3.0	10.0			4.0	11.0	95	150		2,400
여자	6~8(세)			1.3	2.5			2.5	4.0	75	100		500
	9~11			1.8	10.0			3.0	6.0	80	110		500
	12~14			2.4	10.0			3.5	8.0	90	130		1,900
	15~18			2.7	10.0			3.5	10.0	95	130		2,200
	19~29			2.8	10.0			3.5	11.0	95	150		2,400
	30~49			2.7	10.0			3.5	11.0	95	150		2,400
	50~64			2.6	10.0			3.5	11.0	95	150		2,400
	65~74			2.5	10.0			3.5	11.0	95	150		2,400
	75 이상			2.3	10.0			3.5	11.0	95	150		2,400
	임신부			+0	10.0			+0	11.0	+65	+90		
	수유부			+0	10.0			+0	11.0	+130	+190		

성별	연령	셀레늄(μg/일)				몰리브덴(μg/일)				크롬(μg/일)			
		평균 필요량	권장 섭취량	충분 섭취량	상한 섭취량	평균 필요량	권장 섭취량	충분 섭취량	상한 섭취량	평균 필요량	권장 섭취량	충분 섭취량	상한 섭취량
영아	0~5(개월)			9	40							0.2	
	6~11			12	65							4.0	
유아	1~2(세)	19	23		70	8	10		100			10	
	3~5	22	25		100	10	12		150			10	
남자	6~8(세)	30	35		150	15	18		200			15	
	9~11	40	45		200	15	18		300			20	
	12~14	50	60		300	25	30		450			30	
	15~18	55	65		300	25	30		550			35	
	19~29	50	60		400	25	30		600			30	
	30~49	50	60		400	25	30		600			30	
	50~64	50	60		400	25	30		550			30	
	65~74	50	60		400	23	28		550			25	
	75 이상	50	60		400	23	28		550			25	
여자	6~8(세)	30	35		150	15	18		200			15	
	9~11	40	45		200	15	18		300			20	
	12~14	50	60		300	20	25		400			20	
	15~18	55	65		300	20	25		500			20	
	19~29	50	60		400	20	25		500			20	
	30~49	50	60		400	20	25		500			20	
	50~64	50	60		400	20	25		450			20	
	65~74	50	60		400	18	22		450			20	
	75 이상	50	60		400	18	22		450			20	
	임신부	+3	+4		400	+0	+0		500			+5	
	수유부	+9	+10		400	+3	+3		500			+20	

부록 6 신장별 체중 백분위수

2017 소아청소년 성장도표

남자 0–23개월 신장별 체중 백분위수

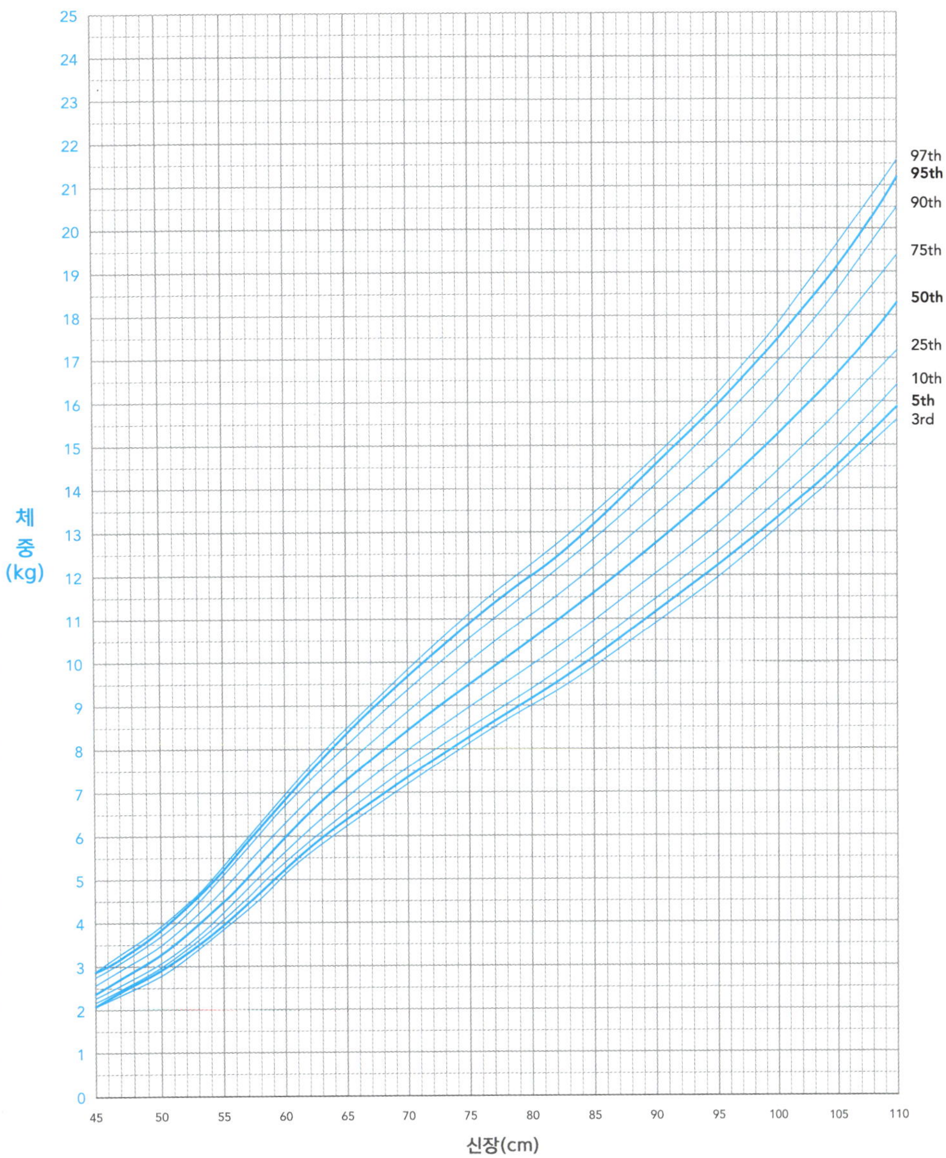

2017 소아청소년 성장도표

여자 0-23개월 신장별 체중 백분위수

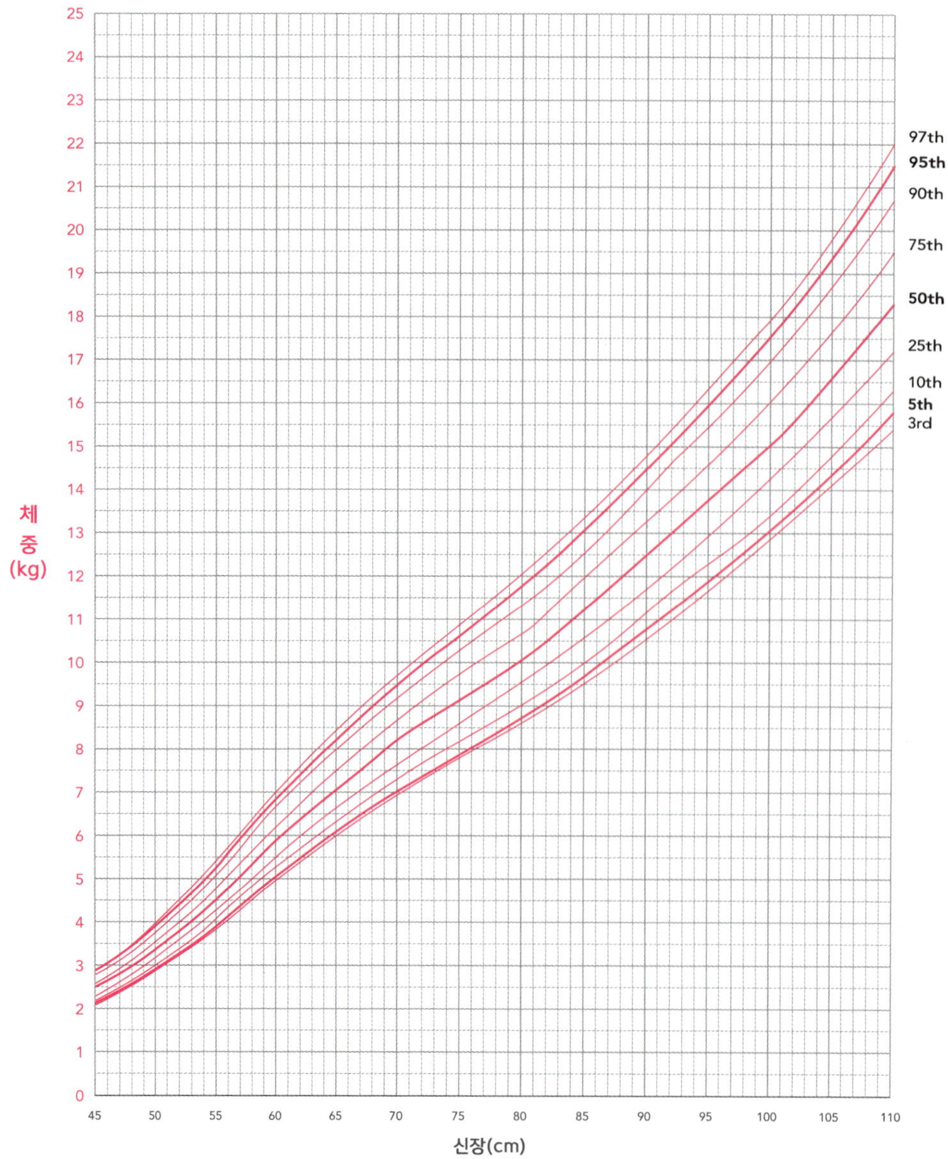

부록 7 연령별 신장

2017 소아청소년 성장도표

남자 0-35개월 신장 백분위수

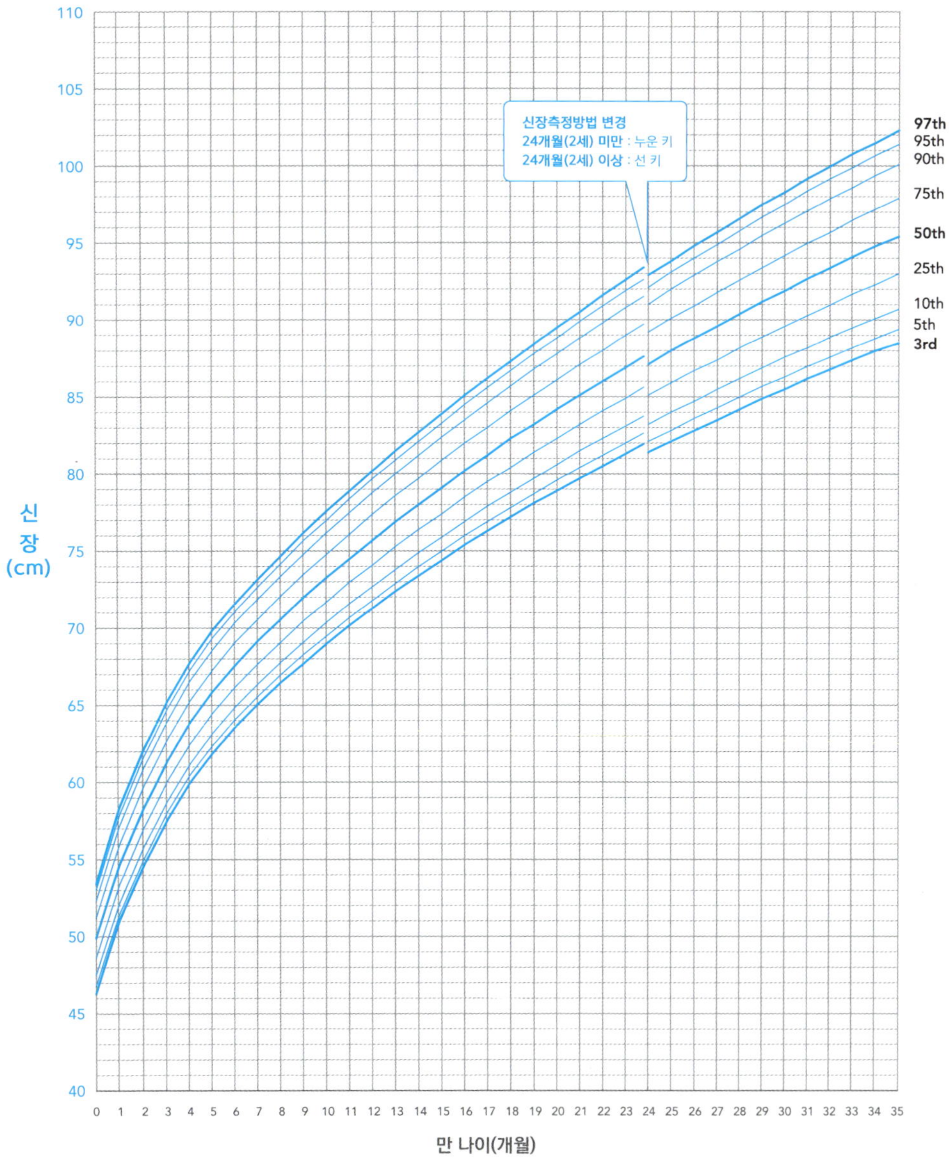

2017 소아청소년 성장도표

여자 0-35개월 신장 백분위수

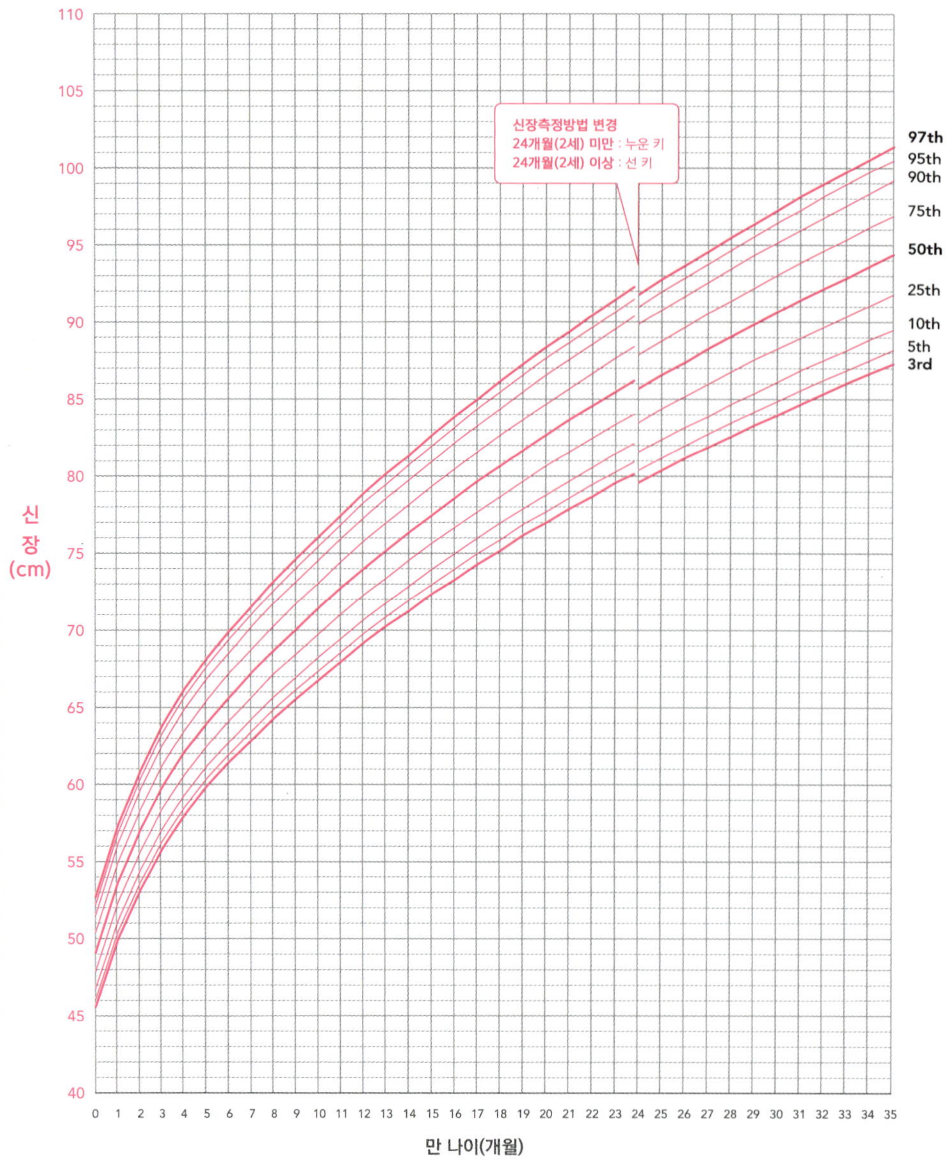

2017 소아청소년 성장도표

남자 3-18세 신장 백분위수

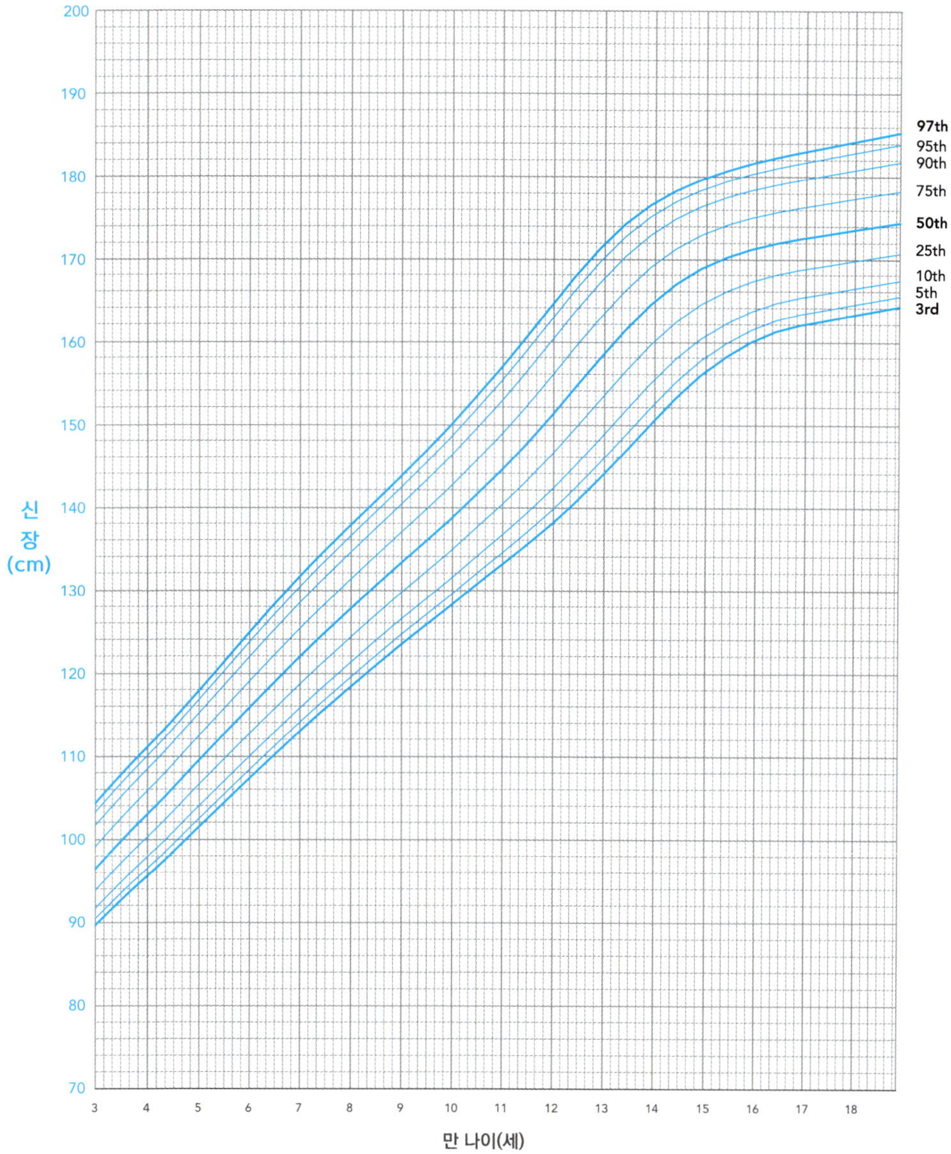

2017 소아청소년 성장도표

여자 3-18세 신장 백분위수

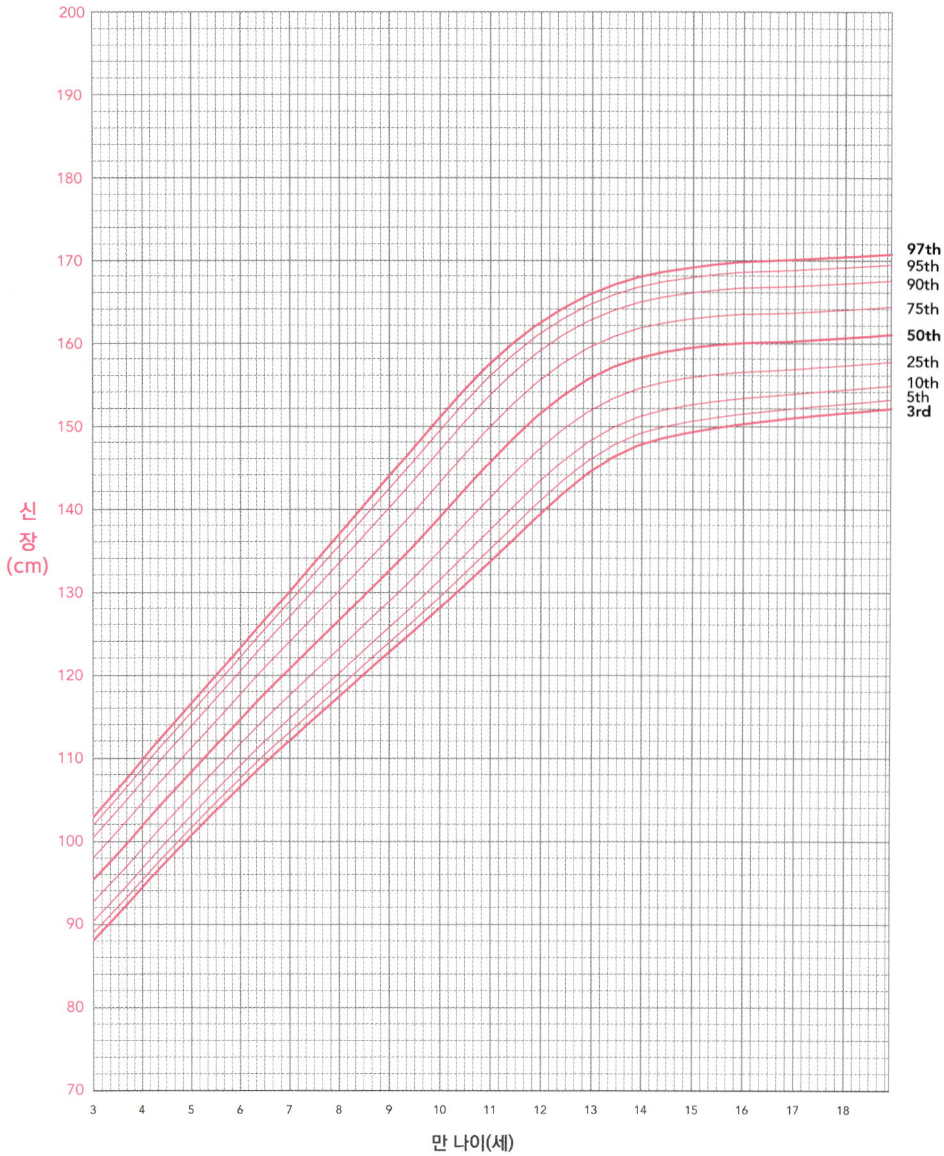

남자 0-35개월 신장 표준점수

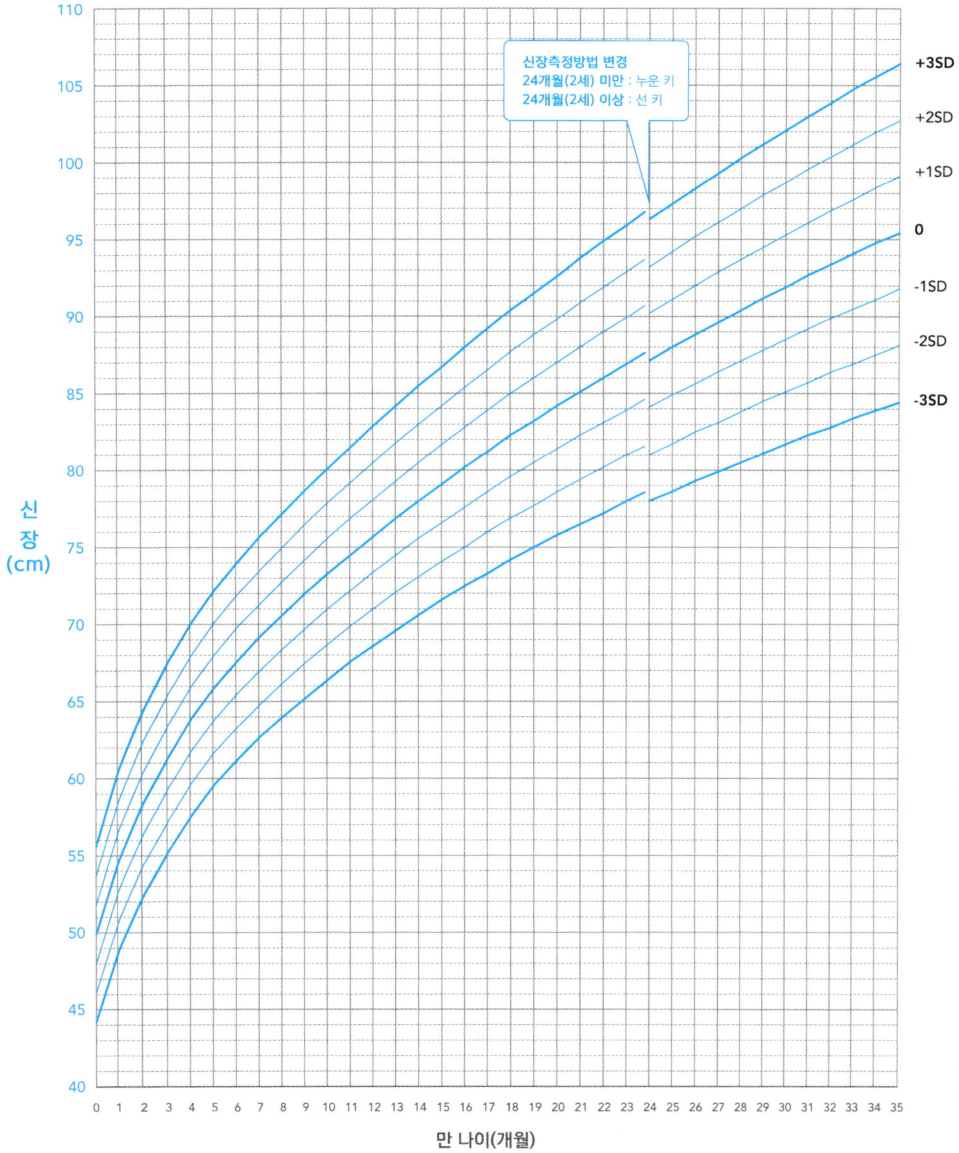

2017 소아청소년 성장도표

여자 0-35개월 신장 표준점수

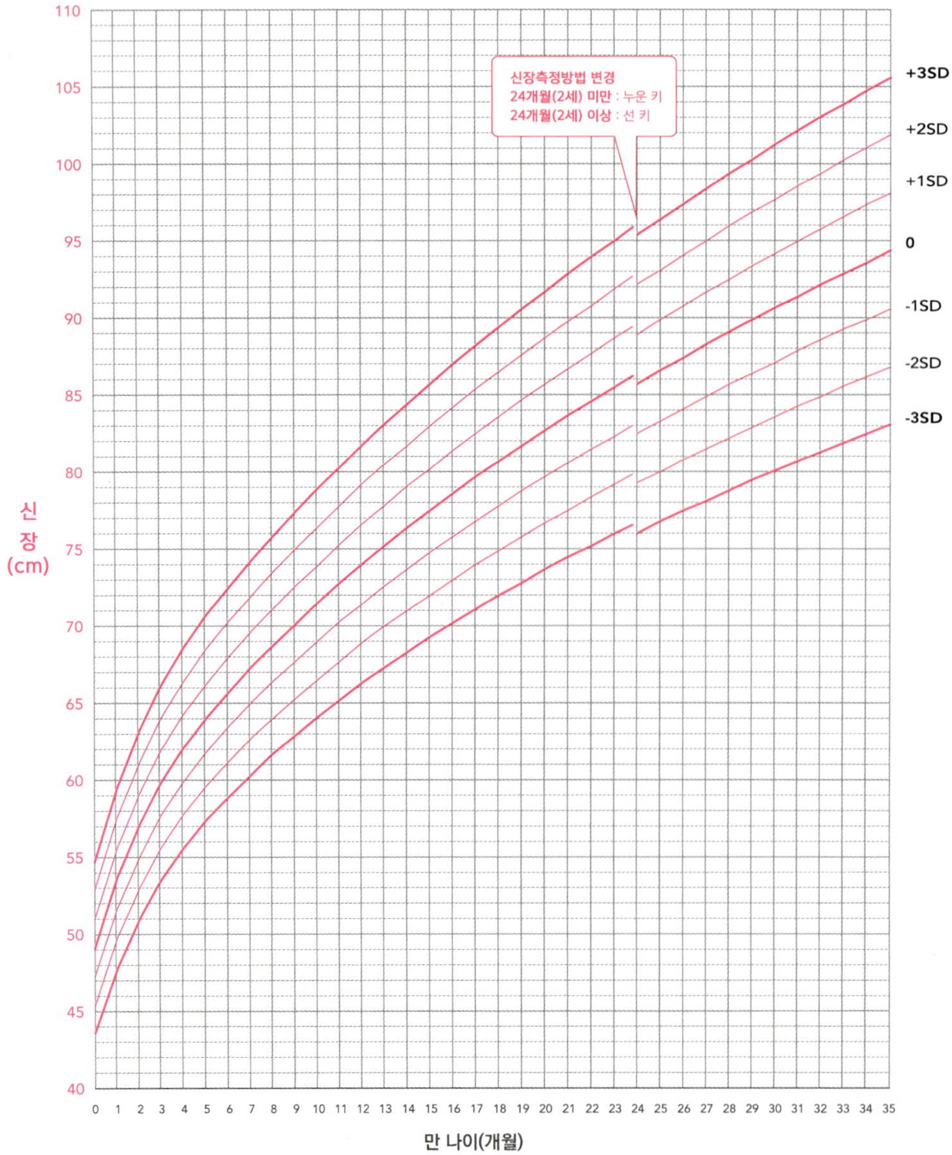

2017 소아청소년 성장도표

남자 3-18세 신장 표준점수

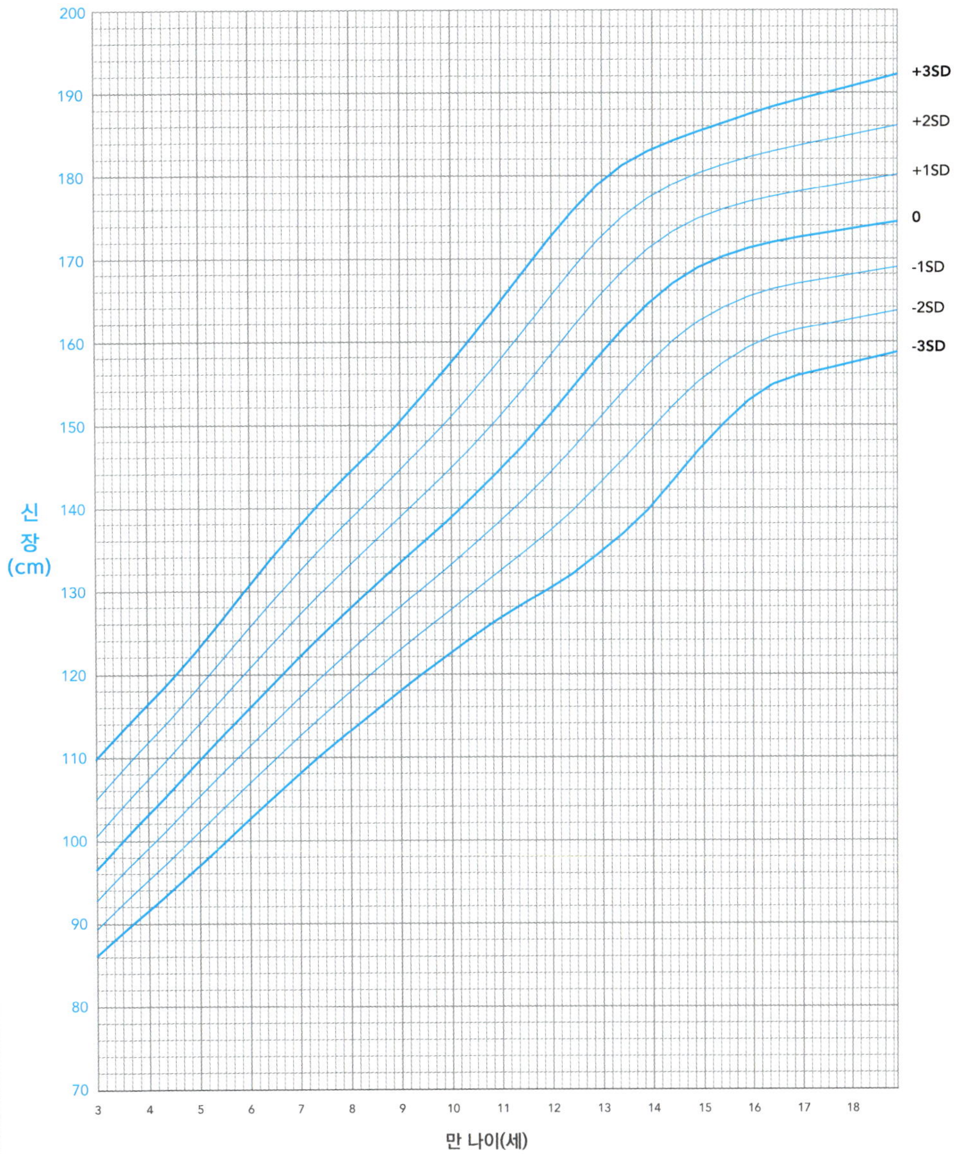

2017 소아청소년 성장도표

여자 3-18세 신장 표준점수

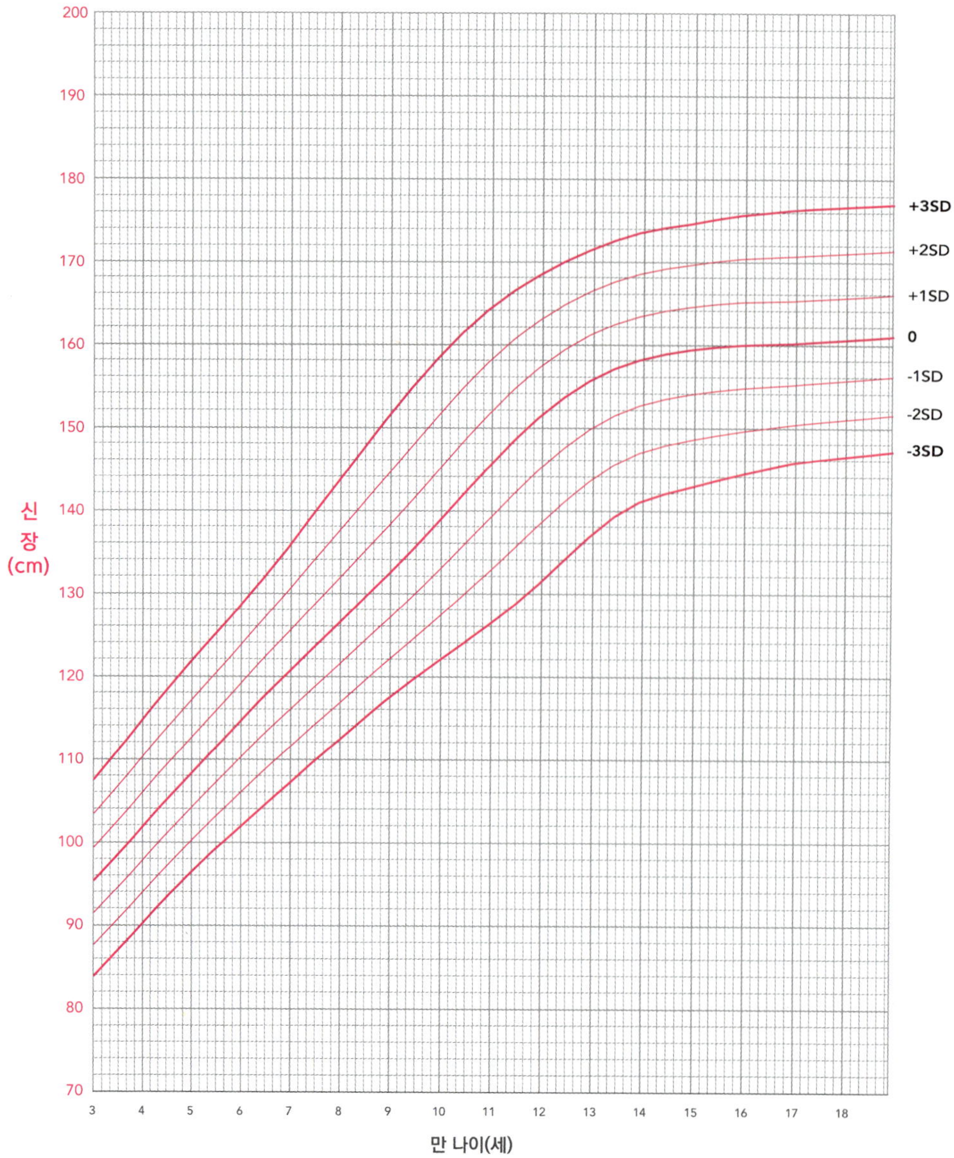

부록 8 연령별 체중

2017 소아청소년 성장도표

남자 0-35개월 체중 백분위수

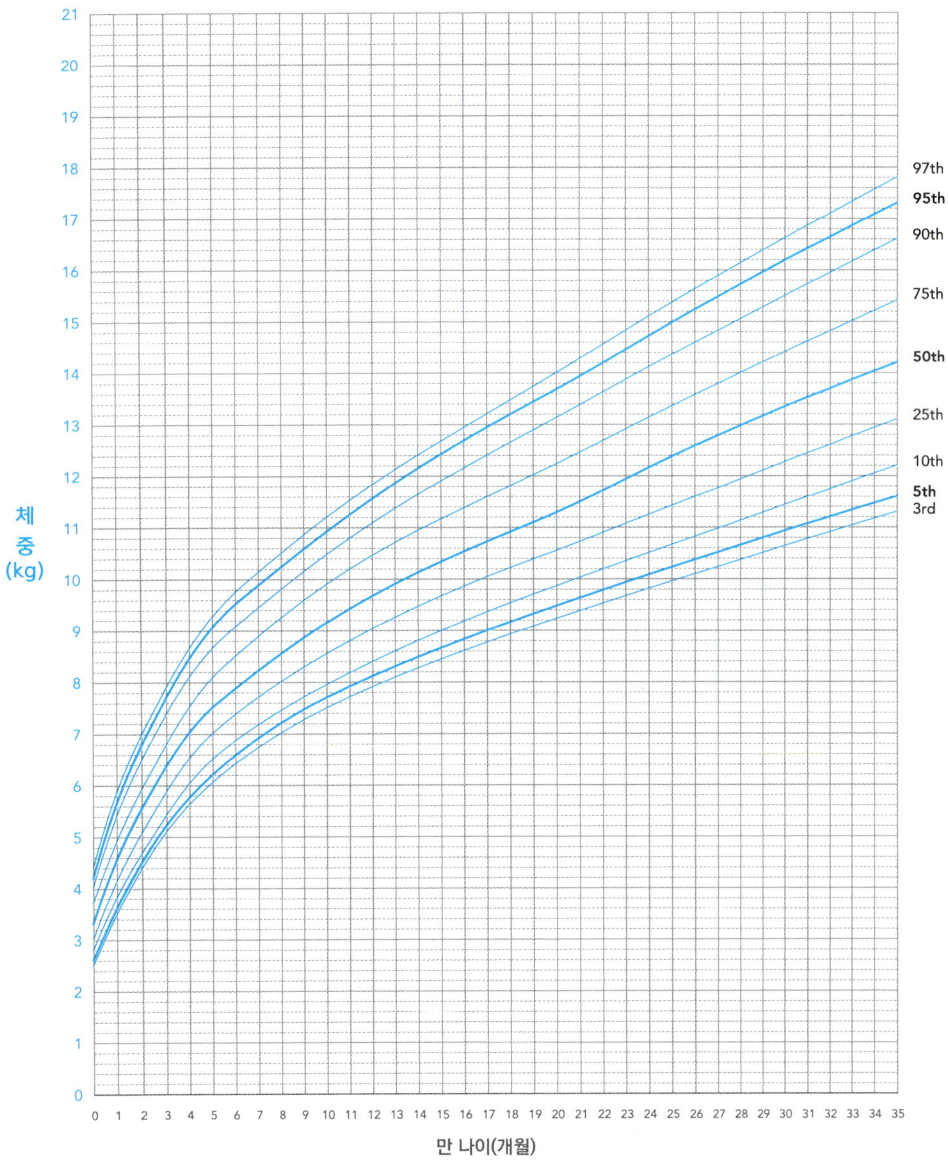

2017 소아청소년 성장도표

여자 0-35개월 체중 백분위수

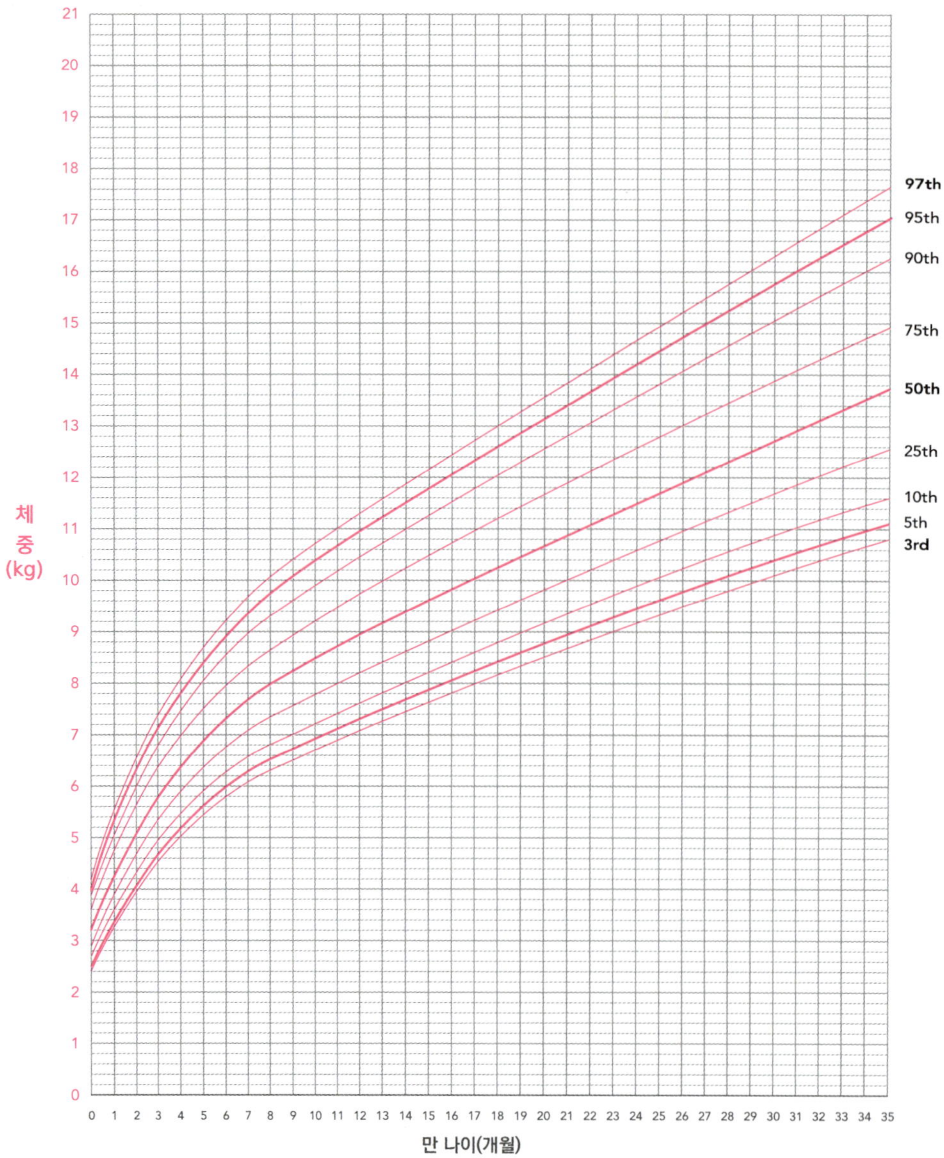

2017 소아청소년 성장도표

남자 3-18세 체중 백분위수

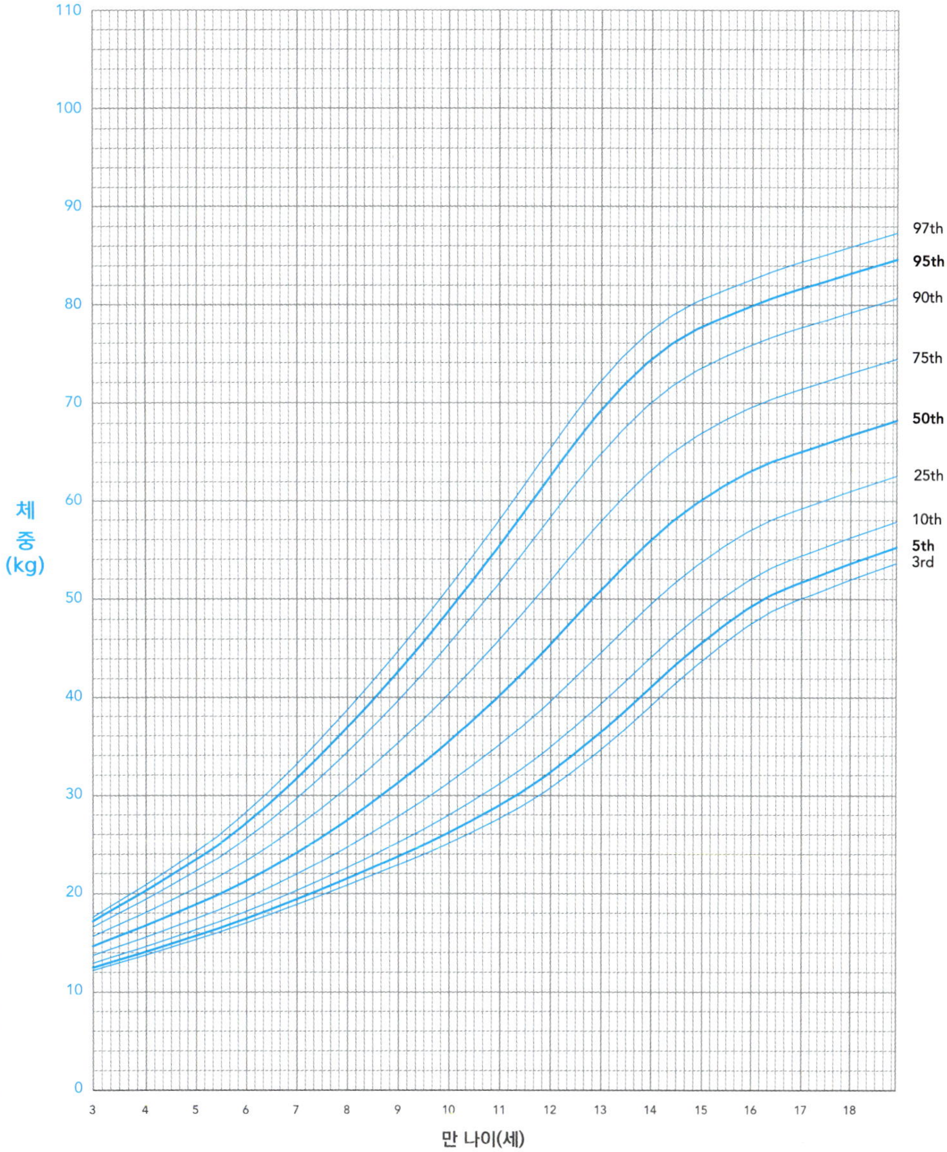

2017 소아청소년 성장도표

여자 3-18세 체중 백분위수

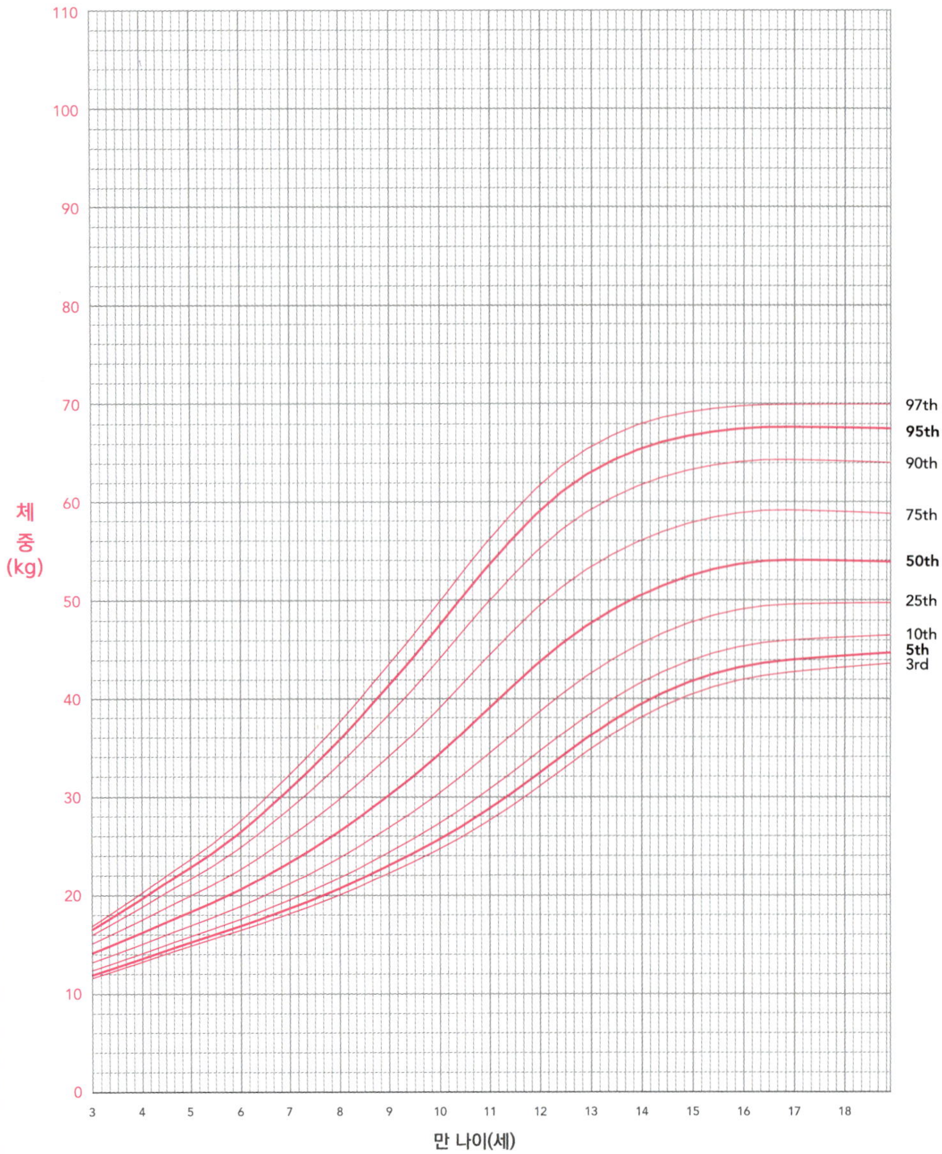

남자 0-35개월 체중 표준점수

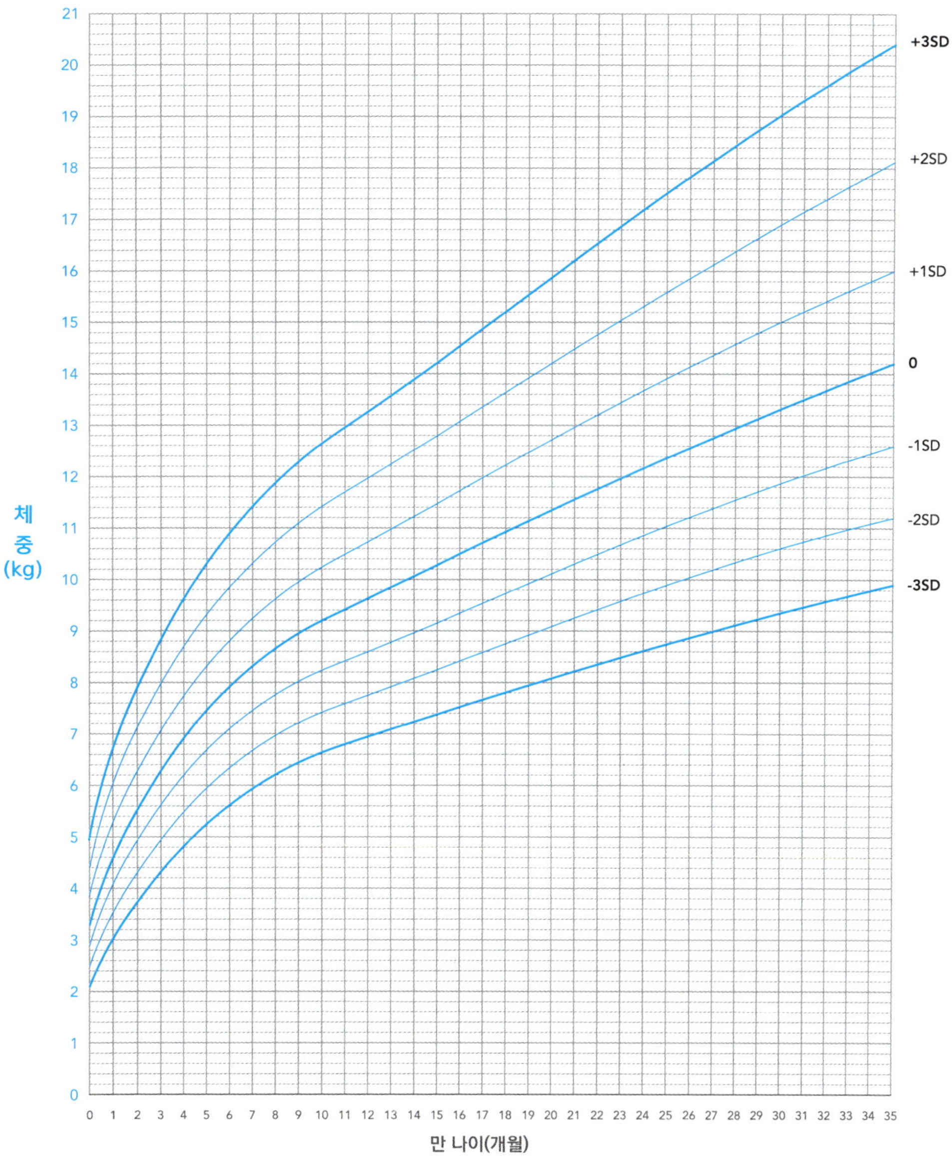

2017 소아청소년 성장도표

여자 0-35개월 체중 표준점수

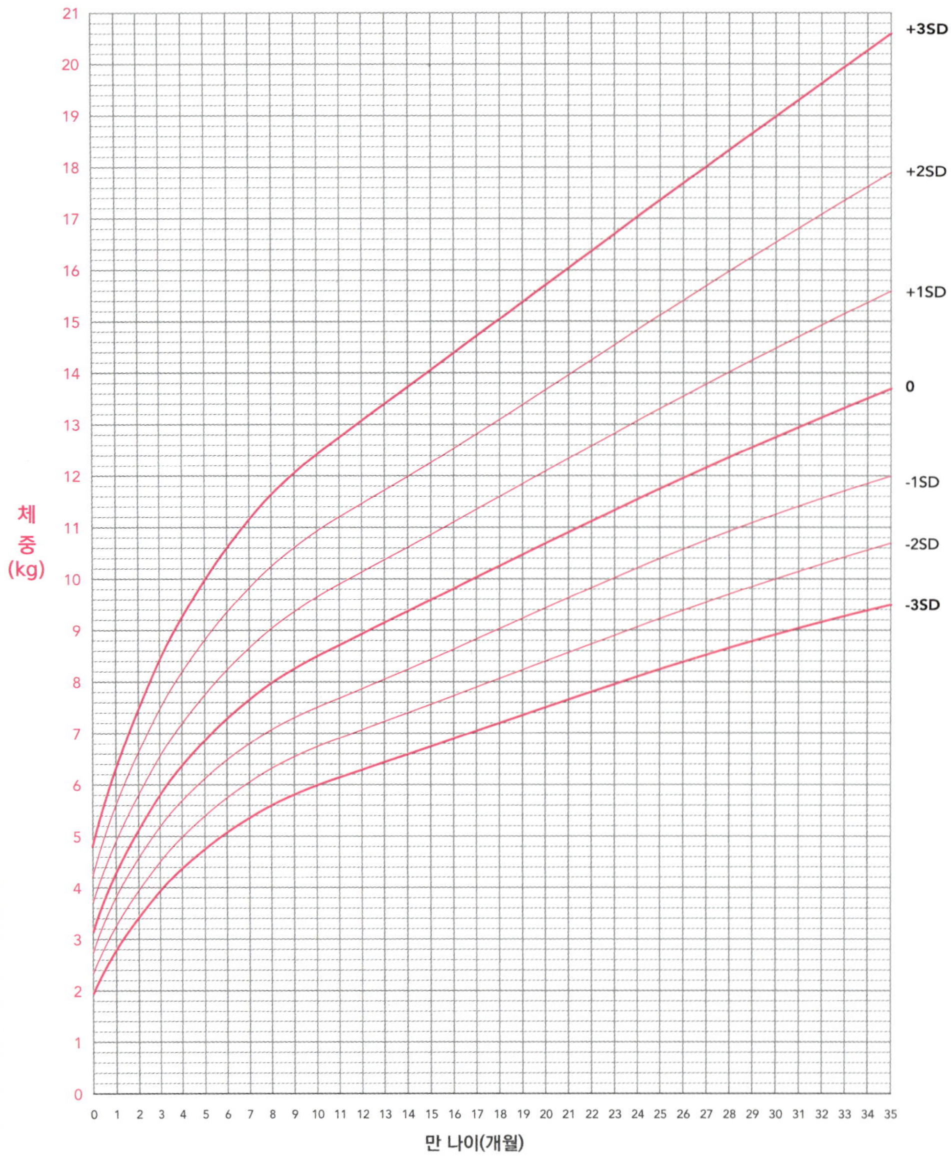

2017 소아청소년 성장도표

남자 3-18세 체중 표준점수

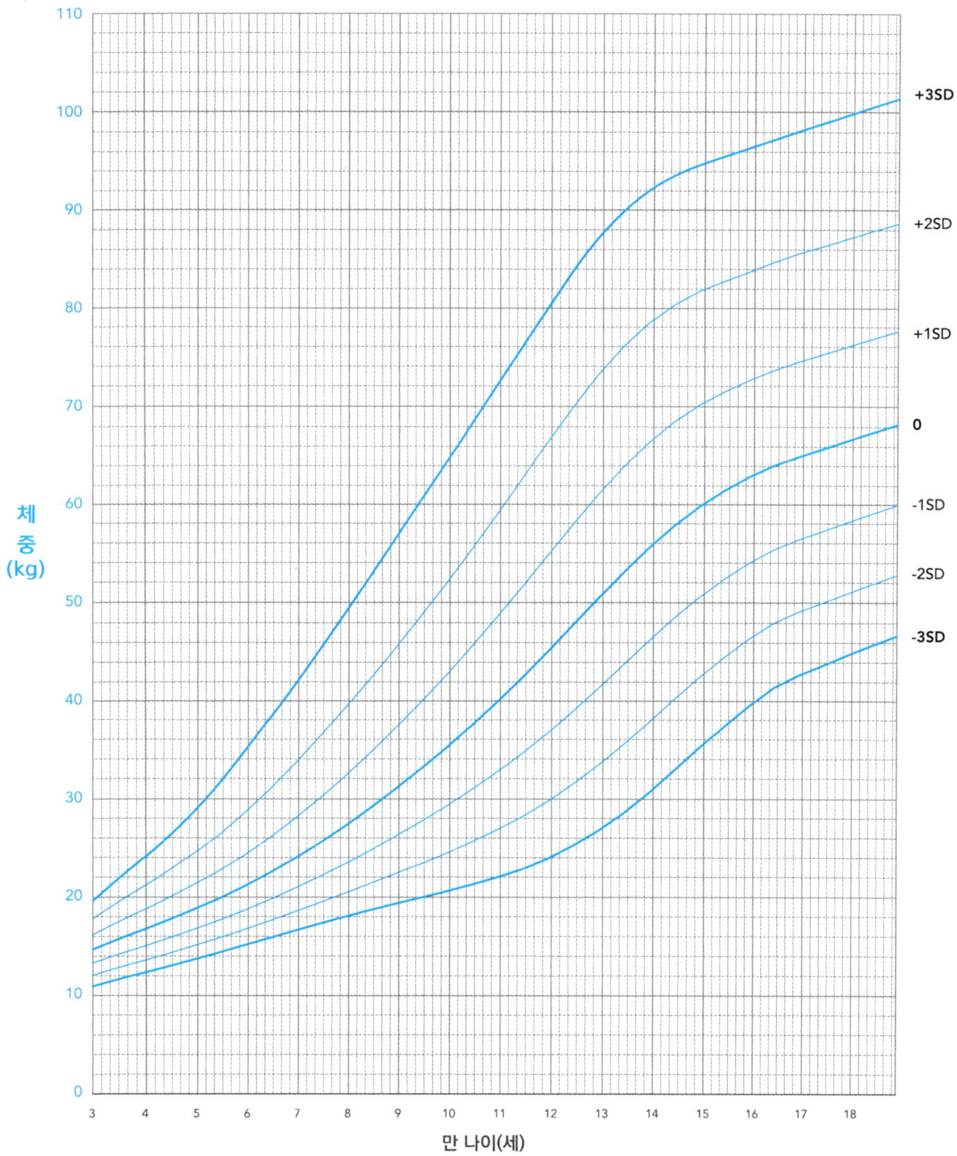

여자 3-18세 체중 표준점수

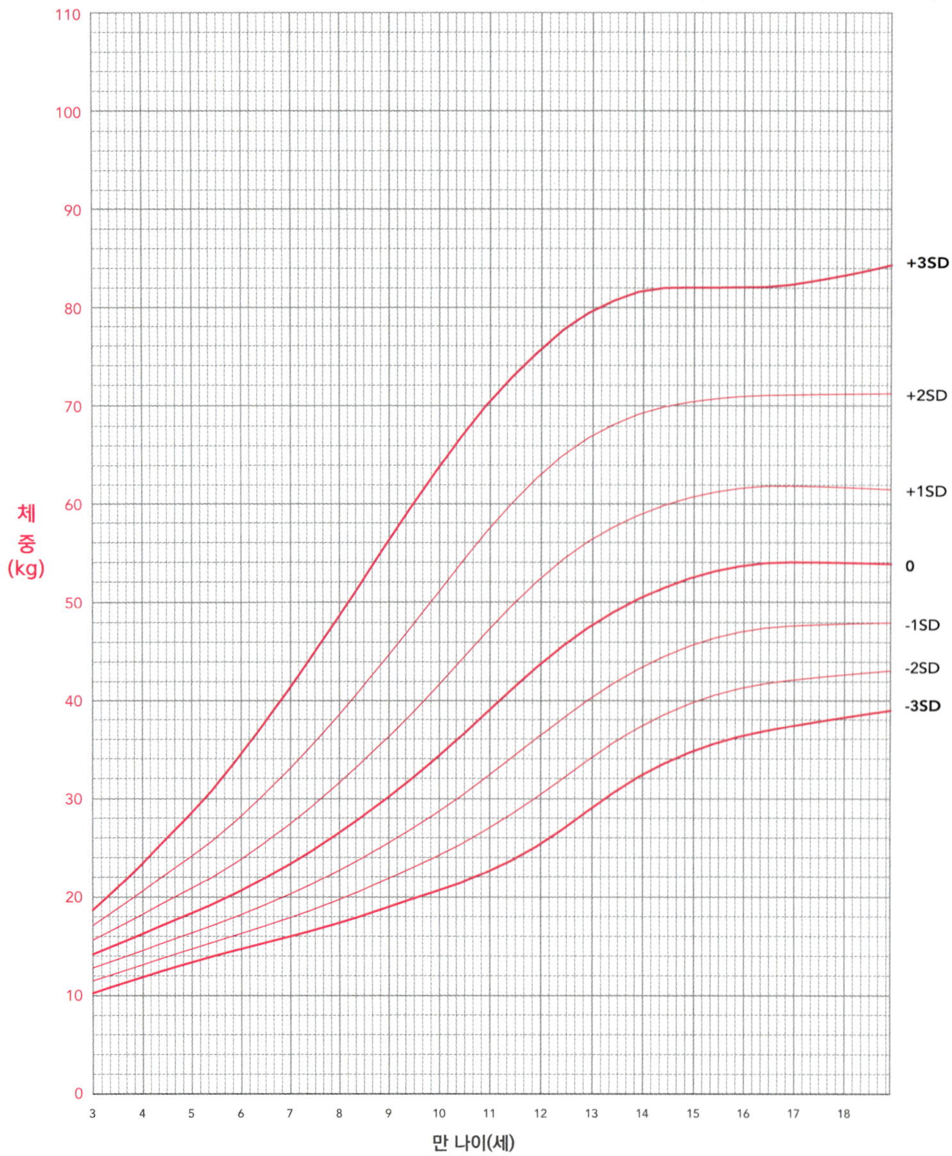

부록 9 연령별 체질량지수

2017 소아청소년 성장도표

남자 2-18세 체질량지수 백분위수

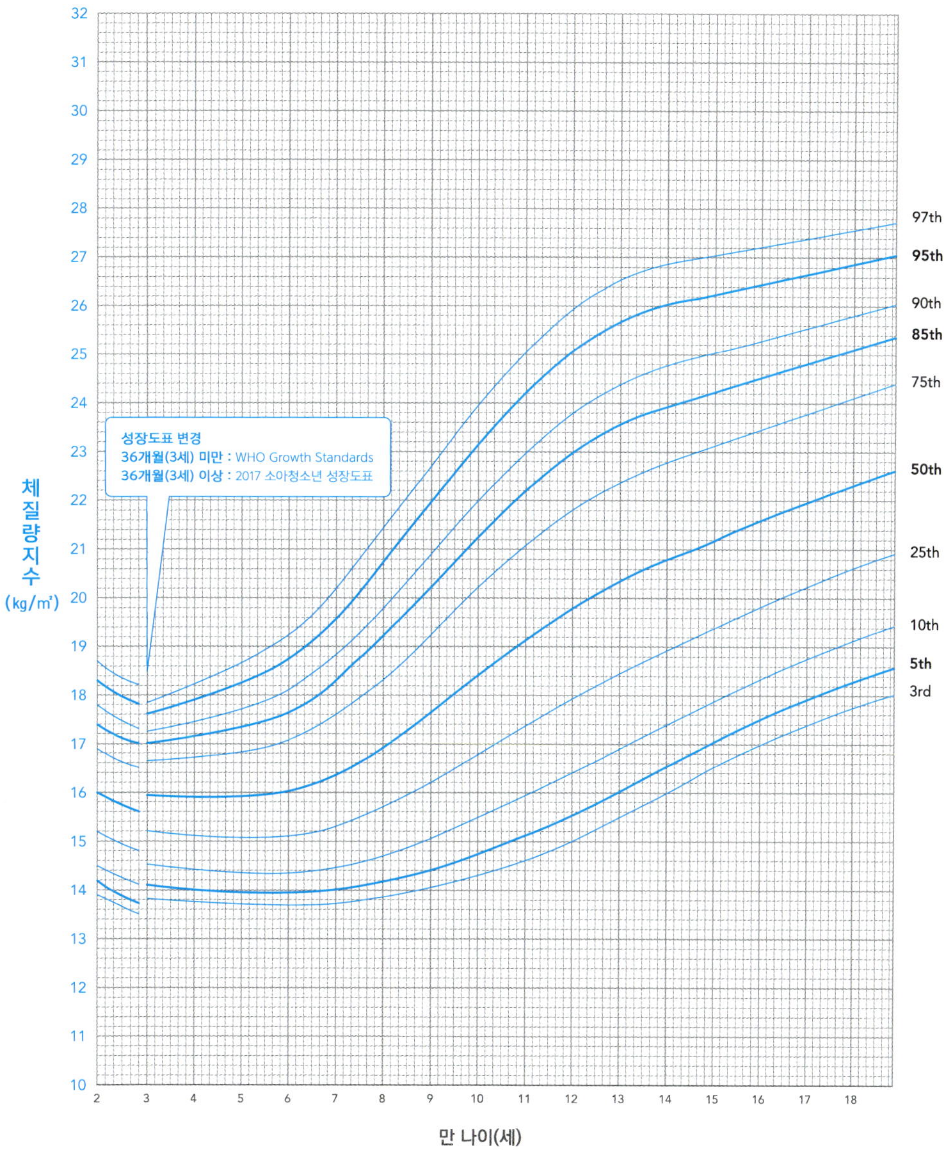

여자 2-18세 체질량지수 백분위수

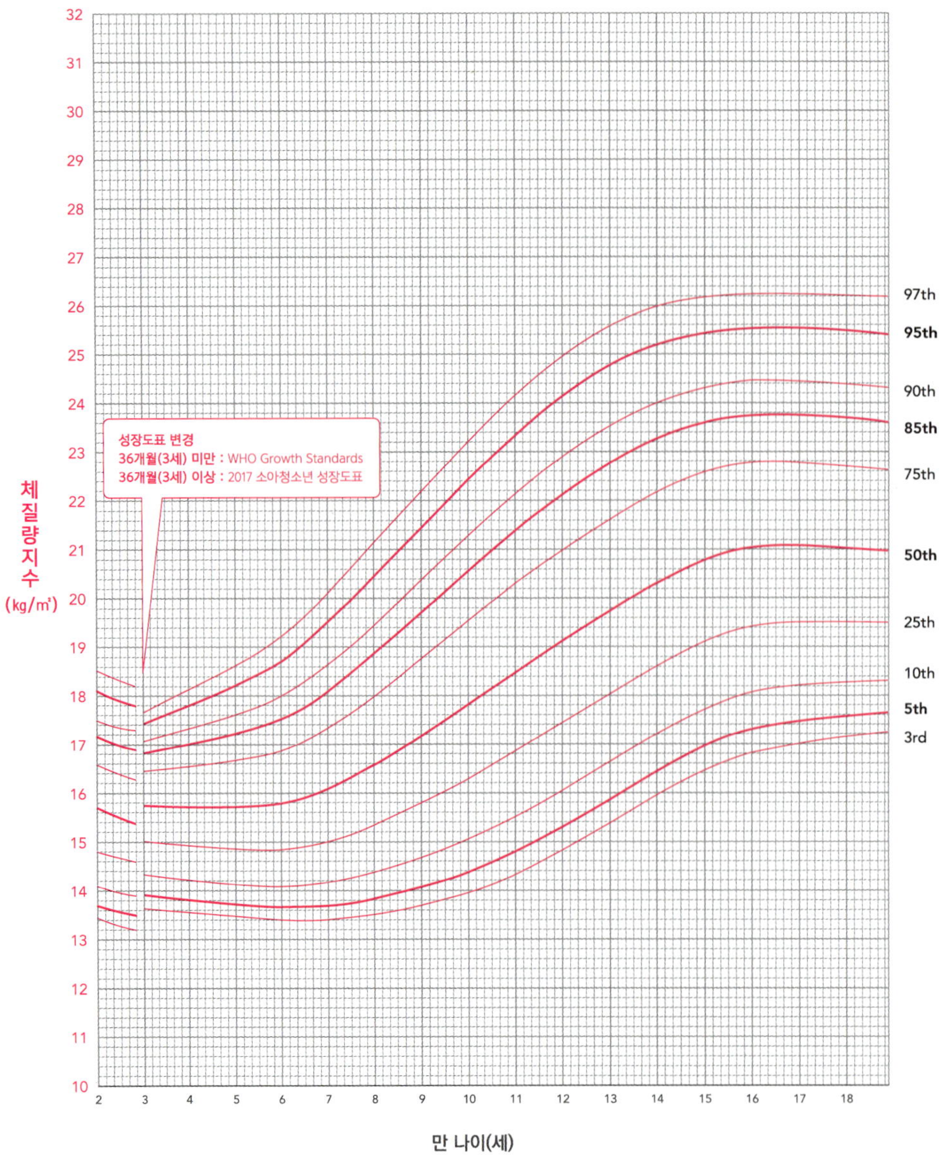

남자 2-18세 체질량지수 표준점수

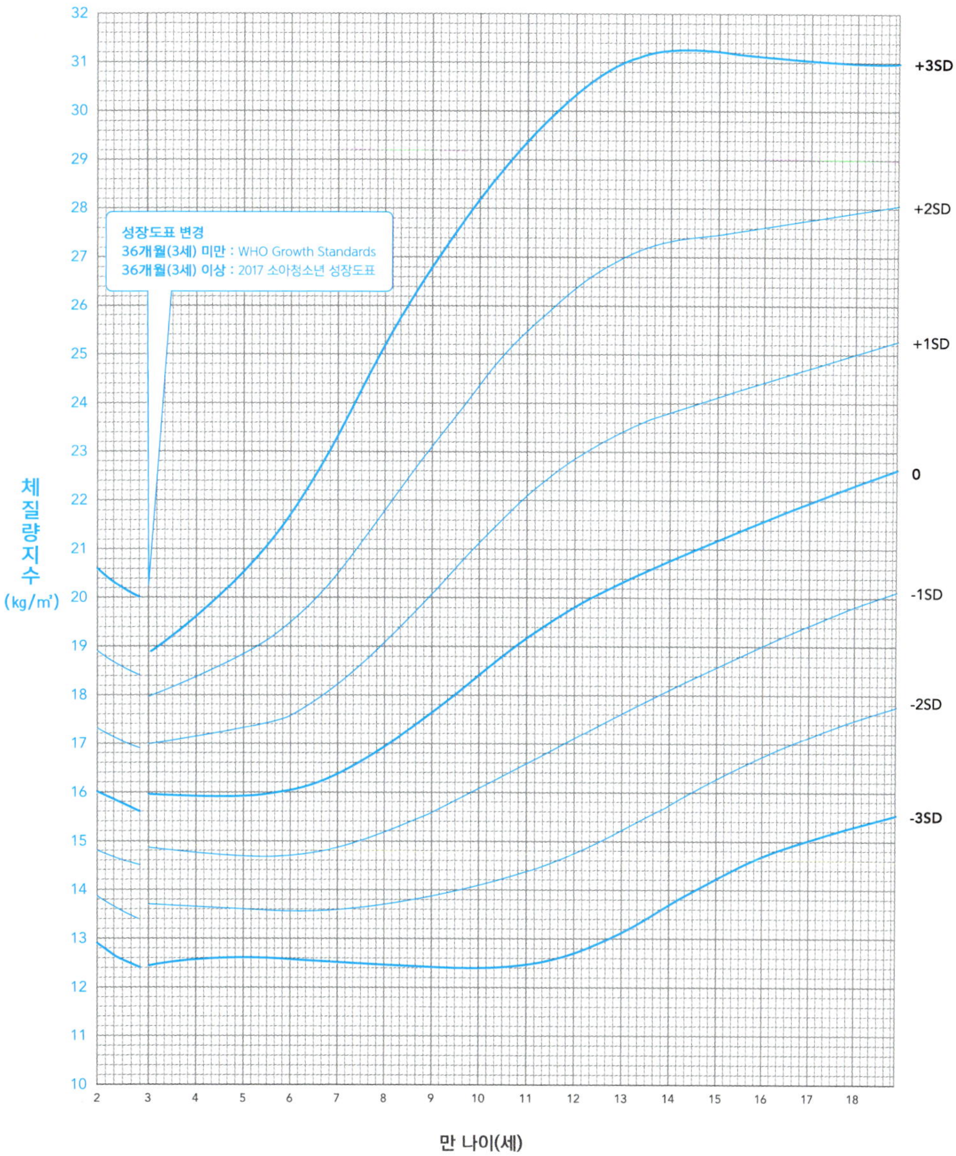

2017 소아청소년 성장도표

여자 2-18세 체질량지수 표준점수

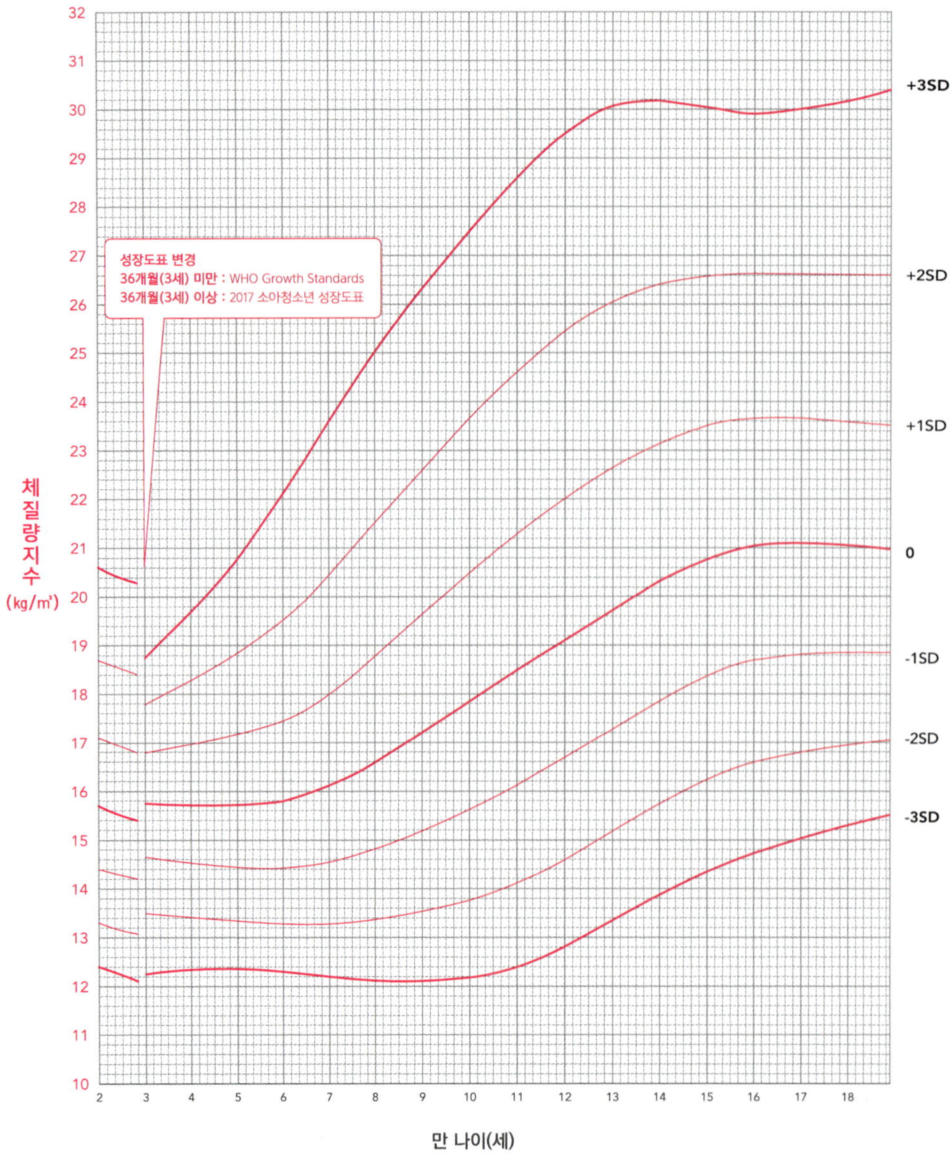

참 · 고 · 문 · 헌

- 강금지, 노성윤, 류혜숙, 이혜숙, 최성숙. 쉽게 배우는 영양판정. 수학사. 2011.
- 강민정 외. 서울일부지역 노인의 체지방률, 허리둘레와 체질량지수에 의한 비만 분류 및 만성질환 유병률과의 연관성. 한국식품영양학회지. 2014; 27(3) : 358~368.
- 경희의료원. 2020.
- 국가기술표준원. 제7차 한국인 인체지수조사사업 최종보고서. 2015.
- 국민건강영양조사. 2018.
- 김대현. 약업신문. 2011.
- 김유리, 김지명, 이정은, 임윤숙, 황지윤, 홍경희. 영양판정. 파워북. 2016.
- 김혜영(A), 이정숙, 황지윤, 권세혁, 정해랑, 곽동경, 강명희, 최영선. 청소년을 위한 영양지수 개발과 타당도 검증, Journal of Nutrition and Health(J Nutr Health). 2017; 50(2): 142~157.
- 김혜영(A). 노인 영양지수(Nutrition Quotient for Elderly) 개발 및 활용. 대한영양사협회지 국민영양. 2018년 5월호; 41(4): 4~9.
- 대한소아알레르기호흡기학회, 식품알레르기아토피피부염연구회. 식품경구유발시험 가이드라인. 2012.
- 대한영양사협회, 임상영양교육과정. www.dietitian.or.kr
- 대한영양사회. 국민영양. 1995년 6월.
- 모수미, 구재옥, 박영숙, 손숙미, 서정숙, 임경숙. 지역사회영양학. (주)교문사. 2011.
- 박수진, 윤정미, 백진경, 심유진, 김미현, 영양판정. 창지사. 2020.
- 보건복지부, 2015년 지역사회 통합건강증진사업안내[방문건강관리].
- 보건사회부, 영양교육지침서. 1990.
- 서울 중앙병원. 2020.
- 서울 중앙병원. 임상영양핸드북. 1995.

- 서울특별시 식품안전추진단 식품안전과. 식품알레르기 교육 및 급식관리 매뉴얼. 2010.
- 서정숙, 이종현, 윤진숙, 조성희, 최영선. 영양판정 및 실습. 파워북. 2011.
- 서정숙, 이종현, 윤진숙, 조성희, 최영선. 영양판정 및 실습. 파워북. 2017.
- 윤진아 외 5인. 교양인의 식생활과 건강(개정판). 백산출판사. 2019.
- 이미숙, 김정희, 이보숙, 이윤나, 송숙미, 이정원. 영양판정. 교문사. 2016.
- 이보경, 변기원, 이종현, 이홍미, 이유나. 임상영양관리 및 실습. 파워북. 2020.
- 이정숙, 강명희, 곽동경, 정해랑, 권세혁, 김혜영(A), 황지윤, 최영선. 취학전아동대상 영양지수 개발 : 평가항목 선정과 구성 타당도 검증. Journal of Nutrition and Health(J Nutr Health). 2016; 49(5): 378~394.
- 이정숙, 김혜영(A), 황지윤, 권세혁, 정해랑, 곽동경, 강명희, 최영선. 한국 성인을 위한 영양지수 개발과 타당도 검증. Journal of Nutrition and Health(J Nutr Health). 2018; 51(4):340~356.
- 장유경, 이보경, 변기원, 이종현, 이홍미, 한영신, 이유나. 임상영양관리 및 실습. 파워북. 2016.
- 정민재, 곽동경, 김혜영(A), 강명희, 이정숙, 정해랑, 권세혁, 황지윤, 최영선. 노인 대상 영양지수 개발 : 평가항목 선정과 구성 타당도 검증. Journal of Nutrition and Health(J Nutr Health). 2018; 51(1):87~102.
- 조종희, 편혜숙. 보건소와 지역사회를 연계한 성인 지역사회 영양 프로그램. 서울 강동구 보건소. 2010.
- 질병관리청 국가건강정보포털. 2021.(https://health.cdc.go.kr/healthinfo/biz/health/qurlzHealthinfo/gnrlzhealthinfo/gnrlzhealthinfoVrew.do)
- 채수인 외. 대한내과학회지. 1987.
- 한국영양학회. 한국인 영양섭취기준. 2020.
- 한국영양학회, CAN-Pro 4.0
- 한국영양학회. CAN-Pro 5.0
- AW Sloan, JB Weir Nomograms for prediction of body density and total body fat from skinfold measurements. - Jouranl of Applied Physiology. 1970; 28(2), pp. 221 - 222.
- Bray GA, Gray DS. Western Medical Journal. 1988; 149, 429-441.
- GIbson RS. Promcoples of Nutritional Assessment. 2005.
- Grant JP et al. Surgical Clinics for North America. 1981.

- Gumey JM, Jeffiffe DB. Am J Clin Nutr. 1973.
- Heymsfield SB et al. Am J Clin Nutr. 1982.
- International classification of disease. Clinical modification(9th revision). 1980.
- Lee RD, Nieman DC. Nutnition Assessment. 1996.
- Lee RD, Nieman DC. Nutritional Assessment. 2006.
- Lee RD, Nieman DC. Nutritional Assessment(4th edition). McGraw Hill. 2007.
- Lohman TG. Recreation and Dance. Journal of Physical Education. 1987.
- Machlin Lj. Handbook of Vitamins. 1991.
- Metropolitan height and weight tables. The Metropolitan Life Insurance Co. 1983.
- Nancy Munoz, Melissa Bernstein. Nutrition Assessment Clinical and Research Applications. NAVIGATE. 2018.
- Robert D. Lee, David C. Nieman. Nutrition Assessment(6th edition). McGraw Hill. 2013.
- Wlliams MH. Nutrition for health. fitness & sports. 2002.

저자소개

윤진아

KC대학교 식품영양학과 교수
고려대학교 대학원 박사

신경옥

삼육대학교 식품영양학과 교수
경희대학교 대학원 박사

임재연

세계사이버대학 초빙교수
서울여자대학교 대학원 박사

황효정

삼육대학교 식품영양학과 교수
경희대학교 대학원 박사

저자와의
협의하에
인지첩부
생략

영양판정 및 실습

2021년 3월 5일 초판 1쇄 인쇄
2021년 3월 10일 초판 1쇄 발행

지은이 윤진아 · 신경옥 · 임재연 · 황효정
펴낸이 진욱상
펴낸곳 (주)백산출판사
교 정 박시내
본문디자인 신화정
표지디자인 오정은

등 록 2017년 5월 29일 제406-2017-000058호
주 소 경기도 파주시 회동길 370(백산빌딩 3층)
전 화 02-914-1621(代)
팩 스 031-955-9911
이메일 edit@ibaeksan.kr
홈페이지 www.ibaeksan.kr

ISBN 979-11-6567-270-6 93590
값 25,000원